创新型装备制造类专业精品教材

CAXA CAD 电子图板工程制图案例教程 2024

主审 余江鸿

主编 杨 文 张雪梅 魏 茗

航空工业出版社

北 京

内 容 提 要

本书从实用的角度出发,按照"理论够用,重在实践"的原则,结合案例系统地介绍了 CAXA CAD 电子图板的常用功能及其在工程制图方面的应用,注重培养学生的绘图能力和解决实际问题的能力。本书采用项目任务式结构编写,共分为 7 个项目,具体包括 CAXA CAD 电子图板入门、图形的绘制、图形的编辑、工程制图标注、块操作和库操作、图幅设置和序号标注、零件图和装配图的绘制。

本书结构编排合理,内容深入浅出,语言通俗易懂,集实用性、指导性、操作性于一体,可作为各类学校装备制造类专业的教材。

图书在版编目(CIP)数据

CAXA CAD 电子图板工程制图案例教程 / 杨文,张雪梅,魏莙主编. -- 北京 : 航空工业出版社,2024.9
(2025.9重印). -- ISBN 978-7-5165-3798-5
Ⅰ. TP391.72
中国国家版本馆 CIP 数据核字第 2024RK5619 号

CAXA CAD 电子图板工程制图案例教程
CAXA CAD Dianzi Tuban Gongcheng Zhitu Anli Jiaocheng

航空工业出版社出版发行
(北京市朝阳区北苑路 58 号楼 20 层 100012)
发行部电话:010-85672666 010-85672683   读者服务热线:010-85672635
北京谊兴印刷有限公司印刷   全国各地新华书店经售
2024 年 9 月第 1 版   2025 年 9 月第 2 次印刷
开本:787×1092 1/16   字数:364 千字
印张:15.75   定价:55.00 元

前言 PREFACE

随着科技的不断发展,计算机辅助设计已经成为现代制造业不可或缺的一部分,掌握常用计算机辅助设计软件的使用方法已经成为每位工业设计人员必备的技能。

CAXA CAD 电子图板是一款由我国自主研发的计算机辅助设计软件,具有数据兼容性强、运行条件要求低、界面简洁、图库丰富、操作方便等特点,广泛应用于航空航天、电子电器、汽车、教育等行业。为满足广大学生学习计算机辅助设计相关知识的需要,编者根据计算机辅助设计课程教学的基本要求,并结合自己多年的教学经验,精心编写了本书。

具体而言,本书具有以下几个鲜明的特点。

1. 立德树人,润物无声

党的二十大报告指出:"育人的根本在于立德。"为积极贯彻党的二十大精神,践行"立德树人"的育人理念,本书有机融入了素质教育理念。例如,在介绍 CAXA CAD 电子图板入门知识时,通过引导学生了解 CAXA CAD 电子图板是我国自主研发的、符合我国国家标准的软件,增强学生的民族自豪感和自信心,使其自觉为国家富强、民族振兴付出努力;在介绍图形的绘制知识时,通过引导学生观察图形的特点并灵活运用所学知识绘制图形,培养其细致入微的观察能力,提高其科学思维能力。

2. 校企合作,职业引领

为实现学生职业能力与企业岗位要求之间的无缝对接,在开始编写本书之前,编者不仅拜访了多位一线优秀教师和高级设计师,总结他们的教学经验或设计经验,还走访了多家机械设计与制造企业,了解企业对计算机辅助设计人才的实际要求,并将这些经验和要求融入本书。另外,本书中的部分案例由上述机械设计与制造企业提供,实用性强,有助于学生更好地了解理论知识在实际生产中的应用。

3. 理念创新,体例新颖

本书坚持"以学生为中心"的理念,采用项目任务式结构编写,根据知识点设置项目和任务,让学生在做中学、在学中做,真正做到理论联系实际。具体来说,在每个任务开头设置了"任务导入"模块,通过相关情境引出理论知识,以激发学生的学习兴趣;在讲解理论知识时,穿插了"提示""课堂实例""课堂互动"等模块,以增强学生学习的互动性与趣味性;在每个任务后设置了"任务实施"模块,让学生通过完成工程图样的绘制,对所学知识加以应用,并提高分析与解决实际问题的能力;在每个项目后设置了"学习成果检验"和"学习成果评价"模块,帮助学生进一步巩固所学知识,评估项目学习效果。

4. 资源丰富,科技赋能

本书配有丰富的数字资源,读者既可以借助手机或其他移动设备扫描书中的二维码,观看使用 CAXA CAD 电子图板绘制工程图样的具体操作视频,也可以登录文旌综合教育平台"文旌课堂"查看和下载本书配套资源,如优质课件、教案、素材与实例、课后习题答案等。读者在学习过程中有任何疑问,都可以登录该平台寻求帮助。

本书由余江鸿担任主审,杨文、张雪梅、魏萫担任主编,赵翔鹏、李胜文、苏新、关娜、陈蒙、郭剑萍、童忠文、文照辉担任副主编。由于编者水平有限,书中难免存在疏漏与不妥之处,诚请广大读者批评指正。

🔍 | **本书配套资源下载网址和联系方式**

🌐 网址:https://www.wenjingketang.com
📞 电话:400-117-9835
✉️ 邮箱:book@wenjingketang.com

目 录 CONTENTS

项目一　CAXA CAD 电子图板入门···1

任务一　初识 CAXA CAD 电子图板···2
任务导入···2
一、CAXA CAD 电子图板的用户界面···2
二、文件的基本操作···5
三、视图的缩放和平移···8
任务实施——查看并保存文件···8

任务二　掌握绘图的基本操作···9
任务导入···9
一、命令的执行和终止···9
二、用户坐标系的设置···10
三、点的坐标的输入方法···11
四、对象的选择和删除···13
任务实施——绘制简单图形···14

任务三　使用智能点工具绘图···15
任务导入···15
一、捕捉和栅格···16
二、极轴导航···16
三、对象捕捉···17
四、三视图导航···19
任务实施——绘制带轮···20

任务四　新建和设置图层···22
任务导入···22
一、新建图层···23
二、更改图层的状态···24
三、更改图层的属性···25
四、设置为当前图层···26

　　　　五、为对象重新指定图层 ……………………………………………………… 26
　　　　任务实施——绘制法兰盘 ……………………………………………………… 27
　学习成果检验 ……………………………………………………………………………… 30
　学习成果评价 ……………………………………………………………………………… 32

项目二　图形的绘制 ……………………………………………………………………… 33

任务一　绘制直线、平行线、圆和圆弧 ……………………………………………… 34
　　任务导入 ………………………………………………………………………………… 34
　　一、绘制直线 …………………………………………………………………………… 34
　　二、绘制平行线 ………………………………………………………………………… 36
　　三、绘制圆 ……………………………………………………………………………… 37
　　四、绘制圆弧 …………………………………………………………………………… 39
　　任务实施——绘制定位板图形 ………………………………………………………… 41

任务二　绘制矩形、正多边形、椭圆和椭圆弧 ……………………………………… 44
　　任务导入 ………………………………………………………………………………… 44
　　一、绘制矩形 …………………………………………………………………………… 44
　　二、绘制正多边形 ……………………………………………………………………… 46
　　三、绘制椭圆 …………………………………………………………………………… 48
　　四、绘制椭圆弧 ………………………………………………………………………… 49
　　任务实施——绘制扳手 ………………………………………………………………… 50

任务三　绘制多段线、样条、双折线和剖面线 ……………………………………… 52
　　任务导入 ………………………………………………………………………………… 52
　　一、绘制多段线 ………………………………………………………………………… 53
　　二、绘制样条 …………………………………………………………………………… 55
　　三、绘制双折线 ………………………………………………………………………… 56
　　四、绘制剖面线 ………………………………………………………………………… 57
　　任务实施——绘制导向轴局部剖视图 ………………………………………………… 58

任务四　绘制孔、轴、齿轮齿形和局部放大图 ……………………………………… 61
　　任务导入 ………………………………………………………………………………… 61
　　一、绘制孔和轴 ………………………………………………………………………… 61
　　二、绘制齿轮齿形 ……………………………………………………………………… 64
　　三、绘制局部放大图 …………………………………………………………………… 64
　　任务实施——绘制销轴及其局部放大图 ……………………………………………… 66
　学习成果检验 ……………………………………………………………………………… 68
　学习成果评价 ……………………………………………………………………………… 71

目录

项目三　图形的编辑 ········· 72

任务一　裁剪、平移、旋转、缩放对象 ········· 73
　　任务导入 ········· 73
　　一、裁剪对象 ········· 73
　　二、平移对象 ········· 75
　　三、旋转对象 ········· 76
　　四、缩放对象 ········· 77
　　任务实施——绘制六角扳手 ········· 79

任务二　复制、偏移、镜像、阵列对象 ········· 82
　　任务导入 ········· 82
　　一、平移复制对象 ········· 82
　　二、绘制等距对象 ········· 83
　　三、镜像对象 ········· 84
　　四、阵列对象 ········· 85
　　任务实施——绘制齿轮泵泵盖 ········· 89
　　任务实施——绘制槽轮 ········· 92

任务三　过渡、打断、拉伸、延伸对象 ········· 95
　　任务导入 ········· 95
　　一、过渡对象 ········· 96
　　二、打断对象 ········· 100
　　三、拉伸对象 ········· 101
　　四、延伸对象 ········· 103
　　任务实施——绘制齿轮 ········· 104
　　任务实施——绘制底座 ········· 106

学习成果检验 ········· 109
学习成果评价 ········· 112

项目四　工程制图标注 ········· 113

任务一　设置标注风格 ········· 114
　　任务导入 ········· 114
　　一、设置文本风格 ········· 114
　　二、设置尺寸风格 ········· 115
　　三、标注文字 ········· 119
　　四、编辑文字 ········· 122

任务实施——标注并编辑文字 ··· 123

任务二　标注尺寸 ·· 126
　　任务导入 ·· 126
　　一、标注基本尺寸 ·· 127
　　二、标注基线尺寸 ·· 131
　　三、标注连续尺寸 ·· 132
　　四、标注尺寸公差带 ··· 133
　　五、标注锥度和斜度 ··· 135
　　六、编辑尺寸 ··· 136
　　任务实施——为套筒图形标注尺寸 ··································· 138

任务三　标注工程图样中的符号 ·· 141
　　任务导入 ·· 141
　　一、标注倒角尺寸 ·· 142
　　二、标注基准代号 ·· 143
　　三、标注表面粗糙度 ··· 144
　　四、标注引出说明 ·· 145
　　五、标注几何公差 ·· 147
　　六、标注剖切符号 ·· 149
　　任务实施——为套筒图形标注符号 ··································· 151

学习成果检验 ·· 154
学习成果评价 ·· 157

项目五　块操作和库操作 ··· 158

任务一　掌握块操作 ·· 159
　　任务导入 ·· 159
　　一、创建块 ·· 159
　　二、插入块 ·· 162
　　三、编辑组成块的对象 ·· 163
　　四、块的其他操作 ·· 166
　　任务实施——将螺钉定义为块并绘制装配图 ······················· 167

任务二　掌握库操作 ·· 168
　　任务导入 ·· 168
　　一、插入图符 ··· 169
　　二、定义图符 ··· 172
　　三、管理图库 ··· 175
　　四、使用构件库 ·· 177

任务实施——绘制螺栓连接图并编辑图符 178
　学习成果检验 182
　学习成果评价 184

项目六　图幅设置和序号标注 185

任务一　设置图幅、图框和标题栏 186
　任务导入 186
　一、设置图幅 186
　二、设置图框 187
　三、设置标题栏 190
　任务实施——为浮动支承装配图添加图框和标题栏 190

任务二　标注零部件序号和完善明细表 193
　任务导入 193
　一、标注零部件序号 193
　二、完善明细表 197
　任务实施——为浮动支承装配图标注零部件序号和添加明细表 200
　学习成果检验 202
　学习成果评价 205

项目七　零件图和装配图的绘制 206

任务一　绘制齿轮轴零件图 207
　任务导入 207
　任务分析 208
　任务实施 208

任务二　绘制支架零件图 218
　任务导入 218
　任务分析 220
　任务实施 220

任务三　绘制滑轮支架装配图 231
　任务导入 231
　任务分析 233
　任务实施 233

参考文献 240

项目一

CAXA CAD 电子图板入门

📄 项目导读

CAXA CAD 电子图板是一款由我国自主研发的计算机辅助设计软件,具有数据兼容性强、运行条件要求低、界面简洁、图库丰富、操作方便等特点,广泛应用于航空航天、电子电器、汽车、教育等行业。本项目主要介绍 CAXA CAD 电子图板的用户界面和基本操作要点等内容。

🎯 知识目标

（1）熟悉 CAXA CAD 电子图板的用户界面。
（2）掌握新建、打开、保存和并入文件的方法。
（3）掌握缩放和平移视图的方法。
（4）掌握绘图的基本操作,包括命令的执行和终止、用户坐标系的设置、点的坐标的输入、对象的选择和删除等。
（5）掌握使用智能点工具绘图的方法。
（6）掌握新建和设置图层的方法。

🎯 素质目标

（1）知道 CAXA CAD 电子图板是我国自主研发的、符合我国国家标准的软件,增强民族自豪感和自信心,自觉为国家富强、民族振兴付出努力。
（2）明白"万丈高楼平地起,没有扎实的基础,就不会有上层建筑"的道理,踏实、努力地学习,为未来打好基础。

任务一　初识 CAXA CAD 电子图板

▶ 任务导入

小王是某校的一名学生，在学习完工程制图这门课后，他在想，是否有一款软件可以方便地绘制工程图样。新学期开学，接触到 CAXA CAD 电子图板后，小王惊喜地发现，这正是他所需要的软件。据老师介绍，CAXA CAD 电子图板不仅提供了图形绘制命令、图形编辑命令、尺寸标注命令，还提供了符合最新国家标准的图库，可大大提高用户绘图的效率。那么，怎么在 CAXA CAD 电子图板中新建、打开、保存文件？怎么缩放和平移视图？小王对此感到很困惑。

学习本任务的相关知识后，请你帮助小王解开疑惑。

一、CAXA CAD 电子图板的用户界面

安装好 CAXA CAD 电子图板后，双击桌面上的 CAXA CAD 电子图板图标，或者单击桌面下方的"开始"按钮，然后在"所有应用"列表中选择"CAXA CAD 电子图板"选项，即可启动 CAXA CAD 电子图板。启动 CAXA CAD 电子图板后，系统会弹出"新建"对话框（见图 1-1），在"当前标准"列表框中单击，在弹出的下拉列表中选择所需标准类型，然后在"系统模板"设置区中选择所需模板，最后单击"确定"按钮，即可进入用户界面。

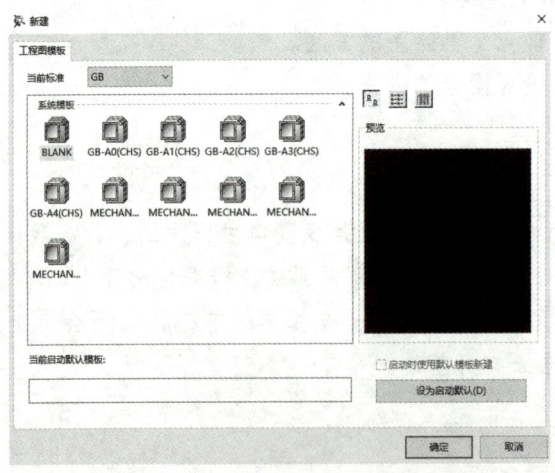

图 1-1　"新建"对话框

项目一　CAXA CAD 电子图板入门

CAXA CAD 电子图板的用户界面如图 1-2 所示。

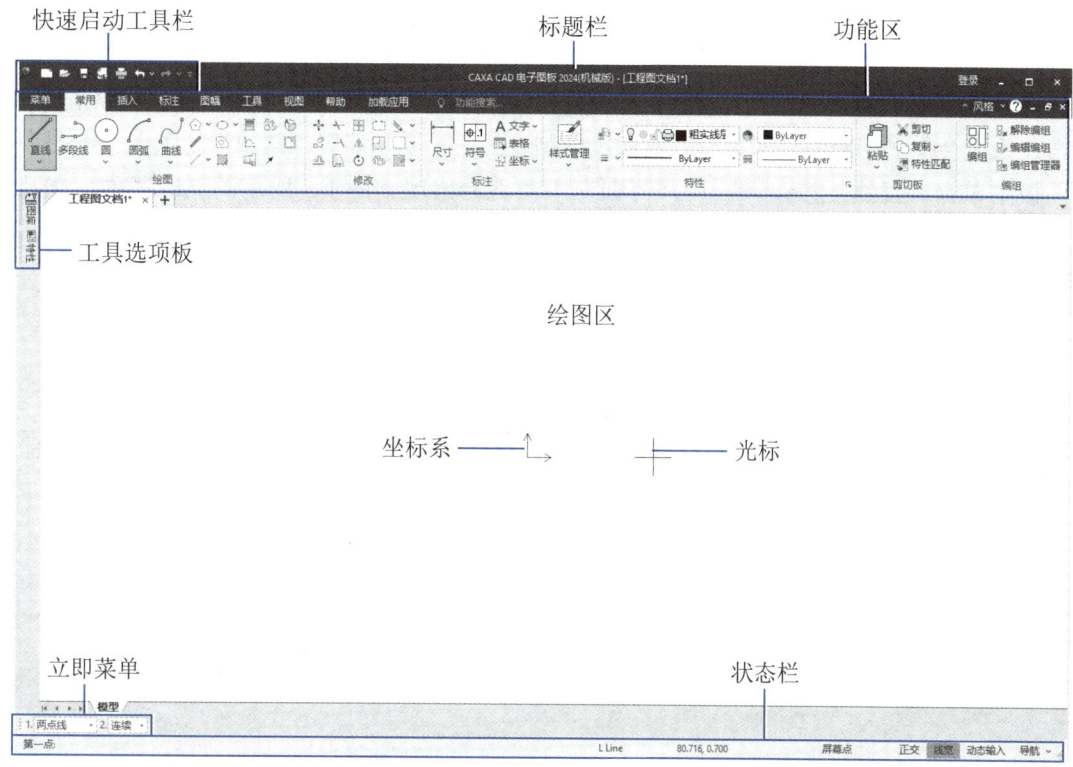

图 1-2　用户界面

提　示

CAXA CAD 电子图板默认的模型背景和布局背景为黑色，为了保证教材中图片的印刷效果，编者将其设置为白色。此外，本书是以图 1-2 中的用户界面为例讲解相关知识的，若用户习惯使用传统风格的用户界面，则可按 "F9" 键进行切换。

（1）快速启动工具栏。该工具栏主要用于显示经常使用的工具。单击该工具栏右侧的按钮，在弹出的下拉菜单中选择第一个区域内的某个菜单项，可控制相应的按钮显示/不显示在该工具栏中。

（2）功能区。CAXA CAD 电子图板中的大部分命令以按钮的形式分类显示在功能区 "常用" "插入" "标注" 等选项卡中。在某个选项卡上单击，可在其下方显示该选项卡中的内容。单击 "菜单" 按钮，可弹出下拉菜单（见图 1-3），从中选择相应的菜单项，即可执行相应的命令。

（3）工具选项板。工具选项板工具条中默认包含 "图库" 和 "特性" 两个工具选项板，将光标移动到某个工具选项板上（不用单击），便可显示该工具选项板中的内容，如图 1-4 所示。

（4）绘图区。绘图区是用户绘图的区域，类似于用户在手工绘图时使用的图纸。

（5）立即菜单。立即菜单用于描述当前命令执行的各种情况和使用条件。用户根据当前的作图要求，正确地从立即菜单提供的工具中选择某个选项或指定值，即可获得准确的响应。在功能区"常用"选项卡"绘图""修改""标注"面板中的部分按钮上单击，系统会弹出相应的立即菜单。例如，绘制直线时，在功能区"常用"选项卡"绘图"面板中单击"直线"按钮 ，用户界面左下角就会出现如图1-5所示的立即菜单，在其中的"两点线"列表框中可设置直线的类型，在"连续"列表框中可设置绘制直线的方式。

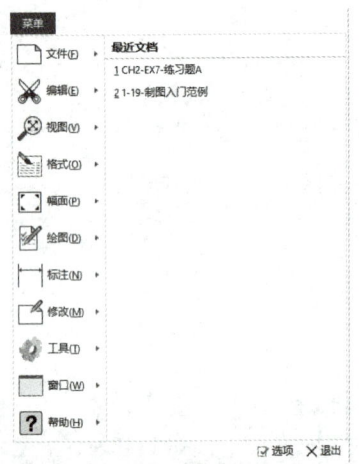

图1-3　下拉菜单

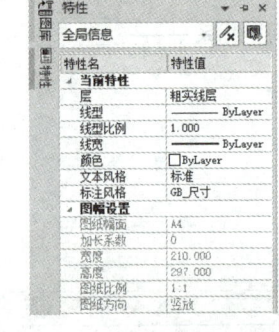

图1-4　"特性"工具选项板

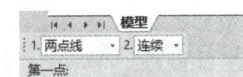

图1-5　"直线"立即菜单

（6）状态栏。状态栏位于用户界面的最下方，用于显示当前的操作状态，各功能元素如图1-6所示。在状态栏空白处右击，即可打开"状态栏配置"面板（见图1-7），该面板用于控制各功能元素在状态栏上的显示状态。在"状态栏配置"面板中选择某个选项，该选项前面的"✓"符号消失，则该功能元素不会显示在状态栏中。

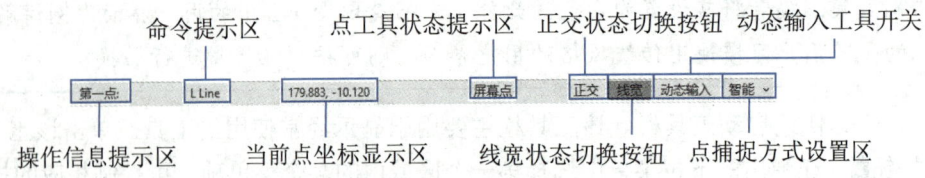

图1-6　状态栏

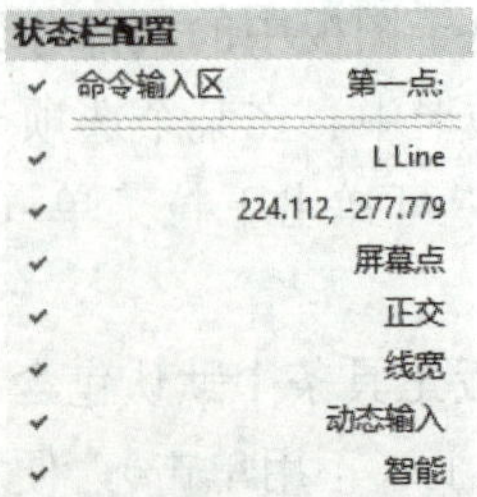

图1-7　"状态栏配置"面板

> **课堂互动**

学生在功能区"常用"选项卡"绘图"面板中单击某个按钮,然后按住"Alt"键不放,再按主键盘区上方的"1""2"等数字键,观察立即菜单的变化;分别在功能区、工具选项板中右击,了解弹出的快捷菜单的功能,然后和周围的同学分享。

二、文件的基本操作

(一)新建文件

用户可使用以下 3 种方法新建文件:

(1)按快捷键"Ctrl+N"。

(2)单击快速启动工具栏中的"新建文档"按钮。

(3)单击"菜单"按钮,在弹出的下拉菜单中选择"文件"→"新建"菜单项。

按上述方法中的任意一种操作后,系统都会弹出如图 1-1 所示的"新建"对话框。选择标准类型和模板后,单击"确定"按钮,即可新建一个文件。

> **提　示**
>
> 模板中已经设置好图层、文本风格、尺寸风格等,用户可根据要绘制图形的特点选择合适的模板。

(二)打开文件

用户可使用以下 4 种方法打开某个文件:

(1)按快捷键"Ctrl+O"。

(2)单击快速启动工具栏中的"打开文件"按钮。

(3)单击"菜单"按钮,在弹出的下拉菜单中选择"文件"→"打开"菜单项。

(4)选择要打开的文件,按住鼠标左键将其拖至用户界面中,然后松开鼠标左键。

按上述方法中的前三种操作后,系统会弹出"打开"对话框(见图 1-8)。在该对话框中选择要打开的文件,在"预览"设置区中即可看到所选文件中的内容,单击"打开"按钮,即可打开该文件。

> **提　示**
>
> CAXA CAD 电子图板除了可以打开".exb"".tpl"格式的文件,还可以打开".dwg"".dxf"".dwt"".wmf"".dat"".igs"".plt"格式的文件。

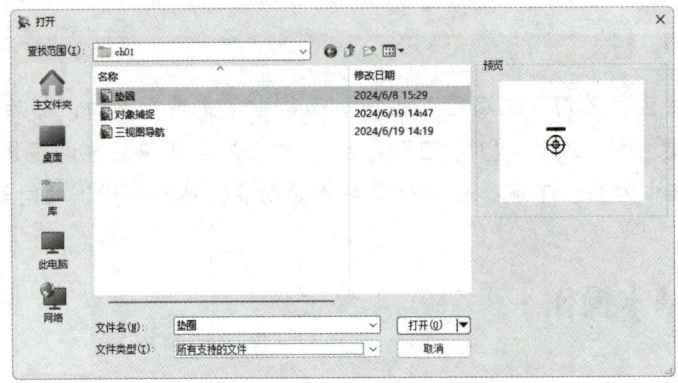

图1-8 "打开"对话框

（三）保存文件

为了避免停电、死机等意外情况造成数据丢失，用户一定要养成及时保存文件的习惯。用户可使用以下几种方法保存文件：

（1）按快捷键"Ctrl+S"。

（2）单击快速启动工具栏中的"保存文档"按钮 。

（3）单击"菜单"按钮，在弹出的下拉菜单中选择"文件"→"保存"菜单项。

若首次保存某个文件，则在执行"保存"命令后，系统会弹出"另存文件"对话框（见图1-9）。在该对话框中，用户可以选择文件存储的位置并输入文件名，在"保存类型"下拉列表中还可以设置文件的存储版本和格式，最后单击"保存"按钮，即可保存该文件。

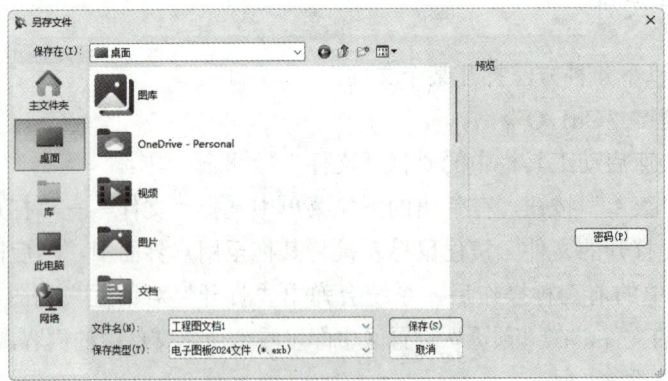

图1-9 "另存文件"对话框

> **提 示**
>
> 单击"另存文件"对话框"预览"设置区下方的"密码"按钮，按照提示设置密码，便可以对所保存的文件进行加密。

项目一　CAXA CAD 电子图板入门

若文件曾被保存,则在执行"保存"命令后,系统会保存该文件,但不会弹出"另存文件"对话框。若希望将保存过的文件以其他名称或格式存储,则可按快捷键"Ctrl+Shift+S",或者单击快速启动工具栏中的"另存文档"按钮。

 提　示

　　如果想将当前绘制的图形中的一部分以文件的形式单独存储,可以使用"部分存储"命令。单击"菜单"按钮,在弹出的下拉菜单中选择"文件"→"部分存储"菜单项,选择要存储的图形后右击或按"Enter"键以确认选择结果,接着在绘图区中的合适位置单击,以指定图形的基点,此时系统会弹出"部分存储文件"对话框。在该对话框中选择文件存储的位置、保存类型,并输入文件名,最后单击"保存"按钮即可。

（四）并入文件

并入文件是指将其他 CAXA CAD 电子图板文件并入当前操作的文件中。用户可使用以下两种方法并入文件:

（1）在功能区"插入"选项卡"对象"面板中单击"并入文件"按钮。

（2）单击"菜单"按钮,在弹出的下拉菜单中选择"文件"→"并入"菜单项。

按上述方法中的任意一种操作后,系统都会弹出如图 1-10 所示的"并入文件"对话框。在该对话框中选择要打开的文件,然后单击"打开"按钮,系统会弹出如图 1-11 所示的"并入文件"对话框,接着在"图纸选择"设置区中选择要并入的图纸,在"选项"设置区中根据需要单击"并入到当前图纸"或"作为新图纸并入"单选钮,最后单击"确定"按钮并根据系统提示进行操作。

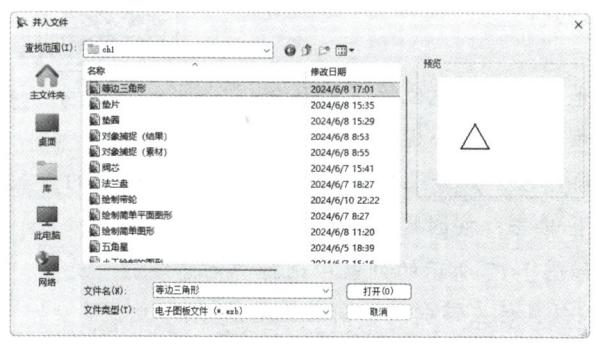

图 1-10　"并入文件"对话框（1）

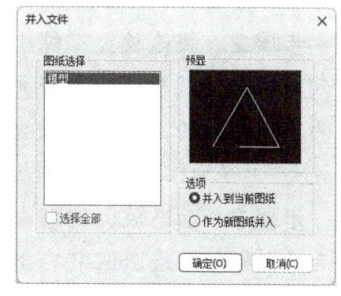

图 1-11　"并入文件"对话框（2）

 提　示

　　单击"并入到当前图纸"单选钮,可将所选图纸作为当前图纸的一部分并入;单击"作为新图纸并入"单选钮,可将所选图纸作为新图纸并入。单击"并入到当前图纸"

单选钮时，系统会弹出立即菜单，用户根据需要在其中选择定位方式、粘贴状态、缩放比例即可；单击"作为新图纸并入"单选钮时，系统会弹出"图纸重命名"对话框，用户在该对话框中输入新的图纸名称即可。

三、视图的缩放和平移

用户可使用以下两种方法缩放、平移视图：

（1）借助鼠标进行操作。将光标移至绘图区，向前滚动鼠标滚轮，可放大视图；向后滚动鼠标滚轮，可缩小视图；按住鼠标滚轮并拖动鼠标，可平移视图。

（2）借助菜单项进行操作。在"视图"选项卡"显示"面板中单击"显示窗口"按钮下方的按钮，在弹出的下拉列表（见图1-12）中选择相应的选项，可对视图进行缩放或平移。例如，选择"动态缩放"选项后，按住鼠标左键向前拖动鼠标，可放大视图；向后拖动鼠标，可缩小视图；右击，可结束视图缩放操作。

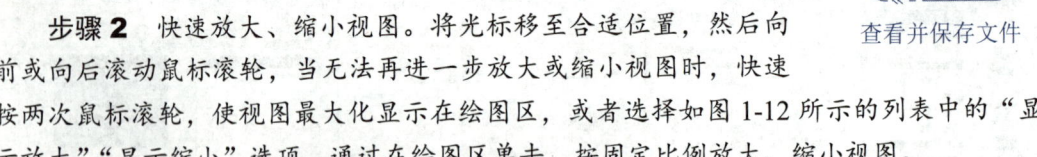

图1-12 弹出的下拉列表

任务实施——查看并保存文件

下面将通过放大、缩小、平移视图并对文件进行保存，来学习文件、鼠标、视图的相关操作。

步骤1 打开本书配套素材"素材与实例"→"ch01"→"查看图形并对其进行保存.exb"文件。

查看并保存文件

步骤2 快速放大、缩小视图。将光标移至合适位置，然后向前或向后滚动鼠标滚轮，当无法再进一步放大或缩小视图时，快速按两次鼠标滚轮，使视图最大化显示在绘图区，或者选择如图1-12所示的列表中的"显示放大""显示缩小"选项，通过在绘图区单击，按固定比例放大、缩小视图。

步骤3 动态放大、缩小视图。在如图1-12所示的列表中选择"动态缩放"选项，然后将光标移至绘图区中的合适位置并按住鼠标左键向前、向后拖动鼠标。

步骤4 平移视图。按住鼠标滚轮并拖动鼠标，或者在如图1-12所示的列表中选择"动态平移"命令，然后将光标移至绘图区，按住鼠标左键拖动鼠标。

步骤5 保存文件。按快捷键"Ctrl+S"保存该文件，或者单击快速启动工具栏中的"另存文档"按钮，在打开的"另存文件"对话框中设置文件的存储位置，输入文件名，最后单击"保存"按钮保存该文件。

任务二 掌握绘图的基本操作

任务导入

了解 CAXA CAD 电子图板的用户界面、文件和视图的基本操作后,小王便迫不及待地开始在绘图区绘制图形,可是仅仅绘制如图 1-13 所示的五角星便把小王折腾得够呛。小王在想,用什么方法可以既快又好地将其绘制出来呢。

学习本任务的相关知识后,请你帮助小王解开疑惑。

图 1-13 五角星

一、命令的执行和终止

(一)命令的执行

在 CAXA CAD 电子图板中,执行命令的方法主要有以下两种:

(1)鼠标选择。单击"菜单"按钮,在弹出的下拉菜单中选择菜单项,或者单击功能区中的命令按钮,均可执行相应的命令。

(2)键盘输入。使用键盘输入所需命令的字母并按"Enter"键,也可执行相应的命令。绘图时常用的命令及其功能如表 1-1 所示。

表 1-1 绘图时常用的命令及其功能

命令	简化命令	功　能	命令	简化命令	功　能
line	L	绘制直线	trim	TR	裁剪对象
parallel	LL	绘制平行线	erase	E	删除对象
pline	PL	绘制多段线	move	M、MO	平移对象
circle	C	绘制圆	rotate	RO	旋转对象
arc	A	绘制圆弧	scale	SC	缩放对象
rectang	REC	绘制矩形	copy	CO、CP	平移复制对象
ellipse	EL	绘制椭圆	mirror	MI	镜像对象
spline	SPL	绘制样条	array	AR	阵列对象
hatch	H、BH	绘制剖面线	stretch	S	拉伸对象
hoax	HA	绘制孔或轴	fillet	F	倒圆角
dim	D	标注尺寸	chamfer	CHA	倒角
text	T	注写文字			

（二）命令的终止

在绘图过程中按"Esc"键，可终止当前正在执行的命令。执行完一个命令后，按空格键、"Enter"键，或者右击，都可重复执行此命令。

> **提 示**
>
> 在执行命令的过程中，按快捷键"Ctrl+Z"可撤销上一步操作，连续按该快捷键可依次撤销多步操作。

二、用户坐标系的设置

（一）新建用户坐标系

为了更加方便地绘制图形，有时需要新建用户坐标系。新建用户坐标系的方法有以下两种：

（1）新建原点坐标系。在功能区"视图"选项卡"用户坐标系"面板中单击"新建原点坐标系"按钮，然后在立即菜单中输入新用户坐标系的名称，并指定新用户坐标系的原点，最后输入旋转角度并按"Enter"键即可建立新用户坐标系。

（2）新建对象坐标系。在功能区"视图"选项卡"用户坐标系"面板中单击"新建对象坐标"按钮，接着拾取放置坐标系的对象，系统会根据所拾取对象的特征建立新用户坐标系，具体规则如下：

① 拾取点时，新用户坐标系以此点为原点，以世界坐标系 X 轴方向为 X 轴方向。

> **提 示**
>
> 世界坐标系是 CAXA CAD 电子图板默认的坐标系，其 X 轴在水平方向上，Y 轴在竖直方向上，X 轴和 Y 轴的交点便是原点。

② 拾取直线时，新用户坐标系以该直线上距离拾取点较近的一个端点为原点，以此直线的走向为 X 轴方向。

③ 拾取圆时，新用户坐标系以圆心为原点，以圆心到拾取点的方向为 X 轴方向。

④ 拾取圆弧时，新用户坐标系以圆弧的圆心为原点，以圆心到距离拾取点较近的一个端点的方向为 X 轴方向。

⑤ 拾取多段线时，若拾取点在直线段上，则按拾取直线时的规则建立新用户坐标系；若拾取点在圆弧段上，则按拾取圆弧时的规则建立新用户坐标系。

⑥ 拾取样条时，新用户坐标系以距离拾取点较近的一个端点为原点，以原点到另一个端点的方向为 X 轴方向。

⑦ 拾取块时，新用户坐标系以块的基准点为原点，以世界坐标系 X 轴方向为 X 轴方向。

（二）管理坐标系

在功能区"视图"选项卡"用户坐标系"面板中单击"管理用户坐标系"按钮，系统会弹出如图1-14所示的"坐标系"对话框，在此对话框中可将选择的坐标系设为当前坐标系，或者对其重命名，也可以删除此坐标系。

在功能区"视图"选项卡"用户坐标系"面板中单击"坐标系显示"按钮，系统会弹出如图1-15所示的"坐标系显示设置"对话框，在此对话框中可以设置坐标系是否显示在绘图区中，以及其显示形式和特性。

（三）切换坐标系

如果当前文件中有两个或两个以上坐标系，用户需要使用非当前坐标系时，必须先将其切换为当前坐标系。按"F5"键，可直接切换坐标系。此外，单击如图1-16所示的"坐标系"列表框，或者在"用户坐标系"面板中单击"管理用户坐标系"按钮，借助弹出的"坐标系"对话框中的"设为当前"按钮，也可以实现坐标系的切换。

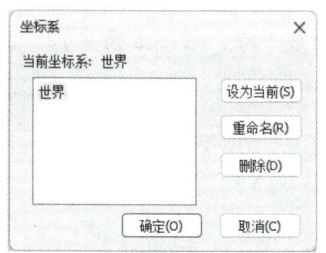 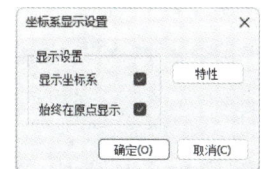 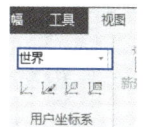

图1-14 "坐标系"对话框　　图1-15 "坐标系显示设置"对话框　　图1-16 "坐标系"列表框

三、点的坐标的输入方法

（一）用键盘输入点的坐标

点的坐标可分为绝对坐标和相对坐标两种。其中，绝对坐标是指以当前坐标系原点为基准确定的某一点的坐标；相对坐标是指相对当前点的坐标，与坐标系原点无关。输入两种坐标的方法如下：

（1）输入绝对坐标时，可直接输入"X,Y"，如输入"10,20"。

（2）输入相对坐标时，必须在第一个数值的前面加"@"。例如，若要绘制一个相对参考点向 X 轴正方向偏移 10 mm、向 Y 轴正方向偏移 20 mm 的点，则可输入"@10,20"。坐标"@10,20"为相对直角坐标。相对坐标也可以用极坐标表示，如"@10<20"，表示输入点相对当前点的极坐标半径为 10 mm，极坐标半径与 X 轴逆时针方向的夹角为 20°。

课堂实例 1-1

绘制如图 1-13 所示的边长为 60 mm 的五角星，操作步骤如下。

步骤 1 在功能区"常用"选项卡"绘图"面板中单击"直线"按钮 /。

步骤 2 在立即菜单中单击第 1 项，选择"两点线"选项；单击第 2 项，选择"连续"选项。

步骤 3 按照操作信息提示区中的提示进行操作：

① 提示"第一点:"，输入"0,0"并按"Enter"键（即通过输入绝对坐标指定第一点的位置）。

② 提示"第二点:"，输入"60,0"并按"Enter"键（即通过输入绝对坐标指定第二点的位置）。

③ 提示"第二点:"，输入"@60<-144"并按"Enter"键（即通过输入相对极坐标指定第二点与第三点的直线距离和它们的连线与 X 轴逆时针方向的夹角）。

④ 提示"第二点:"，输入"@60<72"并按"Enter"键（即通过输入相对极坐标指定第三点与第四点的直线距离和它们的连线与 X 轴逆时针方向的夹角）。

⑤ 提示"第二点:"，输入"@60<-72"并按"Enter"键（即通过输入相对极坐标指定第四点与第五点的直线距离和它们的连线与 X 轴逆时针方向的夹角）。

⑥ 提示"第二点:"，输入"0,0"并按"Enter"键（即回到第一点，封闭五角星）。

步骤 4 右击，结束"直线"命令。

（二）用鼠标输入点的坐标

执行绘图命令后，在绘图区移动光标并在合适位置单击，该点的坐标即被输入。

提示

单击状态栏中的"动态输入"开关，可控制其开关状态。打开"动态输入"开关后，光标附近会显示动态输入框和提示框，此时输入的数值会出现在动态输入框中。"动态输入"开关常与状态栏最右侧"切换捕捉方式"列表框中的"导航"选项配合使用。

例如，打开"动态输入"开关，在"切换捕捉方式"列表框中选择"导航"选项，然后执行"直线"命令，在绘图区中的任一位置单击，以指定第一个点的位置，接着向右移动光标，待出现 0°导航线时输入"20"（见图 1-17）并按"Enter"键，即可绘制一条长度为 20 mm 的水平直线。

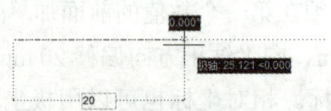

图 1-17 出现 0°导航线时输入"20"

四、对象的选择和删除

（一）选择对象

在 CAXA CAD 电子图板中，用户可以采用以下两种方式来选择对象：

（1）单击方式。将光标移动到要选择的对象上后单击，即可选中该对象。将光标分别移动到其他对象上并单击，可选中多个对象。

（2）框选方式。框选是指用鼠标左键在绘图区指定由两个对角点形成的选择框来选择对象。框选分正选和反选两种情况。正选是指从左到右指定由两个对角点形成的选择框，选择框内的填充色为蓝色且选择框的边线为实线，只有当对象上的所有点都位于选择框内时，该对象才会被选中，如图 1-18 所示；反选是指从右到左指定由两个对角点形成的选择框，选择框内的填充色为绿色且选择框的边线为虚线，只要对象上有一个点位于该选择框内，该对象就会被选中，如图 1-19 所示。

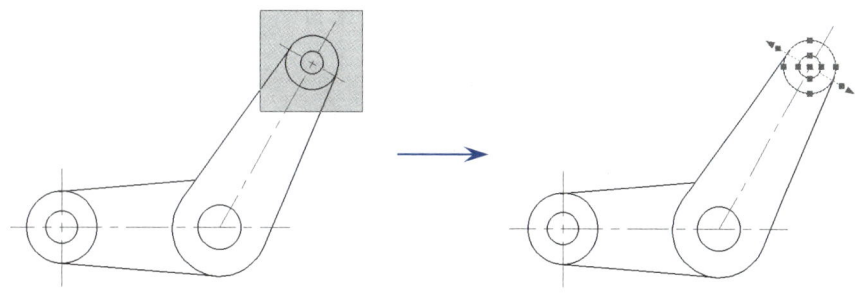

图 1-18　正选

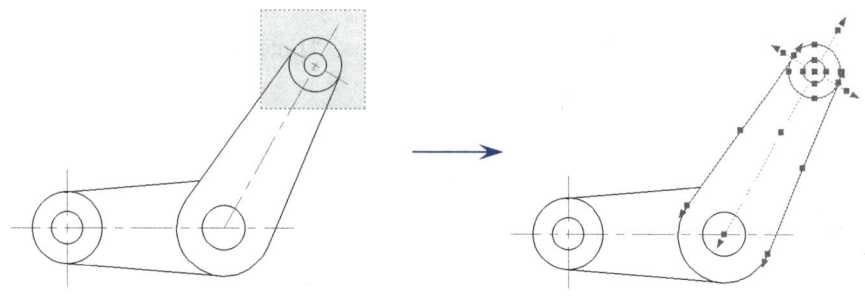

图 1-19　反选

若要取消当前选择集中所有对象的选择状态，则按"Esc"键；若要取消当前选择集中某一个或某几个对象的选择状态，则在按"Shift"键的同时单击或框选要剔除的对象即可。

（二）删除对象

选中对象后按"Delete"键，或者在"常用"选项卡"修改"面板中单击"删除"按钮，或者输入"E"并按"Enter"键，都可以删除对象。

任务实施——绘制简单图形

下面将通过绘制如图 1-20 所示的等腰直角三角形（直角边长为 20 mm），来学习命令的执行、点的坐标的输入等方法。

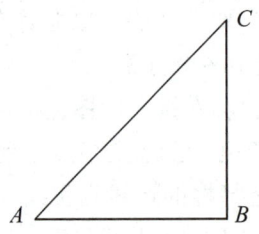

绘制简单图形

图 1-20　等腰直角三角形

步骤 1　打开 CAXA CAD 电子图板，以"BLANK"为模版，新建一个文件。

步骤 2　输入"L"并按"Enter"键，或者在"常用"选项卡"绘图"面板中单击"直线"按钮 ，然后在弹出的立即菜单中单击第 1 项，选择"两点线"选项；单击第 2 项，选择"连续"选项。

步骤 3　在绘图区任意位置单击，以指定点 A 的位置，然后按照操作信息提示区中的提示进行操作：

① 提示"第二点:"，输入"@20,0"并按"Enter"键（即通过输入相对直角坐标指定点 B 的位置）。

② 提示"第二点:"，输入"@0,20"并按"Enter"键（即通过输入相对直角坐标指定点 C 的位置）。

③ 提示"第二点:"，输入"@-20,-20"并按两次"Enter"键（即回到点 A，封闭三角形，并结束"直线"命令）。

步骤 4　按快捷键"Ctrl+S"保存该文件。

素养提升

本书"课堂实例"与"任务实施"模块中的实施步骤并不是唯一的，学生随着掌握的知识的增多，能够想到的绘图方法也会逐渐增多。但"万丈高楼平地起，没有扎实的基础，就不会有上层建筑"，学生只有一步一个脚印，打好基础，才能使用更简便的绘图方法更好、更快地完成绘图任务。

项目一　CAXA CAD 电子图板入门

任务三　使用智能点工具绘图

▶ **任务导入**

在使用 CAXA CAD 电子图板绘图的过程中，小王想捕捉图 1-21 中圆的圆心 O，可总是不小心捕捉到紧临圆心 O 的点 A。小王不知道该如何解决这个问题。

学习本任务的相关知识后，请你帮助小王解开疑惑。

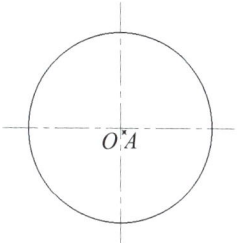

图 1-21　圆和点

CAXA CAD 电子图板提供了多种智能点工具（如捕捉、栅格、极轴导航、对象捕捉），用户可使用这些工具快速拾取、捕捉对象。在功能区"工具"选项卡"选项"面板中单击"捕捉设置"按钮，或者在状态栏最右侧"切换捕捉方式"列表框上右击，在弹出的快捷菜单中选择"设置"菜单项，系统会弹出如图 1-22 所示的"智能点工具设置"对话框，在该对话框的"捕捉和栅格""极轴导航""对象捕捉"3 个选项卡中可设置相应的智能点工具。

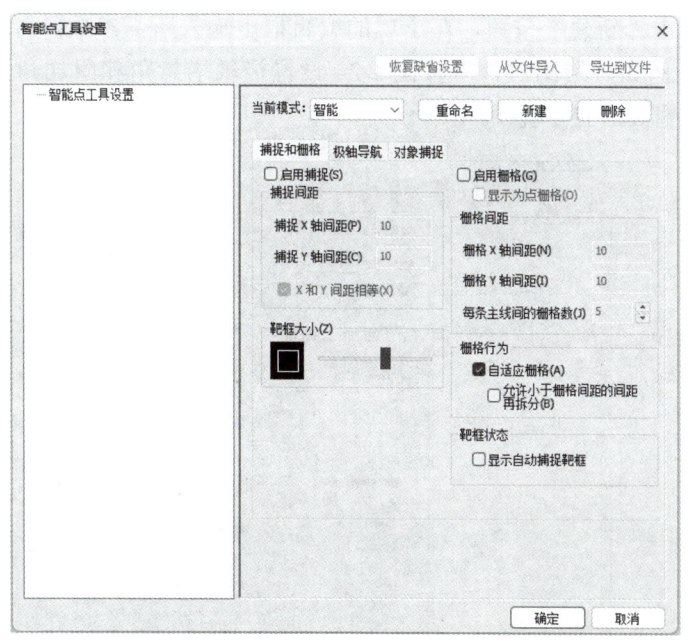

图 1-22　"智能点工具设置"对话框（1）

一、捕捉和栅格

在"智能点工具设置"对话框中选择"捕捉和栅格"选项卡,可以设置捕捉间距和栅格间距等内容。

勾选"启用捕捉"复选框,表示捕捉功能有效,此时可在"捕捉间距"设置区中设置 X 轴和 Y 轴方向上的捕捉间距,然后执行绘图命令,光标会在 X 轴、Y 轴方向上按设置的间距的整数倍移动。

勾选"启用栅格"复选框,可以打开栅格显示,此时可在"栅格间距"设置区中设置 X 轴和 Y 轴方向上的栅格间距。

靶框(见图1-23)是指光标中间的小方框,用于拾取对象上的特征点。拖动"靶框大小"设置区中的滑块,可以设置靶框的大小;勾选"靶框状态"设置区中的"显示自动捕捉靶框"复选框,然后执行绘图命令,光标上将显示靶框。

图1-23 靶框

二、极轴导航

在"智能点工具设置"对话框中选择"极轴导航"选项卡,可以设置极轴导航的相关参数。

勾选"启用极轴导航"复选框可以打开极轴导航,在"极轴角设置"设置区"增量角"编辑框中,可以通过设置极轴角的增量来指定极轴导航的对齐路径;勾选"附加角"复选框后单击"新建"按钮,在出现的编辑框中输入所需参数,可添加一个极轴导航的对齐路径。例如,绘图时,若按图1-24设置极轴增量角和附加角,则系统仅显示15°导航线和45°整数倍的导航线。

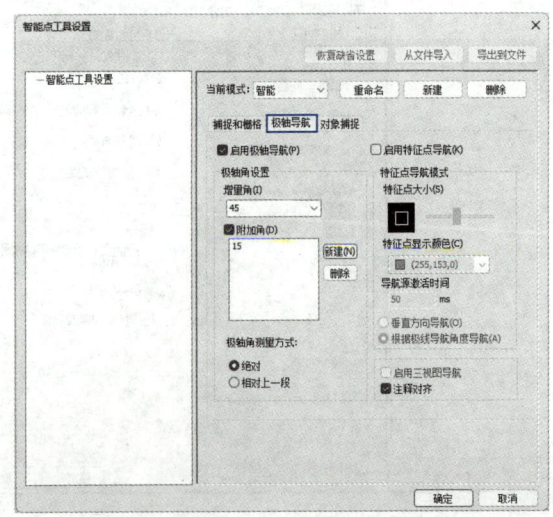

图1-24 "智能点工具设置"对话框(2)

勾选"启用特征点导航"复选框可以打开特征点导航,此时执行绘图命令,可以捕捉导航线上的特征点,在"特征点导航模式"设置区可以设置特征点大小、特征点显示颜色等,还可以控制是否启用三视图导航。

课堂实例 1-2

绘制如图 1-25 所示的边长为 20 mm 的等边三角形,操作步骤如下。

步骤 1 在功能区"工具"选项卡"选项"面板中单击"捕捉设置"按钮,在弹出的"智能点工具设置"对话框"当前模式"列表框中选择"导航"选项,然后选择"极轴导航"选项卡,在"增量角"编辑框中输入"60",然后单击"确定"按钮。

步骤 2 在功能区"常用"选项卡"绘图"面板中单击"直线"按钮,在弹出的立即菜单中单击第 1 项,选择"两点线"选项;单击第 2 项,选择"连续"选项。

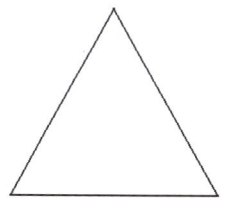

图 1-25 等边三角形

步骤 3 按照操作信息提示区中的提示进行操作:

① 提示"第一点:",输入"0,0"并按"Enter"键。

② 提示"第二点:",输入"20,0"并按"Enter"键。

③ 提示"第二点:",将光标沿着如图 1-26(a)所示的导航线移动,输入"20"并按"Enter"键。

④ 提示"第二点:",将光标沿着如图 1-26(b)所示的导航线移动,输入"20"并按两次"Enter"键,结果如图 1-26(c)所示。

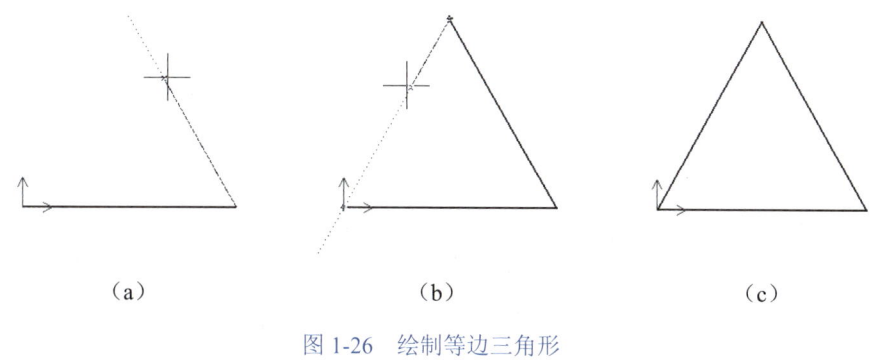

(a)　　　　　　　　　(b)　　　　　　　　　(c)

图 1-26 绘制等边三角形

三、对象捕捉

在"智能点工具设置"对话框中选择"对象捕捉"选项卡(见图 1-27),可以设置对象捕捉参数。

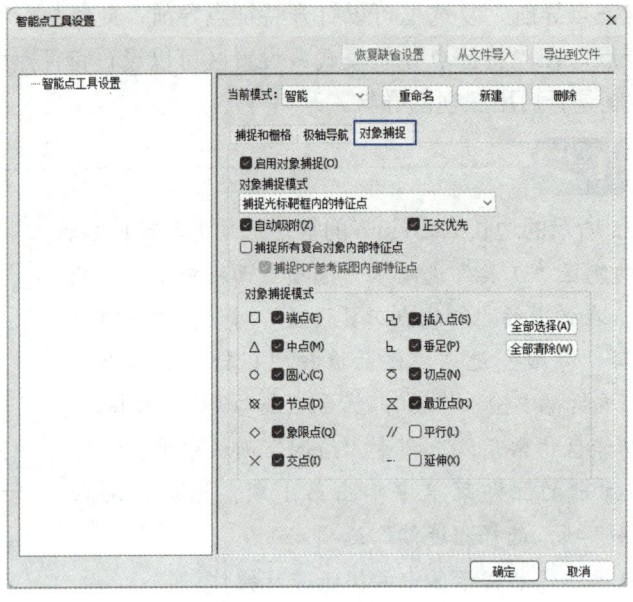

图 1-27 "智能点工具设置"对话框（3）

勾选"启用对象捕捉"复选框，表示对象捕捉功能有效，此时，可以从"对象捕捉模式"列表框中选择"捕捉光标靶框内的特征点"或"捕捉最近的特征点"选项。勾选"自动吸附"复选框后，光标可以自动吸附在捕捉到的特征点上；勾选"对象捕捉模式"设置区中的"端点""中点""圆心"等复选框后，光标可以自动捕捉对象上的这些特征点。

在执行某个命令的过程中按空格键，然后在弹出的快捷菜单中选择某个菜单项，则其余捕捉模式暂时失效，此时光标只能捕捉到与所选菜单项对应的特征点。

提 示

用户除了可以在"智能点工具设置"对话框中控制是否启用捕捉和栅格、极轴导航、对象捕捉功能，还可以在状态栏最右侧"切换捕捉方式"列表框中单击，在弹出的下拉列表（见图 1-28）中选择所需选项，或者按"F6"键，控制使用哪些智能点工具。

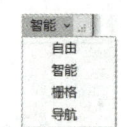

图 1-28 "切换捕捉方式"下拉列表

选择"智能"选项时，系统只启用对象捕捉功能，用户使用鼠标可自动捕捉端点、中点、圆心等特征点。智能捕捉方式为 CAXA CAD 电子图板默认的捕捉方式。

选择"导航"选项时，系统同时启用极轴导航和对象捕捉功能。

选择"自由"选项时，系统禁用了捕捉和栅格、极轴导航、对象捕捉功能。

选择"栅格"选项时，系统只启用捕捉和栅格功能。

课堂互动

打开本书配套素材"素材与实例"→"ch01"→"对象捕捉.exb"文件,绘制如图1-29所示的线段 AF、BE、CD(其中,点 A、C 为切点,点 E 为线段 FD 的中点)。老师选择几名学生,请他们分享自己绘制这几条线段的方法。

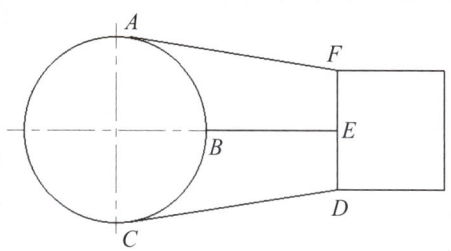

图1-29 绘制线段

四、三视图导航

三视图导航是导航方式的扩充,绘制完两个视图后,用户可以使用该功能确定投影关系,从而快速绘制出第三个视图。在状态栏中输入"guide",按"F7"键,或者单击"菜单"按钮,在弹出的下拉菜单中选择"工具"→"三视图导航"菜单项,都可以执行"三视图导航"命令。

课堂实例 1-3

打开本书配套素材"素材与实例"→"ch01"→"三视图导航.exb"文件,使用"三视图导航"命令绘制左视图,结果如图1-30所示。操作步骤如下。

步骤1 绘制导航线。按"F7"键,执行"三视图导航"命令,然后按照操作信息提示区中的提示进行操作:

① 提示"第一点<右键恢复上一次导航线>:",在俯视图右侧的合适位置单击,以指定导航线上的第一个点(见图1-31)。

② 提示"第二点:",向下移动光标,绘图区中将出现一条45°的导航线,然后在合适位置单击,以指定导航线上的第二个点(见图1-31)。

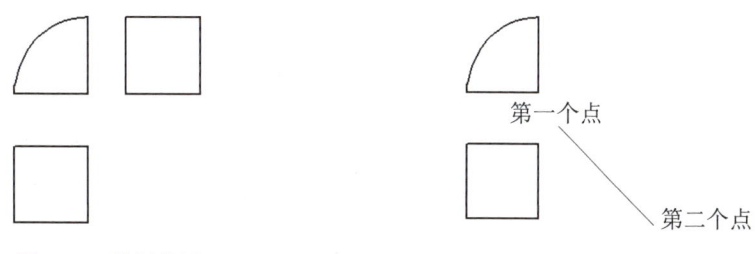

图1-30 绘制结果　　　　图1-31 绘制导航线

步骤 2　设置捕捉方式并执行"直线"命令。按"F6"键，将捕捉方式设为"导航"。在功能区"常用"选项卡"绘图"面板中单击"直线"按钮，在弹出的立即菜单中单击第 1 项，选择"两点线"选项；单击第 2 项，选择"连续"选项。

步骤 3　绘制直线 AB。捕捉俯视图的右上端点并向右移动光标，然后捕捉主视图的右下端点并向右移动光标，待出现图 1-32（a）中的辅助线时单击，以指定点 A 的位置；向上移动光标，然后捕捉主视图右上端点并向右移动光标，待出现图 1-32（b）中的辅助线时单击，以指定点 B 的位置。

步骤 4　绘制直线 BC。捕捉俯视图的右下端点并向右移动光标，然后捕捉主视图的右上端点并向右移动光标，待出现图 1-32（c）中的辅助线时单击，以指定点 C 的位置。

步骤 5　绘制直线 CD。捕捉主视图的右下端点并向右移动光标，待出现图 1-32（d）中的辅助线时单击，以指定点 D 的位置。

步骤 6　绘制直线 DA。向左移动光标，捕捉点 A 并单击，接着按"Enter"键，完成左视图的绘制。

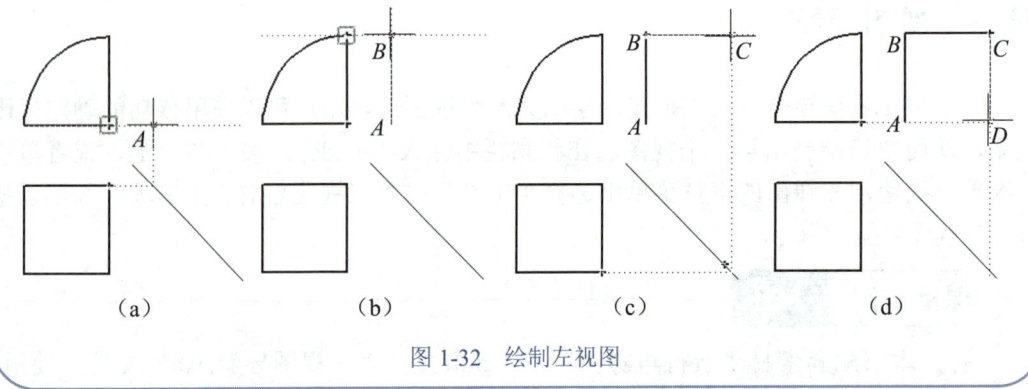

图 1-32　绘制左视图

任务实施——绘制带轮

下面将通过绘制如图 1-33 所示的带轮（不要求标注尺寸），来学习智能点工具的使用方法。

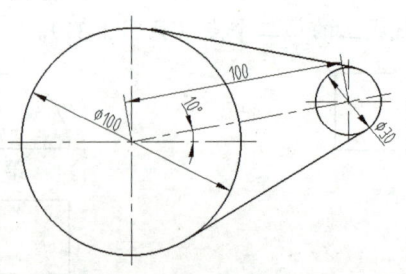

图 1-33　带轮

绘制带轮

绘图思路

先绘制大圆，然后借助极轴导航功能确定小圆的圆心位置，再绘制小圆，最后借助对象捕捉功能绘制两圆的切线和连接两圆圆心的中心线。

绘图步骤

步骤 1 绘制大圆。打开 CAXA CAD 电子图板，新建文件。在"常用"选项卡"绘图"面板中单击"圆"按钮⊙，在弹出的立即菜单中单击第 1 项，选择"圆心_半径"选项；单击第 2 项，选择"直径"选项；单击第 3 项，选择"有中心线"选项；在第 4 项"中心线延伸长度"编辑框中输入"3"，然后按照操作信息提示区中的提示进行操作：

① 提示"圆心点："，在绘图区任意位置单击。

② 提示"输入直径或圆上一点："，输入"100"，然后按两次"Enter"键，结果如图 1-34 所示。

步骤 2 设置捕捉方式。在"工具"选项卡"选项"面板中单击"捕捉设置"按钮∩，然后在弹出的"智能点工具设置"对话框"当前模式"列表框中选择"导航"选项，接着选择"极轴导航"选项卡，勾选"附加角"复选框并单击其右侧的"新建"按钮，在"附加角"编辑框中输入"10"，最后单击"确定"按钮。

步骤 3 绘制小圆。在"常用"选项卡"绘图"面板中单击"圆"按钮⊙，捕捉大圆的圆心，然后沿着10°导航线移动光标［见图 1-35（a）］，输入"100"并按"Enter"键，以指定小圆的圆心，接着输入"30"并按两次"Enter"键，结果如图 1-35（b）所示。

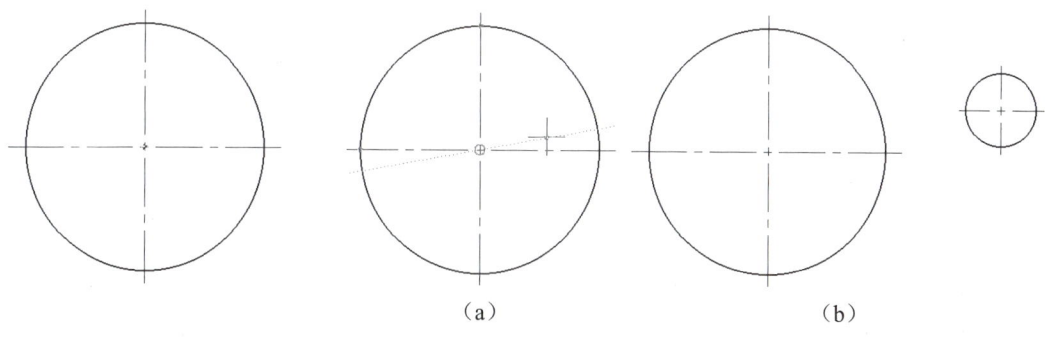

图 1-34　绘制大圆　　　　图 1-35　绘制小圆

步骤 4 绘制切线。在"常用"选项卡"绘图"面板中单击"直线"按钮╱，在弹出的立即菜单中单击第 1 项，选择"两点线"选项；单击第 2 项，选择"单根"选项。按空格键，在弹出的快捷菜单中选择"切点"菜单项，然后将光标放置在大圆的合适位置，待出现如图 1-36（a）所示的"切点"标记后单击；按空格键，在弹出的快捷菜单中选择"切点"菜单项，然后将光标放置在小圆的合适位置，待出现"切点"标记后单击；按"Enter"键，完成上切线的绘制。按照同样的方法，绘制两圆的下切线，结果如图 1-36（b）所示。

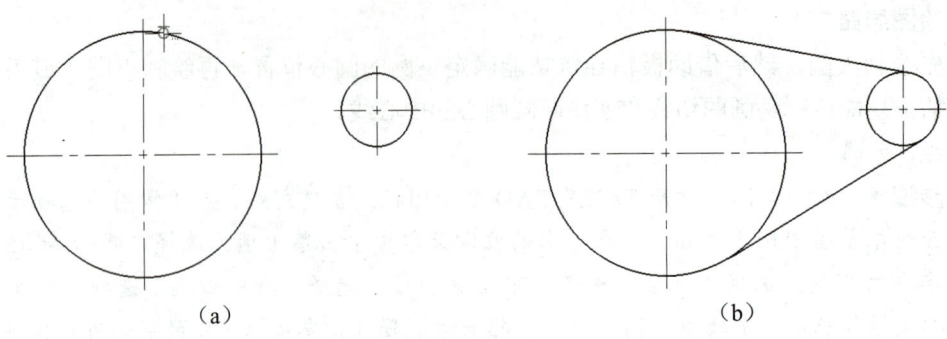

图 1-36　绘制切线

步骤 5　绘制中心线。按空格键，重复执行"直线"命令，然后在"常用"选项卡"特性"面板"图层"列表框中选择"中心线层"选项，接着通过捕捉两圆的圆心绘制图 1-33 中倾斜的中心线，最后按"Enter"键，结束"直线"命令。

步骤 6　保存文件。按快捷键"Ctrl+S"保存该文件。

任务四　新建和设置图层

任务导入

小王在 CAXA CAD 电子图板中绘制了一个圆后，想要继续绘制其中心线，但是他绘制的线均为粗实线，他不知道怎样将中心线的线型变为点画线。老师看了小王绘制的图形（见图 1-37）后对他说："你只需要改一下中心线的图层属性就可以了。"老师还告诉小王，图层是存放一组相关实体的数据结构，可控制相关实体的颜色、线型等属性。将图层看作一张透明的纸，在不同的透明纸上画出图形的各个部分，然后将这些纸重叠在一起，就构成了一幅完整的图形（见图 1-38）。听了老师的话，小王恍然大悟，但是具体该怎么操作，小王还是有点无所适从。

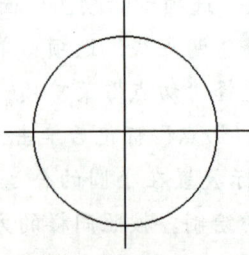

图 1-37　小王绘制的图形

项目一　CAXA CAD 电子图板入门

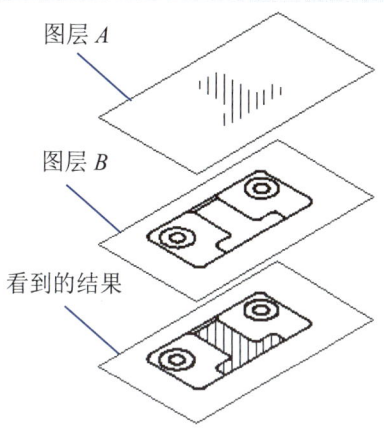

图 1-38　图层示意图

学习本任务的相关知识后，请你帮助小王解开疑惑。

为了方便用户绘图，CAXA CAD 电子图板预先设定了 8 个图层，分别为 0 层、中心线层、剖面线层、尺寸线层、粗实线层、细实线层、虚线层和隐藏层，每个图层都设置了相应的颜色和线型。用户可以新建图层、更改图层的状态和属性、设置某图层为当前图层，或者为对象重新指定图层。

一、新建图层

如图系统预先设定的图层不够用，用户可按照以下步骤新建图层：

（1）在"常用"选项卡"特性"面板中单击"图层"按钮，系统弹出如图 1-39 所示的"层设置"对话框。

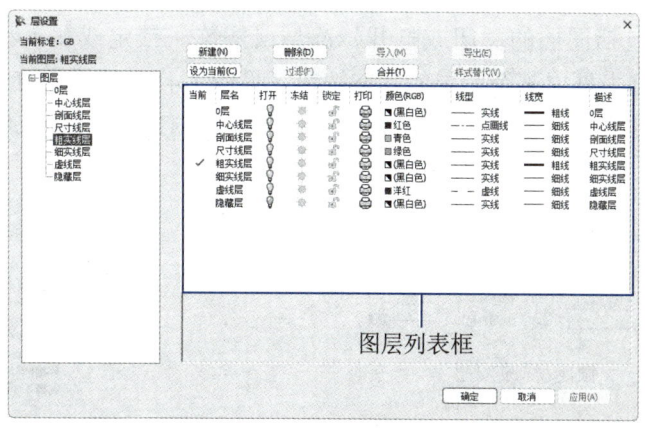

图 1-39　"层设置"对话框

（2）在"层设置"对话框中单击"新建"按钮，系统弹出询问"新建风格后将自动保存，确认新建吗？"的对话框，单击"是"按钮后，系统弹出如图 1-40 所示的"新建风格"对话框。

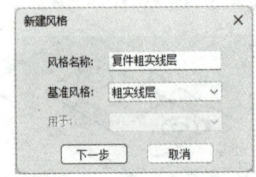

图 1-40 "新建风格"对话框

（3）在"新建风格"对话框"风格名称"编辑框中输入图层名称，并在"基准风格"列表框中选择一个作为基准的图层，然后单击"下一步"按钮，新建的图层就会显示在"层设置"对话框图层列表框的最后一行。

在"常用"选项卡"特性"面板中单击"样式管理"按钮，在弹出的"样式管理"对话框中单击"新建"按钮，也可以按照上述步骤新建图层。在"层设置"对话框和"样式管理"对话框的图层列表框中，均可查看各个图层的状态、颜色、线型等。

用户可以删除自己创建的且未被使用的图层，具体的操作方法如下：在"层设置"对话框"图层"列表中右击要删除的图层，然后在弹出的快捷菜单中选择"删除"选项，系统弹出询问"删除风格后将自动保存，确认删除吗？"的对话框，单击"是"按钮即可。

用户不能删除系统预先设定的图层、当前图层和正在被使用的图层。

二、更改图层的状态

图层的状态包括图层的关闭或打开、冻结或解冻、锁定或解锁状态。单击"层设置"对话框图层列表框中某个图层的状态按钮（见图 1-41）或"特性"面板"图层"列表框（见图 1-42）中某个图层的状态按钮，即可关闭或打开、冻结或解冻、锁定或解锁该图层。

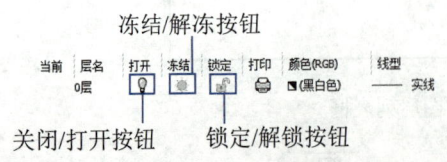

图 1-41 图层状态按钮

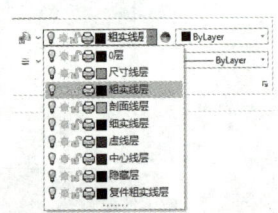

图 1-42 "图层"列表框

项目一 CAXA CAD 电子图板入门

 提 示

用户不能冻结当前图层。关闭某个图层后，该图层上的所有对象将不显示在绘图区，因此用户不能对其进行编辑；锁定某个图层后，该图层上的所有对象仍显示在绘图区，但用户不能对其进行编辑。

三、更改图层的属性

（1）更改颜色。在"层设置"对话框图层列表框中单击颜色按钮（如 ■(黑白色)），系统弹出如图 1-43 所示的"颜色选取"对话框，用户可以根据需要选择颜色，然后单击"确定"按钮。

（2）更改线型。在"层设置"对话框图层列表框中单击线型按钮（如 —— 实线），系统弹出如图 1-44 所示的"线型"对话框，用户可以根据需要选择线型，然后单击"确定"按钮。

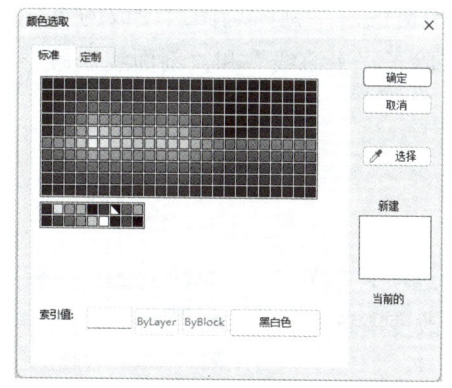

图 1-43 "颜色选取"对话框

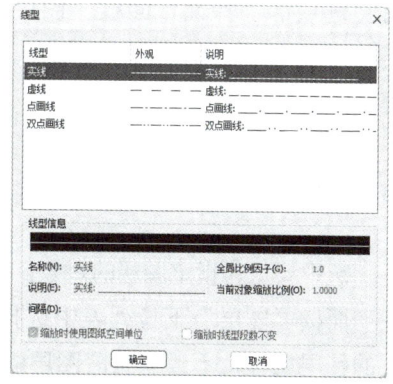

图 1-44 "线型"对话框

（3）更改线宽。在"层设置"对话框图层列表框中单击线宽按钮（如 —— 粗线），系统弹出如图 1-45 所示的"线宽设置"对话框，用户可以根据需要选择线宽，然后单击"确定"按钮。

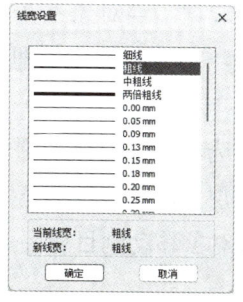

图 1-45 "线宽设置"对话框

25

提示

在"常用"选项卡"特性"面板（见图1-46）中单击"颜色"列表框、"线型"列表框、"线宽"列表框，借助弹出的下拉列表中的选项，可以设置当前图层中已选中对象和新增对象的颜色、线型和线宽。

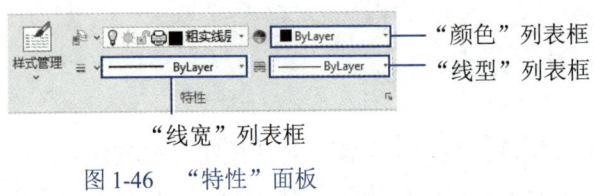

图1-46 "特性"面板

四、设置为当前图层

当前图层是指用户正在操作的图层。若在绘图区没有选择任何对象，在功能区"常用"选项卡"特性"面板"图层"列表框中选择所需图层，则所选图层便成为当前图层。将某个图层设为当前图层后，使用绘图命令（除了"中心线"和"剖面线"命令）绘制的图形均位于该图层上。

五、为对象重新指定图层

选中要重新指定图层的对象，在功能区"常用"选项卡"特性"面板"图层"下拉列表中选择某个选项，则仅改变所选对象的图层属性，不改变当前图层的属性。

此外，在功能区"常用"选项卡"特性"面板中单击"图层"按钮右侧的按钮，在弹出的下拉列表（见图1-47）中选择"移动对象到当前图层""移动对象到指定图层"选项，也可为对象重新指定图层。

（1）"移动对象到当前图层"选项。当对象不在当前图层上时，选择该选项，然后选择对象，按"Enter"键即可将对象移动到当前图层。

（2）"移动对象到指定图层"选项。选择该选项，在弹出的"层选择"对话框中选择目标图层，单击"确定"按钮，然后选择对象，按"Enter"键即可将对象移动到目标图层。

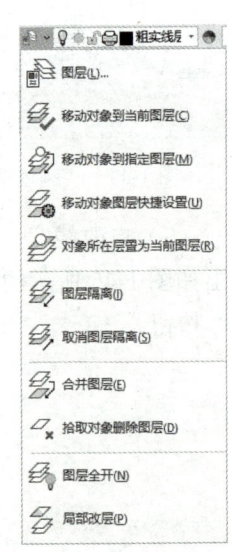

图1-47 下拉列表

项目一 CAXA CAD 电子图板入门

课堂互动

学生在"层设置"对话框图层列表框中右击某个图层,或在图1-47中的下拉列表中分别选择"图层隔离""取消图层隔离""图层全开"选项,然后探索相应的功能,并和周围的同学分享。

任务实施——绘制法兰盘

下面将通过绘制如图1-48所示的法兰盘(不要求标注尺寸),来继续学习图层的使用方法。

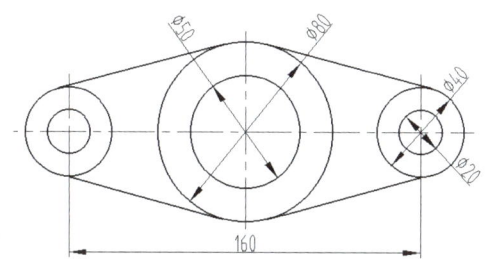

图 1-48 法兰盘

绘制法兰盘

绘图思路

由于该图形左右完全对称,因此可以先绘制中间的两个圆,然后绘制一侧的两个圆及切线,最后镜像复制,以生成另一侧的图形。

绘图步骤

步骤 1 新建文件。打开 CAXA CAD 电子图板,新建一个文件。

步骤 2 设置当前图层。在"常用"选项卡"特性"面板中单击"图层"列表框,在弹出的下拉列表中选择"粗实线层"选项。

步骤 3 设置捕捉方式。按"F6"键,将捕捉方式设为"导航"。

步骤 4 绘制直径为 50 mm 和 80 mm 的圆。在"常用"选项卡"绘图"面板中单击"圆"按钮⊙,在弹出的立即菜单中单击第1项,选择"圆心_半径"选项;单击第2项,选择"直径"选项;单击第3项,选择"无中心线"选项。然后按照操作信息提示区中的提示进行操作:

① 提示"圆心点:",在绘图区中的任意位置单击。

② 提示"输入直径或圆上一点:",输入"50"并按"Enter"键,以绘制直径为 50 mm 的圆。

③ 提示"输入直径或圆上一点:",输入"80"并按两次"Enter"键,结果如图1-49所示。

步骤 5 绘制直径为 20 mm 和 40 mm 的圆。按空格键,重复执行"圆"命令。按照

27

操作信息提示区中的提示进行操作：

① 提示"圆心点:"，将光标移至同心圆的圆心附近，待出现圆心标记后，水平向右移动光标［见图1-50（a）］，输入"80"并按"Enter"键，以确定直径为20 mm的圆的圆心位置。

② 提示"输入直径或圆上一点："，输入"20"并按"Enter"键，以绘制直径为20 mm的圆。

③ 提示"输入直径或圆上一点："，输入"40"并按两次"Enter"键，结果如图1-50（b）所示。

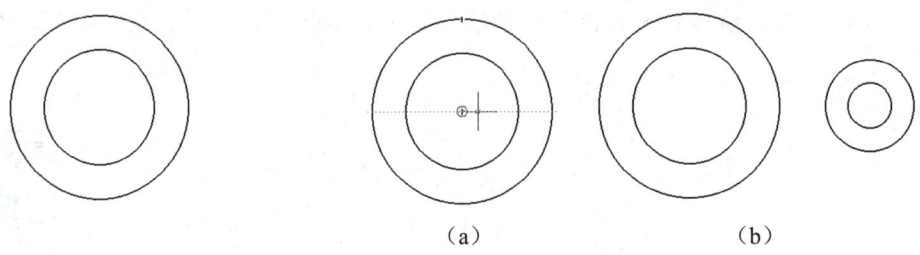

图1-49　绘制直径为50 mm和80 mm的圆　　　图1-50　绘制直径为20 mm和40 mm的圆

步骤 6　绘制切线。在"常用"选项卡"绘图"面板中单击"直线"按钮，在弹出的立即菜单中单击第1项，选择"两点线"选项；单击第2项，选择"单根"选项。按空格键，在弹出的快捷菜单中选择"切点"菜单项，然后将光标放置在直径为80 mm的圆的合适位置，待出现如图1-51（a）所示的标记后单击；按空格键，在弹出的快捷菜单中选择"切点"菜单项，然后将光标放置在直径为40 mm的圆的合适位置，待出现如图1-51（b）所示的标记后单击；按"Enter"键，完成上切线的绘制。按照同样的方法，绘制两圆的下切线，结果如图1-51（c）所示。

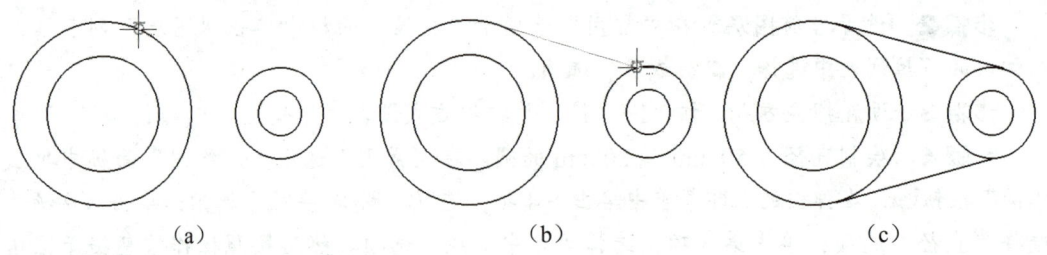

图1-51　绘制切线

步骤 7　设置当前图层。在"常用"选项卡"特性"面板中单击"图层"列表框，在弹出的下拉列表中选择"中心线层"选项。

步骤 8　绘制竖直中心线。在"常用"选项卡"绘图"面板中单击"直线"按钮，将光标移至直径为80 mm的圆的象限点附近，待出现象限点标记后，将光标竖直向上移至合适位置［见图1-52（a）］后单击，以确定竖直中心线的起点；将光标竖直向下移至合适位置后单击，以确定竖直中心线的终点；按"Enter"键，结束"直线"命令。

使用同样的方法绘制另一条竖直中心线,如图 1-52(b)所示。

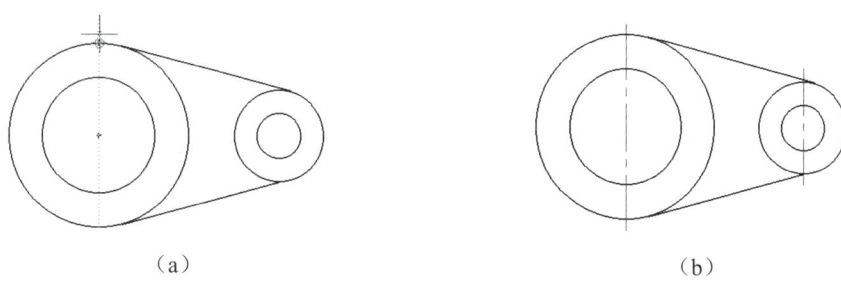

图 1-52 绘制竖直中心线

步骤 9 绘制水平中心线。按空格键,重复执行"直线"命令,将光标移至直径为 40 mm 的圆的象限点附近,待出现象限点标记后,将光标水平向右移至合适位置[见图 1-53(a)]后单击,以确定水平中心线的起点;将光标水平向左移动,捕捉左侧同心圆的圆心并单击,以确定水平中心线的终点;按"Enter"键,结束"直线"命令,结果如图 1-53(b)所示。

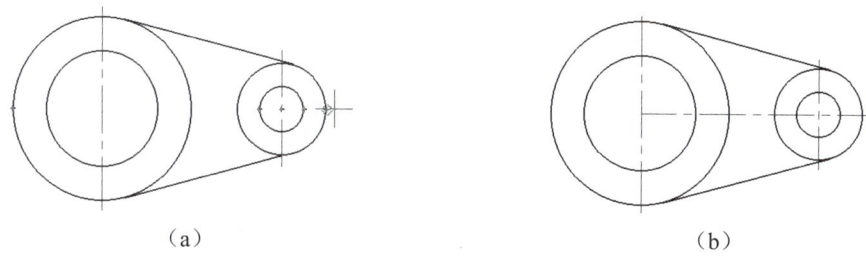

图 1-53 绘制水平中心线

步骤 10 绘制镜像图形。在功能区"常用"选项卡"修改"面板中单击"镜像"按钮，在弹出的立即菜单中单击第 1 项,选择"选择轴线"选项;单击第 2 项,选择"拷贝"选项。选择需要镜像的图形(见图 1-54 中的虚线部分)并按"Enter"键,然后单击图 1-54 中的左侧竖直中心线,结果如图 1-55 所示。

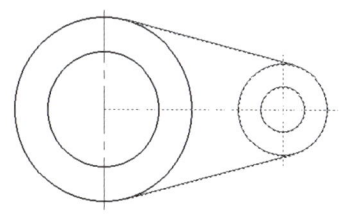 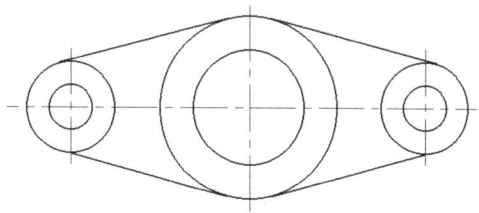

图 1-54 选择需要镜像的图形　　　　图 1-55 绘制镜像图形

步骤 11 保存文件。按快捷键"Ctrl+S"保存该文件。

学习成果检验

1. 填空题

（1）CAXA CAD 电子图板中的大部分命令以按钮的形式分类显示在_____的不同选项卡中。

（2）_____是用户绘图的区域，类似于用户在手工绘图时使用的图纸。

（3）将光标移至绘图区，向前滚动鼠标滚轮，可_____视图；向后滚动鼠标滚轮，可_____视图；按住鼠标滚轮并拖动鼠标，可_____视图。

（4）_____是指以当前坐标系原点为基准确定的某一点的坐标。

（5）若要取消当前选择集中所有对象的选择状态，则按_____键；若要取消当前选择集中某一个或某几个对象的选择状态，则在按_____键的同时单击要剔除的对象即可。

（6）_____某个图层后，该图层上的所有对象将不显示在绘图区，因此用户不能对其进行编辑；_____某个图层后，该图层上的所有对象仍显示在绘图区，但用户不能对其进行编辑。

2. 单选题

（1）（　　）用于描述当前命令执行的各种情况和使用条件。

　　A. 立即菜单　　　　　　　　B. 功能区

　　C. 状态栏　　　　　　　　　D. 工具选项板

（2）在绘图过程中按（　　）键，可终止当前正在执行的命令。

　　A. Delete　　B. Esc　　C. Tab　　D. 空格

（3）在执行命令的过程中，按快捷键（　　）可撤销上一步操作，连续按该快捷键可依次撤销多步操作。

　　A. Ctrl+A　　B. Ctrl+Y　　C. Ctrl+Z　　D. Ctrl+S

（4）（　　）是指从右到左指定由两个对角点形成的选择框，只要对象上有一个点位于该选择框内，该对象就会被选中。

　　A. 正选　　　B. 反选　　　C. 栏选　　　D. 圈围

（5）若系统可显示0°、30°、60°、120°、180°、240°、300°极轴线，则所设定的极轴增量角和附加角不可能为（　　）和（　　）。

　　A. 30°；30°　　　　　　　　B. 60°；60°

　　C. 60°；30°　　　　　　　　D. 30°；60°

3. 判断题

（1）状态栏位于用户界面的最下方，用于显示当前的操作状态。　　　　（　　）

（2）若文件曾被保存，则在执行"保存"命令后，系统会保存该文件，但不会弹出"另存文件"对话框。　　　　（　　）

（3）拾取直线生成新用户坐标系时，新用户坐标系以距离拾取点较近的一个端点为原点，以此直线的走向为 Y 轴方向。   （ ）
（4）相对坐标是指相对当前点的坐标，与坐标系原点无关。   （ ）
（5）用户不能删除自己创建的图层。   （ ）

4．操作题

（1）打开本书配套素材中的"素材与实例"→"ch01"→"垫圈.exb"文件，绘图区将显示如图 1-56 所示的垫圈，借助该图形练习视图的缩放和平移，以及对象的选择和删除。

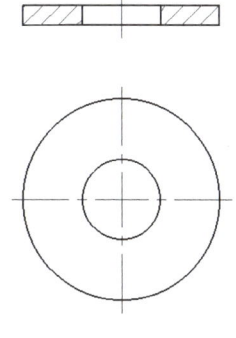

图 1-56　垫圈

（2）绘制如图 1-57 所示的垫片（不要求标注尺寸）。

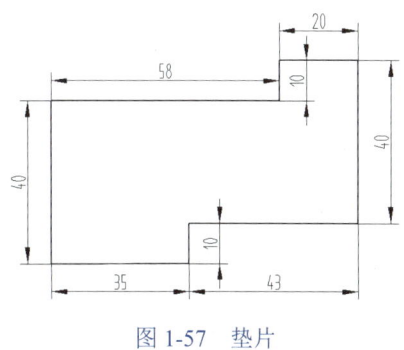

图 1-57　垫片

（3）打开本书配套素材中的"素材与实例"→"ch01"→"绘制左视图.exb"文件，根据如图 1-58 所示的主视图和俯视图，使用"三视图导航"命令绘制左视图。

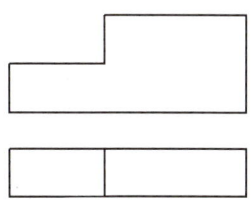

图 1-58　绘制左视图

学习成果评价

请进行学习成果评价,并将评价结果填入表 1-2 中。

表 1-2　学习成果评价表

班级		姓名		学号		
评价项目	评价内容			分值	自我评分	老师评分
知识(40%)	CAXA CAD 电子图板的用户界面			6		
	新建、打开、保存和并入文件的方法			6		
	缩放和平移视图的方法			6		
	绘图的基本操作,包括命令的执行和终止、用户坐标系的设置、点的坐标的输入、对象的选择和删除等			10		
	使用智能点工具绘图的方法			6		
	新建和设置图层的方法			6		
技能(40%)	能够根据绘图需要放大、缩小、平移视图			10		
	能够根据绘图需要选择、删除对象			10		
	能够灵活地使用智能点工具绘图			10		
	能够根据绘图需要新建图层、更改图层的状态			10		
素养(20%)	积极参加课堂活动			5		
	保持良好的学习态度,认真完成实践任务			5		
	培养严谨、细致的作图习惯			5		
	增强民族自豪感和自信心,自觉为国家富强、民族振兴付出努力			5		
合　计				100		
总分(自我评分×40%+老师评分×60%)						
自我评价						
老师评价						

项目二

图形的绘制

项目导读

机械图样由直线、圆、圆弧、椭圆、样条等基本图形元素组成。熟练掌握这些图形元素的绘制方法，是使用 CAXA CAD 电子图板绘图的关键。本项目将围绕"常用"选项卡"绘图"面板中的按钮，介绍在 CAXA CAD 电子图板中绘制直线、圆、圆弧、矩形、正多边形、椭圆、多段线、样条等的方法。

知识目标

（1）掌握绘制直线、平行线、圆和圆弧的方法。
（2）掌握绘制矩形、正多边形、椭圆和椭圆弧的方法。
（3）掌握绘制多段线、样条、双折线和剖面线的方法。
（4）掌握绘制孔、轴、齿轮齿形和局部放大图的方法。

素质目标

（1）通过观察图形的特点并灵活运用所学知识绘制图形，提高细致入微的观察能力和科学思维能力。
（2）通过绘制复杂图形，培养积极的心态和多角度分析问题的能力，从而实现个人成长和自我超越。

任务一　绘制直线、平行线、圆和圆弧

> **任务导入**
>
> 一天，老师让学生绘制如图 2-1 所示的三角形，并绘制其内切圆和外接圆。执行"直线"命令并输入三角形的 3 个顶点的坐标后，小王便绘制出此三角形。但对于绘制该三角形的内切圆和外接圆，小王感到困惑：既然是绘制圆，那么应该使用"圆"命令，可是在"常用"选项卡"绘图"面板中单击"圆"按钮⊙下方的按钮 ，在弹出的下拉列表中有多个选项，具体该选择其中的哪个选项呢？
>
> 学习本任务的相关知识后，请你帮助小王解开疑惑。

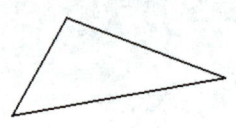

图 2-1　三角形

一、绘制直线

直线是机械图样中的基本图形元素。输入"L"并按"Enter"键，或者在"常用"选项卡"绘图"面板中单击"直线"按钮／，在"直线"立即菜单中单击第 1 项，在弹出的下拉列表（见图 2-2）中选择前 5 个选项，或者在"常用"选项卡"绘图"面板中单击"直线"按钮／下方的按钮 ，然后选择如图 2-3 所示的下拉列表中的第 2～6 个选项，均可绘制直线。

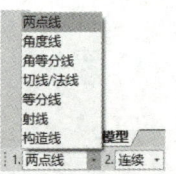

图 2-2　"直线"下拉列表（1）

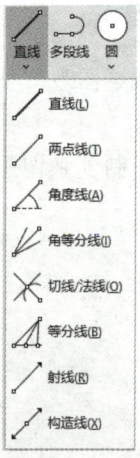

图 2-3　"直线"下拉列表（2）

项目二 图形的绘制

选择不同的选项时,绘制直线的具体操作如下:

(1)"两点线"选项。选择该选项后,可通过指定直线的两个端点绘制直线。并且选择"连续"选项时,可连续绘制多条首尾相连的直线;选择"单根"选项时,每次只能绘制一条直线。

(2)"角度线"选项。选择该选项后,可按照指定的角度和长度绘制水平线、竖直线、斜线。

(3)"角等分线"选项。选择该选项后,可按照指定的两条直线间的夹角绘制 n($n \geqslant 1$)条具有一定长度的角平分线,如图2-4所示。

(4)"切线/法线"选项。选择该选项后,可过指定的点绘制已知曲线的切线或法线。

(5)"等分线"选项。选择该选项后,可根据两条直线间的距离或角度绘制 n($n \geqslant 1$)条平行线或角平分线,如图2-5所示。

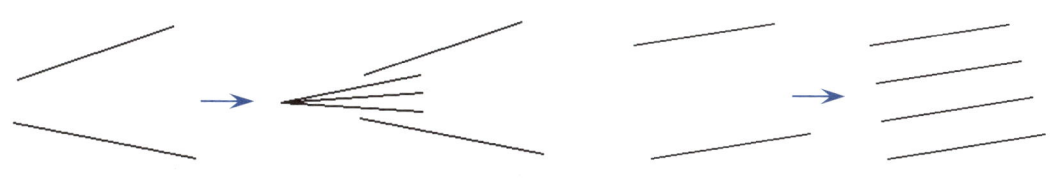

图 2-4　绘制角等分线　　　　　　　　　　图 2-5　绘制等分线

提　示

选择"射线"选项后,可通过指定起点和通过点绘制一条射线。选择"构造线"选项后,在立即菜单第2项中选择所需选项,可绘制一条两端无限延伸的构造线。

课堂实例 2-1

绘制一条过原点且与 X 轴成 10°、长度为 20 mm 的直线,操作步骤如下。

步骤1　在"常用"选项卡"绘图"面板中单击"直线"按钮，在弹出的立即菜单中单击第1项,选择"角度线"选项;单击第2项,选择"X轴夹角"选项;单击第3项,选择"到点"选项;在"度""分""秒"编辑框中分别输入"10""0""0",结果如图2-6所示。

步骤2　按照操作信息提示区中的提示进行操作:

① 提示"第一点:",输入"0,0"并按"Enter"键。

② 提示"第二点或长度:",将光标移至坐标系右侧任意位置,然后输入"20"并按"Enter"键,结果如图2-7所示。

图 2-6　"直线"立即菜单　　　　　　　　　图 2-7　绘制的直线

> **课堂互动**

学生绘制如图 2-8 所示的图形。老师随机选择两名学生,请他们分享绘制图形的具体操作步骤或描述遇到的问题,并为其解答。

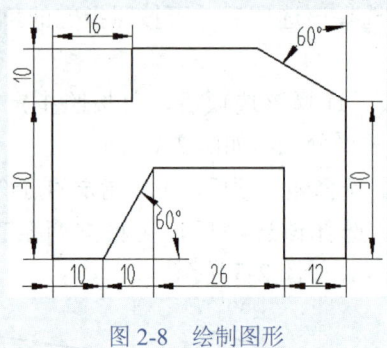

图 2-8　绘制图形

二、绘制平行线

输入"LL"并按"Enter"键,或者在"常用"选项卡"绘图"面板中单击"平行线"按钮，系统均会弹出"平行线"立即菜单。在该立即菜单中单击第 1 项,可以选择绘制平行线的两种方式,即"两点方式"和"偏移方式"。若要绘制与已知直线长度相等的平行线,可选择"偏移方式"选项;若要绘制与已知直线长度不相等的平行线,可选择"两点方式"选项。

> **课堂实例 2-2**

采用两种方式绘制两条与已知直线相距 10 mm 的平行线,操作步骤如下。

步骤 1　绘制直线。在"常用"选项卡"绘图"面板中单击"直线"按钮，在弹出的立即菜单中单击第 1 项,选择"两点线"选项;单击第 2 项,选择"单根"选项,然后在绘图区绘制一条长度为 40 mm 左右的直线。

步骤 2　采用"两点方式"绘制平行线。在"常用"选项卡"绘图"面板中单击"平行线"按钮，在弹出的立即菜单中单击第 1 项,选择"两点方式"选项;单击第 2 项,选择"距离方式"选项;单击第 3 项,选择"到点"选项;在第 4 项"距离"编辑框中输入"10",结果如图 2-9 所示。然后按照操作信息提示区中的提示进行操作:

① 提示"拾取直线:",选择在步骤 1 中绘制的直线。

② 提示"指定平行线起点",在所选直线右下方任意位置单击,以指定平行线的起点。

③ 提示"指定平行线终点或长度",在绘图区任意位置单击,以指定平行线的终点,结果如图 2-10 所示。

④ 提示"指定平行线起点",按"Enter"键结束"平行线"命令。

图 2-9　"平行线"立即菜单(1)　　　图 2-10　绘制平行线(1)

步骤 3　采用"偏移方式"绘制平行线。按"Enter"键,重复执行"平行线"命令,在弹出的立即菜单中单击第 1 项,选择"偏移方式"选项;单击第 2 项,选择"单向"选项,结果如图 2-11 所示。然后按照操作信息提示区中的提示进行操作:

① 提示"拾取直线:",选择在步骤 1 中绘制的直线。

② 提示"输入距离或指定点(切点)",将光标移至所选直线的左侧,输入"10"并按"Enter"键,结果如图 2-12 所示。

③ 提示"输入距离或指定点(切点)",按"Enter"键结束"平行线"命令。

图 2-11　"平行线"立即菜单(2)　　　图 2-12　绘制平行线(2)

三、绘制圆

输入"C"并按"Enter"键,或者在"常用"选项卡"绘图"面板中单击"圆"按钮,系统均会弹出"圆"立即菜单。在该立即菜单中单击第 1 项,在弹出的下拉列表(见图 2-13)中选择所需选项,或者在"常用"选项卡"绘图"面板中单击"圆"按钮下方的按钮,然后选择如图 2-14 所示的下拉列表中的选项,均可以绘制圆。

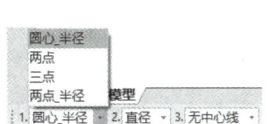　　　

图 2-13　"圆"下拉列表(1)　　　图 2-14　"圆"下拉列表(2)

选择不同选项时，绘制圆的具体操作如下：

（1）"圆心_半径"选项。选择该选项后，可通过指定圆心和半径或直径绘制圆。

（2）"两点"选项。选择该选项后，可通过指定圆的直径的两个端点绘制圆。

（3）"三点"选项。选择该选项后，可通过指定圆周上的 3 个点绘制圆。

（4）"两点_半径"选项。选择该选项后，可通过指定圆周上的两个点和圆的半径绘制圆。

此外，执行"圆"命令后，通过在立即菜单中选择"无中心线"或"有中心线"选项，可绘制无中心线或有中心线的圆。

课堂实例 2-3

绘制三角形的内切圆和外接圆，操作步骤如下。

步骤 1 打开文件。打开本书配套素材"素材与实例"→"ch02"→"绘制内切圆和外接圆.exb"文件。

步骤 2 执行"圆"命令。在"常用"选项卡"绘图"面板中单击"圆"按钮 ⊙，在弹出的立即菜单中单击第 1 项，选择"三点"选项；单击第 2 项，选择"无中心线"选项。

步骤 3 绘制内切圆。按照操作信息提示区中的提示进行操作：

① 提示"第一点:"，按空格键，在弹出的快捷菜单中选择"切点"菜单项，然后在三角形的一条边上单击。

② 提示"第二点:"，按空格键，在弹出的快捷菜单中选择"切点"菜单项，然后在三角形的第二条边上单击。这时，绘图区出现一个与第一条边和第二条边相切的动态圆，如图 2-15（a）所示。

③ 提示"第三点:"，按空格键，在弹出的快捷菜单中选择"切点"菜单项，然后在三角形的第三条边上单击，结果如图 2-15（b）所示。

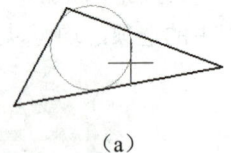 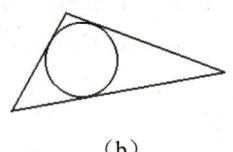

（a） （b）

图 2-15 绘制内切圆

步骤 4 绘制外接圆。按"Enter"键，重复执行"圆"命令，按照操作信息提示区中的提示进行操作：

① 提示"第一点:"，按"F6"键，将捕捉方式设为"导航"，然后捕捉三角形的一个顶点并单击。

② 提示"第二点:"，捕捉三角形的第二个顶点并单击。这时，绘图区出现一个过第一个顶点和第二个顶点的动态圆，如图 2-16（a）所示。

③ 提示"第三点:",捕捉三角形的第三个顶点并单击,结果如图2-16(b)所示。

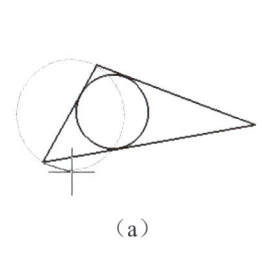
(a)

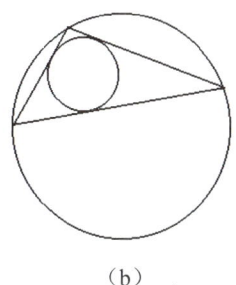
(b)

图2-16 绘制外接圆

四、绘制圆弧

输入"ARC"并按"Enter"键,或者在"常用"选项卡"绘图"面板中单击"圆弧"按钮,在"圆弧"立即菜单中单击第1项,在弹出的下拉列表(见图2-17)中选择所需选项,或者在"常用"选项卡"绘图"面板中单击"圆弧"按钮下方的按钮,然后选择如图2-18所示的下拉列表中的选项,均可绘制圆弧。

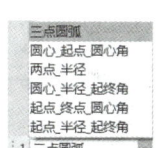

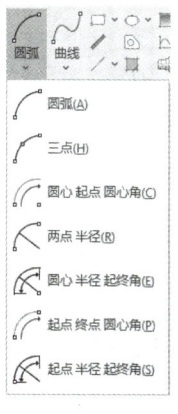

图2-17 "圆弧"下拉列表(1)　　　　图2-18 "圆弧"下拉列表(2)

选择不同选项时,绘制圆弧的具体操作如下:

(1)"三点圆弧"选项。选择该选项后,可通过指定圆弧上的3个点绘制圆弧。例如,依次单击图2-19(a)中的点 A、B、C,即可绘制圆弧。

(2)"圆心_起点_圆心角"选项。选择该选项后,可通过指定圆弧的圆心、起点和圆心角绘制圆弧。例如,依次单击图2-19(b)中的点 O、B、A,或者单击点 O、A,然后按住"Ctrl"键不放并移动光标,以切换圆弧的方向,接着单击点 B,均可绘制圆弧。

(3)"两点_半径"选项。选择该选项后,可通过指定圆弧上的两个端点和圆弧的半径绘制圆弧。例如，依次单击图 2-19（c）中的点 A 和点 B，然后移动光标，以指定圆弧的方向和半径，或者输入圆弧的半径值并按"Enter"键，均可绘制圆弧。

（4）"圆心_半径_起终角"选项。选择该选项后，可通过指定圆弧的半径、起始角度、终止角度和圆心绘制圆弧。例如，在立即菜单中分别输入圆弧的半径值、起始角数值和终止角数值，然后单击图 2-19（d）中的点 O，即可绘制圆弧。

（5）"起点_终点_圆心角"选项。选择该选项后，可通过指定圆弧的圆心角、起点、终点绘制圆弧。例如，在立即菜单中输入圆心角的值，然后依次单击图 2-19（e）中的点 B、A，或者单击点 A，然后按住"Ctrl"键不放并移动光标，以切换圆弧的方向，接着单击点 B，均可绘制圆弧。

（6）"起点_半径_起终角"选项。选择该选项后，可通过指定圆弧的半径、起始角度、终止角度和起点绘制圆弧。例如，在立即菜单中分别输入圆弧的半径值、起始角数值和终止角数值，然后单击图 2-19（f）中的点 A，即可绘制圆弧。

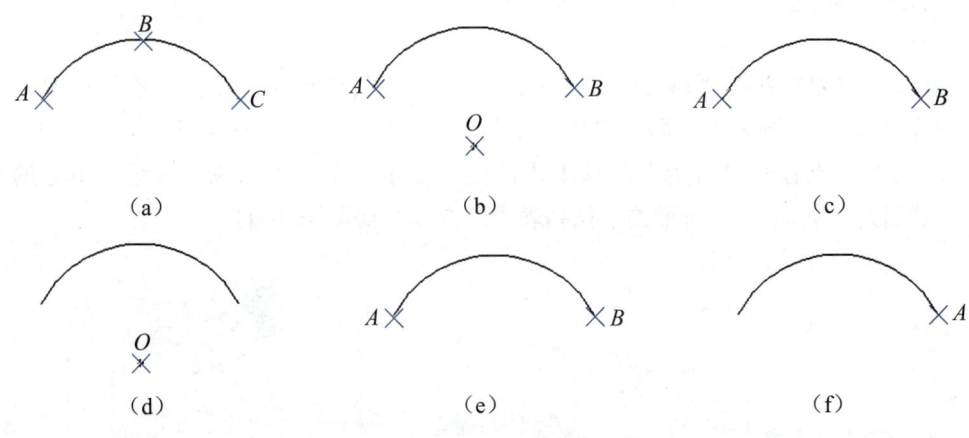

图 2-19　绘制圆弧的 6 种方式

提　示

在 CAXA CAD 电子图板中，系统默认按逆时针方向绘制圆弧。

课堂互动

打开本书配套素材"素材与实例"→"ch02"→"采用不同方式绘制圆弧.exb"文件，在如图 2-20（a）所示的原始图形的基础上，按以下要求绘制图 2-20（b）中的圆弧：

（1）采用"两点_半径"方式分别绘制半径为 18 mm 和 78 mm 的圆弧 P1 和 P2。

（2）采用"起点_终点_圆心角"方式绘制圆心角为 119° 的圆弧 P3。

（3）采用"起点_半径_起终角"方式绘制半径为 47 mm、圆心角为 119° 的圆弧 P4。

项目二 图形的绘制

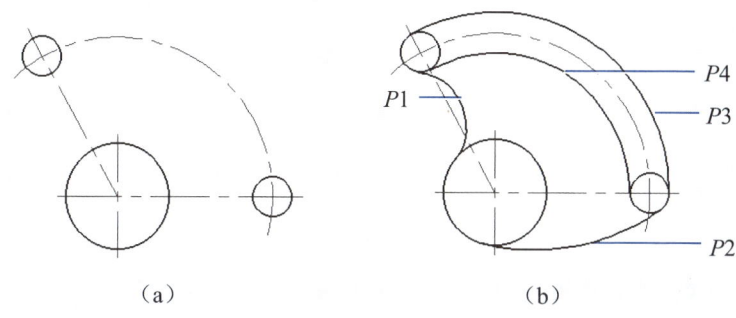

图 2-20 采用不同方式绘制圆弧

老师随机选择两名学生，请他们分享自己绘制圆弧的具体操作步骤或描述遇到的问题，并为其解答。

任务实施——绘制定位板图形

下面将通过绘制如图 2-21 所示的定位板图形（不要求标注尺寸），来继续学习绘制直线、圆、圆弧的方法。

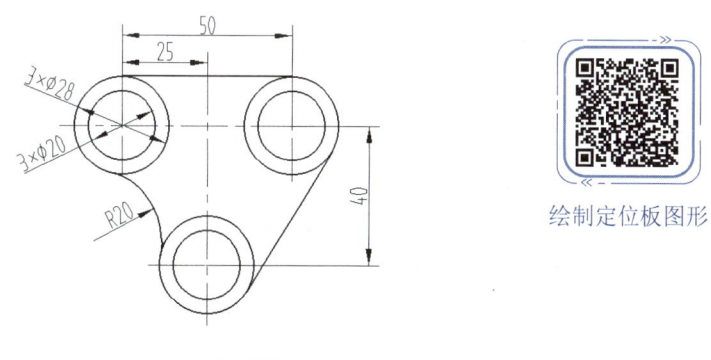

绘制定位板图形

图 2-21 定位板图形

绘图思路

该定位板图形由 3 组大小相同的同心圆、两条切线和一段圆弧组成，可以先使用"圆"命令绘制 3 组同心圆，然后使用"直线"命令和"圆弧"命令绘制切线、圆弧和中心线。

绘图步骤

步骤 1 绘制第 1 组同心圆。打开 CAXA CAD 电子图板，新建文件。在"常用"选项卡"绘图"面板中单击"圆"按钮 ⊙，在弹出的立即菜单中单击第 1 项，选择"圆心_半径"选项；单击第 2 项，选择"直径"选项；单击第 3 项，选择"无中心线"选项。在绘图区任意位置单击，以指定圆心；输入"20"并按"Enter"键，以绘制直径为 20 mm 的

41

圆；输入"28"并按"Enter"键，以绘制直径为 28 mm 的圆。最后按"Enter"键，结束"圆"命令。

步骤 2 绘制第 2 组同心圆。按"F6"键，将捕捉方式设为"导航"。按"Enter"键，重复执行"圆"命令，将光标移至同心圆的圆心附近，待出现圆心标记后，水平向右移动光标［见图 2-22（a）］，输入"50"并按"Enter"键，以确定第 2 组同心圆的圆心位置，接着分别绘制直径为 20 mm 和 28 mm 的圆，最后按"Enter"键，结果如图 2-22（b）所示。

步骤 3 绘制第 3 组同心圆。按"Enter"键，重复执行"圆"命令。按"F4"键，然后单击第 1 组同心圆的圆心，以指定参考点，接着输入"@25,-40"并按"Enter"键，以确定第 3 组同心圆的圆心位置，最后分别绘制直径为 20 mm 和 28 mm 的圆，结果如图 2-23 所示。

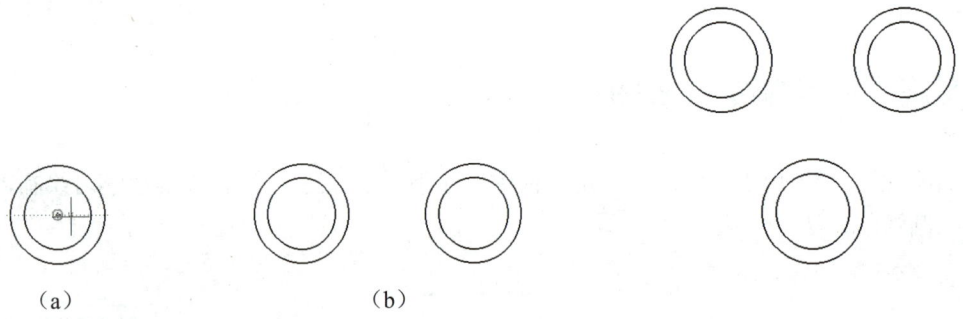

图 2-22 绘制第 2 组同心圆　　　　　　　　图 2-23 绘制第 3 组同心圆

步骤 4 绘制第 1 条切线。在"常用"选项卡"绘图"面板中单击"直线"按钮，在弹出的立即菜单中单击第 1 项，选择"两点线"选项；单击第 2 项，选择"单根"选项。按空格键，在弹出的快捷菜单中选择"切点"菜单项，然后将光标移至切点附近，待出现如图 2-24（a）所示的标记后单击。使用同样的方法捕捉另一个切点，待出现如图 2-24（b）所示的标记时单击，最后按"Enter"键结束"直线"命令，结果如图 2-24（c）所示。

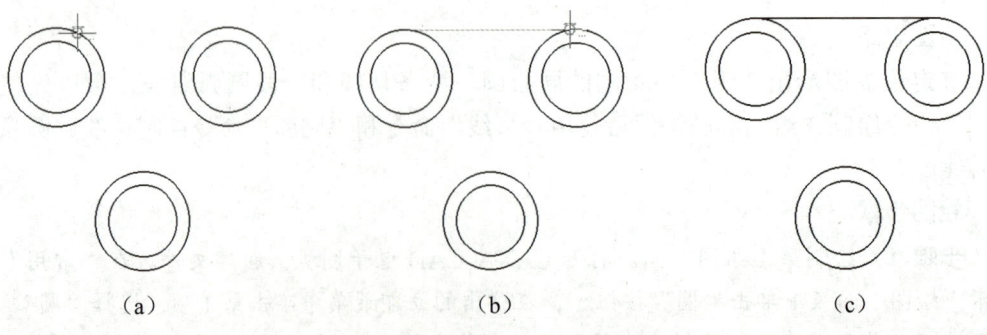

图 2-24 绘制第 1 条切线

步骤 5 绘制第 2 条切线。按"Enter"键重复执行"直线"命令，按步骤 4 中的操作方法绘制另一条切线，结果如图 2-25 所示。

步骤 6 绘制圆弧。在"常用"选项卡"绘图"面板中单击"圆弧"按钮，在弹出的立即菜单中单击第 1 项，选择"两点_半径"选项，然后按照操作信息提示区中的提示进行操作：

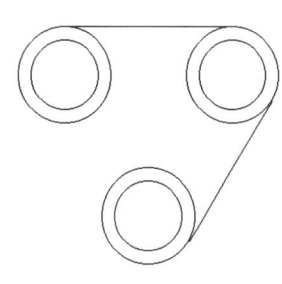

图 2-25 绘制第 2 条切线

① 提示"第一点:"，按空格键，在弹出的快捷菜单中选择"切点"菜单项，然后将光标移至切点附近，待出现如图 2-26（a）所示的标记时单击。

② 提示"第二点:"，按空格键，在弹出的快捷菜单中选择"切点"菜单项，然后将光标移至切点附近，待出现如图 2-26（b）所示的标记时单击。

③ 提示"第三点（按住 Ctrl 键以切换方向）（半径）:"，将光标移至合适位置，然后输入"20"并按"Enter"键，结果如图 2-26（c）所示。

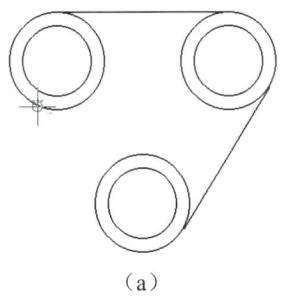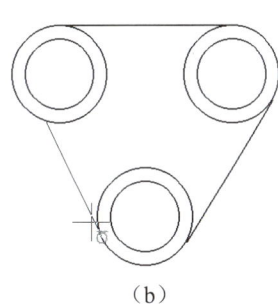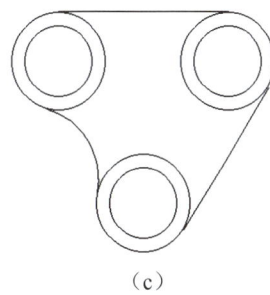

　　　　（a）　　　　　　　　　　（b）　　　　　　　　　　（c）

图 2-26 绘制圆弧

步骤 7 绘制中心线。在"常用"选项卡"特性"面板"图层"列表框中选择"中心线层"选项，然后在"常用"选项卡"绘图"面板中单击"直线"按钮，绘制图 2-27 中的 5 条中心线。

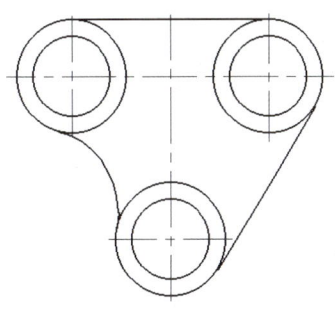

图 2-27 绘制中心线

步骤 8 保存文件。按快捷键"Ctrl+S"保存该文件。

任务二　绘制矩形、正多边形、椭圆和椭圆弧

任务导入

学习了"直线"命令后，小王觉得一切由直线构成的图形都可以使用"直线"命令来绘制。然而，当看到如图 2-28 所示的图形时，小王觉得仅仅使用"直线"命令绘制有些烦琐，但他也不知道应该使用哪些命令才能既快又好地绘制出该图形，也不知道具体该如何操作。

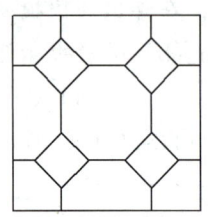

图 2-28　要绘制的图形

学习本任务的相关知识后，请你帮助小王解开疑惑。

一、绘制矩形

输入"REC"并按"Enter"键，或者在"常用"选项卡"绘图"面板中单击"矩形"按钮▭，系统均会弹出"矩形"立即菜单。在该立即菜单中单击第 1 项，可以选择绘制矩形的两种方式，即"两角点"和"长度和宽度"。

选择不同选项时，绘制矩形的具体操作如下：

（1）"两角点"选项。选择该选项后，可通过指定矩形的两个角点绘制矩形。

（2）"长度和宽度"选项。选择该选项后，在立即菜单中单击第 2 项，选择矩形的定位方式（如中心定位、顶边中点、底边中点、左边中点、右边中点和左上角点定位），然后输入角度值、长度值和宽度值，即可绘制矩形。

课堂实例 2-4

采用"两角点""长度和宽度"方式绘制矩形，操作步骤如下。

步骤 1　在"常用"选项卡"绘图"面板中单击"矩形"按钮▭，在弹出的立即菜单中单击第 1 项，选择"两角点"选项；单击第 2 项，选择"无中心线"选项，结果如图 2-29 所示。然后按照操作信息提示区中的提示进行操作：

① 提示"第一角点:",在绘图区任意位置单击。
② 提示"另一角点:",输入"@20,10"并按"Enter"键,结果如图2-30所示。

图2-29 "矩形"立即菜单(1)　　　　　图2-30 绘制矩形(1)

步骤 2 按"Enter"键,重复执行"矩形"命令,在弹出的立即菜单中单击第1项,选择"长度和宽度"选项,其他几项的设置如图2-31所示。捕捉图2-30中矩形的右上角点并单击,结果如图2-32所示。

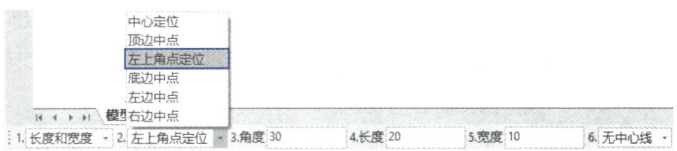

图2-31 "矩形"立即菜单(2)

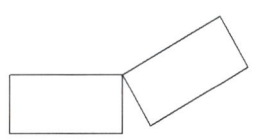

图2-32 绘制矩形(2)

课堂互动

打开本书配套素材"素材与实例"→"ch02"→"绘制矩形.exb"文件,在如图2-33(a)所示的原始图形上绘制图2-33(b)中的矩形1、矩形2和矩形3。

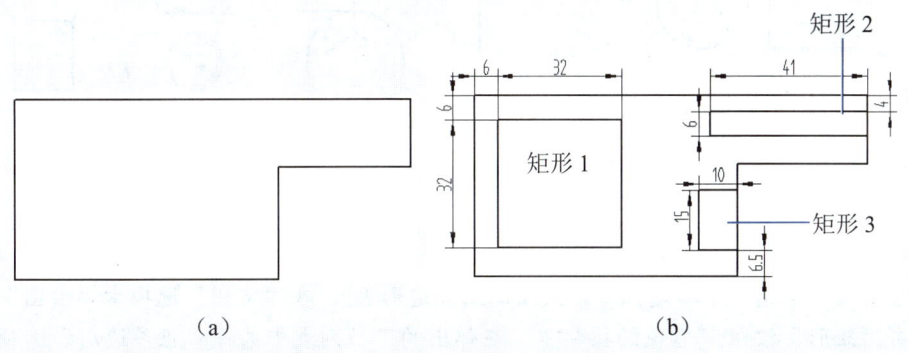

(a)　　　　　　　　　　　　(b)

图2-33 绘制矩形(3)

老师随机选择两名学生,请他们分享自己在绘制不同矩形时所采用的绘图方式。

二、绘制正多边形

输入"POL"并按"Enter"键,或者在"常用"选项卡"绘图"面板中单击"矩形"按钮□右侧的按钮,在弹出的下拉列表中选择"正多边形"选项,系统均会弹出"正多边形"立即菜单。在该立即菜单中单击第 1 项,可以选择绘制正多边形的两种方式,即"中心定位"和"底边定位"。

选择不同的选项时,绘制正多边形的具体操作如下:

(1)"中心定位"选项。选择该选项后,若在立即菜单中单击第 2 项并且选择"给定半径"选项,则单击第 3 项后,可选择"外切于圆"或"内接于圆"选项,然后输入正多边形的边数、旋转角度值,以及设置是否有中心线,接着在绘图区指定正多边形的中心点和其尺寸,即可绘制正多边形;若在立即菜单中单击第 2 项并且选择"给定边长"选项,则在输入正多边形的边数、旋转角度值,以及设置是否有中心线后,指定正多边形的中心点和其尺寸,即可绘制正多边形。

(2)"底边定位"选项。选择该选项后,在立即菜单中输入正多边形的边数、旋转角度值,以及设置是否有中心线,然后在绘图区指定正多边形的第一个角点,再指定第二个角点或输入正多边形的边长值,即可绘制正多边形。

课堂实例 2-5

打开本书配套素材"素材与实例"→"ch02"→"绘制正多边形.exb"文件,在如图 2-34(a)所示的原始图形上,采用"中心定位"方式绘制如图 2-34(b)所示的正五边形 $K1$、$K2$、$K3$,采用"底边定位"方式绘制正六边形 $K4$,操作步骤如下。

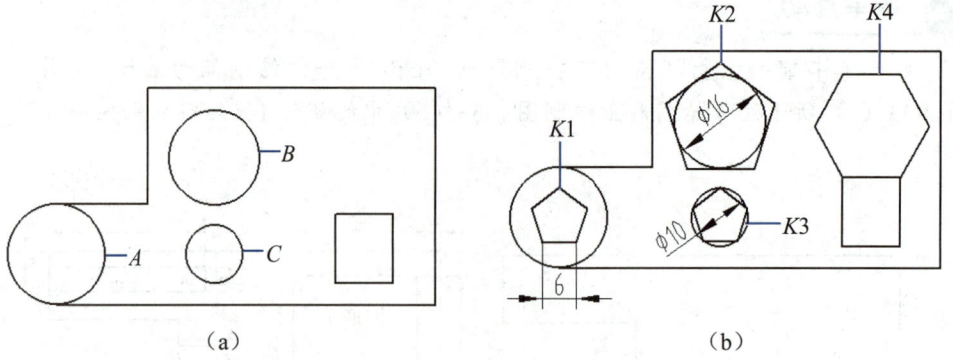

图 2-34 绘制正多边形

步骤 1 采用"中心定位"方式绘制正五边形 $K1$。在"常用"选项卡"绘图"面板中单击"矩形"按钮□右侧的按钮,在弹出的下拉列表中选择"正多边形"选项。在弹出的立即菜单中单击第 1 项,选择"中心定位"选项;单击第 2 项,选择"给定边长"选项;其他几项的设置如图 2-35 所示。然后按照操作信息提示区中的提示进行操作:

① 提示"中心点:",捕捉图 2-34（a）中圆 A 的圆心并单击。
② 提示"圆上点或边长:",输入"6"并按"Enter"键。

图 2-35 "正多边形"立即菜单（1）

步骤 2 采用"中心定位"方式绘制正五边形 $K2$。按"Enter"键,重复执行"正多边形"命令,在弹出的立即菜单中单击第 2 项,选择"给定半径"选项；单击第 3 项,选择"外切于圆"选项；其他几项的设置如图 2-36 所示。然后按照操作信息提示区中的提示进行操作：

① 提示"中心点:",捕捉图 2-34（a）中圆 B 的圆心并单击。
② 提示"圆上点或内切圆半径:",输入"8"并按"Enter"键。

图 2-36 "正多边形"立即菜单（2）

步骤 3 采用"中心定位"方式绘制正五边形 $K3$。按"Enter"键,重复执行"正多边形"命令,在弹出的立即菜单中单击第 3 项,选择"内接于圆"选项,其他几项的设置如图 2-37 所示。然后按照操作信息提示区中的提示进行操作：

① 提示"中心点:",捕捉图 2-34（a）中圆 C 的圆心并单击。
② 提示"圆上点或外接圆半径:",输入"5"并按"Enter"键。

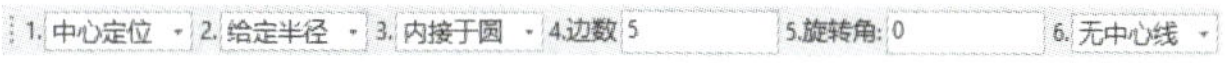

图 2-37 "正多边形"立即菜单（3）

步骤 4 采用"底边定位"方式绘制正六边形 $K4$。按"Enter"键,重复执行"正多边形"命令,在弹出的立即菜单中单击第 1 项,选择"底边定位"选项,其他几项的设置如图 2-38 所示。然后按照操作信息提示区中的提示进行操作：

① 提示"第一点:",捕捉图 2-34（a）中矩形的左上角点并单击。
② 提示"第二点或边长:",捕捉图 2-34（a）中矩形的右上角点并单击。

图 2-38 "正多边形"立即菜单（4）

素养提升

对于同一个平面图形,已知条件不同,所采用的绘制方法也不同。学生在绘图之前,应仔细观察图形的特点,然后采用合适的方法绘制,这样不仅能提高绘图的正确率和效率,还能更快地掌握所学知识。

三、绘制椭圆

输入"EL"并按"Enter"键,或者在"常用"选项卡"绘图"面板中单击"椭圆"按钮○,系统会弹出"椭圆"立即菜单。在该立即菜单中单击第1项,在弹出的下拉列表中可选择绘制椭圆的3种方式,即"给定长短轴""轴上两点"和"中心点_起点"。

(1)"给定长短轴"选项。选择该选项后,依次在立即菜单中输入椭圆长半轴、短半轴的长度值和椭圆的旋转角度值、起始角度值和终止角度值,然后在绘图区指定椭圆的基准点,即可绘制椭圆或椭圆弧。

(2)"轴上两点"选项。选择该选项后,分别指定椭圆一个轴的两个端点,再指定椭圆另一个轴二分之一的长度,即可绘制椭圆。

(3)"中心点_起点"选项。选择该选项后,分别指定椭圆的中心点和一个轴的一个端点,再指定另一个轴二分之一的长度,即可绘制椭圆。

课堂实例 2-6

在图2-39(a)的基础上,绘制如图2-39(b)所示的椭圆1、椭圆2和椭圆3。操作步骤如下。

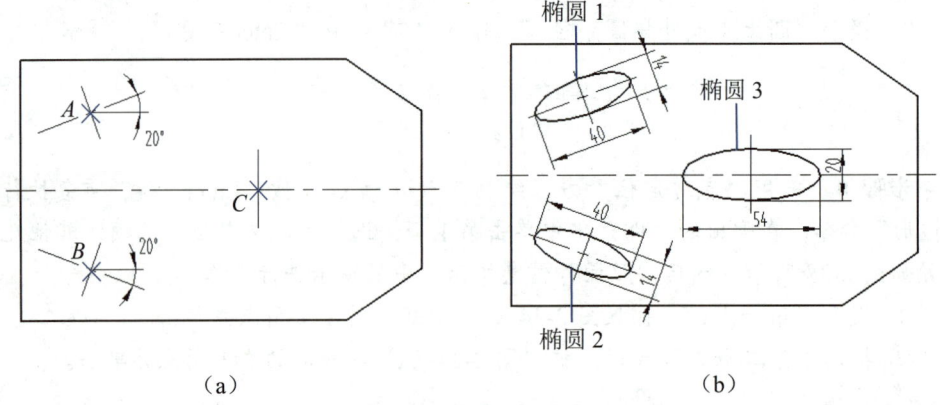

图2-39 绘制椭圆

步骤1 打开文件。打开本书配套素材"素材与实例"→"ch02"→"绘制椭圆.exb"文件。

步骤2 采用"给定长短轴"方式绘制椭圆1。在"常用"选项卡"绘图"面板中单击"椭圆"按钮○,在弹出的立即菜单中单击第1项,选择"给定长短轴"选项,其余几项的设置如图2-40所示。单击图2-39(a)中两条中心线的交点A,结果如图2-41所示。

图2-40 "椭圆"立即菜单

项目二　图形的绘制

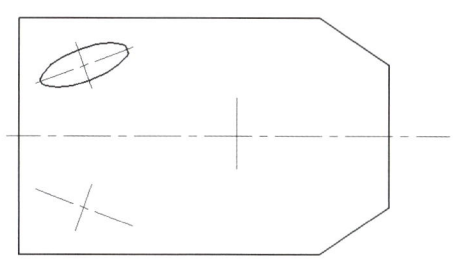

图 2-41　绘制椭圆 1

步骤 3　采用"给定长短轴"方式绘制椭圆 2。按"Enter"键,重复执行"椭圆"命令,在立即菜单第 4 项"旋转角"编辑框中输入"160",然后单击图 2-39(a)中两条中心线的交点 B,结果如图 2-42 所示。

步骤 4　采用"中心点_起点"方式绘制椭圆 3。按"Enter"键,重复执行"椭圆"命令,在立即菜单中单击第 1 项,选择"中心点_起点"选项,然后按照操作信息提示区中的提示进行操作:

① 提示"中心点:",单击图 2-39(a)中两条中心线的交点 C。
② 提示"起点:",水平向右移动光标,输入"27"并按"Enter"键。
③ 提示"另一半轴的长度:",输入"10"并按"Enter"键,结果如图 2-43 所示。

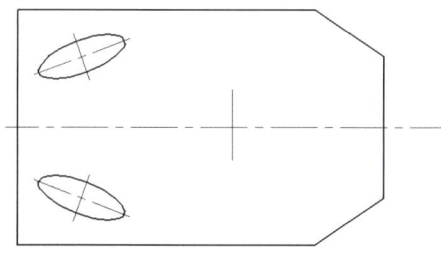
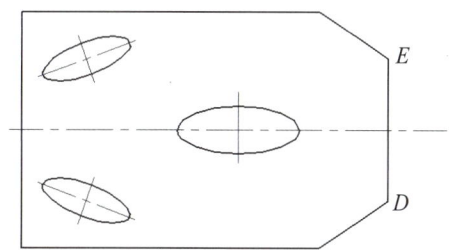

图 2-42　绘制椭圆 2　　　　　　　　图 2-43　绘制椭圆 3

步骤 5　保存文件。按快捷键"Ctrl+S"保存该文件。

四、绘制椭圆弧

在"常用"选项卡"绘图"面板中单击"椭圆"按钮 ○ 右侧的按钮 ∨,在弹出的下拉列表中选择"椭圆弧"选项,系统可弹出"椭圆弧"立即菜单。在该立即菜单中单击第 1 项,可选择绘制椭圆的 3 种方式,即"给定长短轴""轴上两点"和"中心点_起点"。采用这 3 种方式绘制椭圆弧的方法与绘制椭圆的方法相同。例如,在图 2-43 的基础上绘制如图 2-44 所示的椭圆弧,可按照以下操作步骤进行:执行"椭圆弧"命令,在立即菜单第 1 项中选择"中心点_起点"选项,捕捉图 2-43 中水平中心线与最右侧竖直线的交点并单击,以指定椭圆弧的中心点;竖直向下移动光标,单击端点 D,以指定椭圆弧

49

的起点；输入"20"并按"Enter"键，以指定椭圆弧另一半轴的长度；分别单击端点 D 和端点 E，以确定椭圆弧的起始角和终止角。

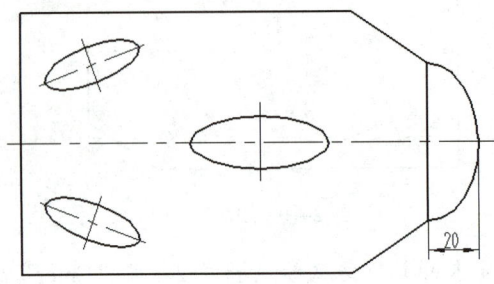

图 2-44 绘制椭圆弧

课堂互动

学生尝试使用"椭圆"命令绘制图 2-44 中的椭圆弧，并和周围同学分享具体的操作步骤。

任务实施——绘制扳手

下面将通过绘制如图 2-45 所示的扳手，来继续学习绘制圆、正多边形和椭圆弧的方法。

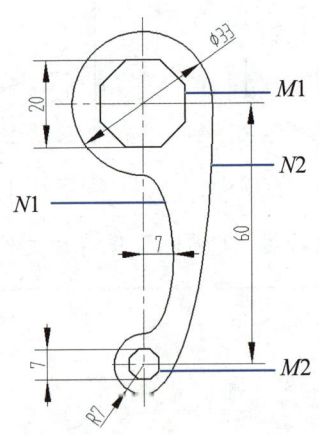

图 2-45 绘制扳手

绘图思路

先绘制直径为 33 mm 和 14 mm 的圆，然后绘制两个正八边形，最后绘制两段椭圆弧，并使用"裁剪"命令剪掉多余的曲线。

绘图步骤

步骤 1 绘制直径为 33 mm 的圆。打开 CAXA CAD 电子图板，新建文件。在"常用"选项卡"绘图"面板中单击"圆"按钮⊙，在弹出的立即菜单中单击第 1 项，选择"圆心_半径"选项；单击第 2 项，选择"直径"选项；单击第 3 项，选择"无中心线"选项。输入"0,0"并按"Enter"键，以指定圆心的位置；输入"33"并按"Enter"键，以指定圆的直径；再次按"Enter"键，结束"圆"命令。

步骤 2 绘制直径为 14 mm 的圆。按"Enter"键，重复执行"圆"命令。输入"0，-60"并按"Enter"键，以指定圆心的位置；输入"14"并按"Enter"键，以指定圆的直径；再次按"Enter"键，结束"圆"命令。

步骤 3 绘制正八边形 $M1$。在"常用"选项卡"绘图"面板中单击"矩形"按钮□右侧的按钮 ˇ，在弹出的下拉列表中选择"正多边形"选项。在弹出的立即菜单中单击第 1 项，选择"中心定位"选项；单击第 2 项，选择"给定半径"选项；单击第 3 项，选择"外切于圆"选项；在第 4 项"边数"编辑框中输入"8"；在第 5 项"旋转角"编辑框中输入"0"；单击第 6 项，选择"无中心线"选项。捕捉大圆的圆心并单击，输入内切圆的半径"10"并按"Enter"键。

步骤 4 绘制正八边形 $M2$。按"Enter"键，重复执行"正多边形"命令，然后捕捉小圆的圆心并单击，输入内切圆的半径"3.5"并按"Enter"键，结果如图 2-46 所示。

步骤 5 绘制椭圆弧 $N1$。在"常用"选项卡"绘图"面板中单击"椭圆"按钮⊙右侧的按钮 ˇ，在弹出的下拉列表中选择"椭圆弧"选项，在立即菜单中单击第 1 项，选择"轴上两点"选项，然后按照操作信息提示区中的提示进行操作：

① 提示"轴上第一点:"，单击如图 2-47（a）所示的象限点。
② 提示"轴上第二点:"，单击如图 2-47（b）所示的象限点。
③ 提示"另一半轴的长度:"，输入"7"并按"Enter"键。
④ 提示"起始角（按住 Ctrl 键以切换方向):"，单击如图 2-47（b）所示的象限点。
⑤ 提示"终止角（按住 Ctrl 键以切换方向):"，单击如图 2-47（a）所示的象限点，结果如图 2-47（c）所示。

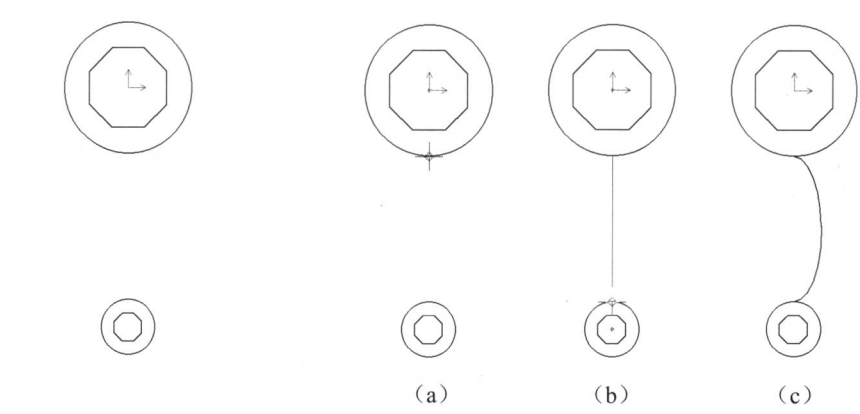

图 2-46 绘制正八边形　　　　图 2-47 绘制椭圆弧 $N1$

步骤 6 绘制椭圆弧 $N2$。按"Enter"键，重复执行"椭圆弧"命令，按照操作信息提示区中的提示进行操作：

① 提示"轴上第一点:",单击如图2-48(a)所示的象限点。

② 提示"轴上第二点:",单击如图2-48(b)所示的象限点。

③ 提示"另一半轴的长度:",单击如图2-48(c)所示的象限点。

④ 提示"起始角(按住Ctrl键以切换方向):",单击如图2-48(c)所示的象限点。

⑤ 提示"终止角(按住Ctrl键以切换方向):",单击如图2-48(b)所示的象限点,结果如图2-48(d)所示。

步骤7 裁剪曲线。在"常用"选项卡"修改"面板中单击"裁剪"按钮，在弹出的立即菜单中单击第1项,选择"快速裁剪"选项,然后依次单击图2-48(d)中多余的曲线,最后按"Esc"键终止执行"裁剪"命令,结果如图2-49所示。

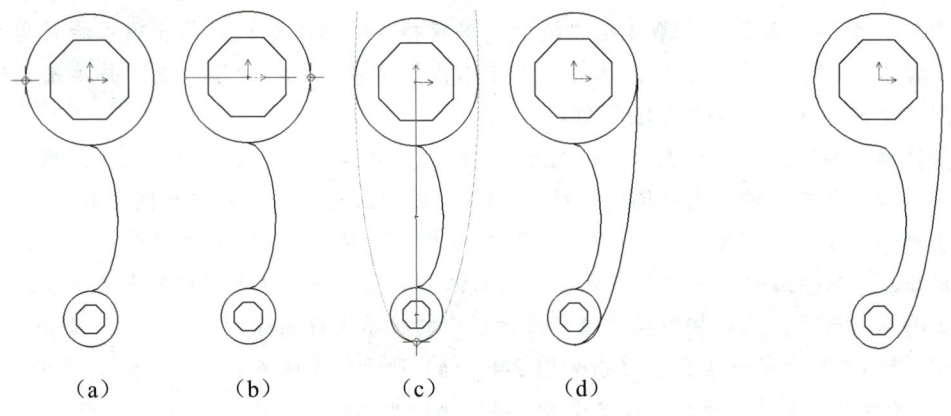

(a)　　　(b)　　　(c)　　　(d)

图2-48　绘制椭圆弧 N2　　　　　图2-49　裁剪曲线

步骤8 绘制中心线。在"常用"选项卡"特性"面板"图层"列表框中选择"中心线层"选项。在"常用"选项卡"绘图"面板中单击"直线"按钮，然后在弹出的立即菜单中单击第1项,选择"两点线"选项;单击第2项,选择"单根"选项,接着绘制水平中心线和竖直中心线。

步骤9 保存文件。按快捷键"Ctrl+S"保存该文件。

任务三 绘制多段线、样条、双折线和剖面线

任务导入

在学习了直线、矩形等图形元素的绘制方法后,小王认为简单的图形自己基本上都能绘制出来了。然而,在看到图2-50中的图形时,小王傻了眼:这不是一个箭头吗?怎么这个箭头的尾部这么宽?这个图形该如何绘制啊?

项目二 图形的绘制

图 2-50 小王看到的图形

学习本任务的相关知识后，请你帮助小王解开疑惑。

一、绘制多段线

使用"多段线"命令可以绘制直线、圆弧或由两者构成的组合线段。输入"PL"并按"Enter"键，或者在"常用"选项卡"绘图"面板中单击"多段线"按钮，系统都会弹出如图 2-51 所示的"多段线"立即菜单。

图 2-51 "多段线"立即菜单

在此立即菜单中单击第 1 项，可以通过导入外部数据生成多段线，否则，采用默认的"直接作图"方式绘制多段线；单击第 2 项，可以选择绘制直线还是圆弧；单击第 3 项，可以设置绘制的多段线是封闭的还是不封闭的；在第 4 项"起始宽度"编辑框中可以设置多段线的起始宽度；在第 5 项"终止宽度"编辑框中可以设置多段线的终止宽度。

> **提示**
>
> 若选择"多段线"立即菜单第 3 项中的"封闭"选项，则在指定多段线上的两个或多个点后右击，系统会自动使用直线或圆弧将最后一个点与第一个点连接。

课堂实例 2-7

绘制如图 2-52 所示的多段线（不要求标注尺寸），操作步骤如下。

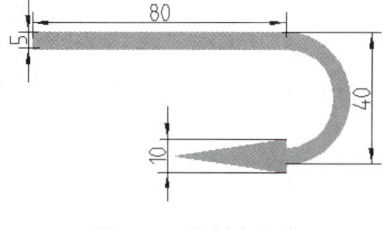

图 2-52 绘制多段线

步骤 1 在"常用"选项卡"绘图"面板中单击"多段线"按钮，在弹出的立即菜单中单击第 2 项，选择"直线"选项，其他几项的设置如图 2-53 所示。然后按照操作信息提示区中的提示进行操作：

① 提示"第一点："，在绘图区任意位置单击。

② 提示"下一点："，输入"@80,0"并按"Enter"键，结果如图 2-54 所示。

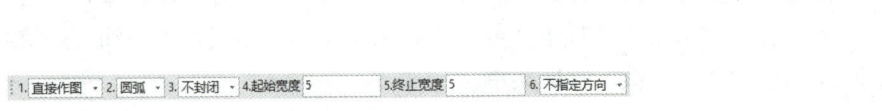

图 2-53　"多段线"立即菜单（1） 　　　　　　图 2-54　绘制直线

步骤 2 在立即菜单中单击第 2 项，选择"圆弧"选项，其他几项的设置如图 2-55 所示。在操作信息提示区中输入"@35<-90"并按"Enter"键，结果如图 2-56 所示。

图 2-55　"多段线"立即菜单（2）　　　　　　图 2-56　绘制圆弧

步骤 3 在立即菜单中单击第 2 项，选择"直线"选项，其他几项的设置如图 2-57 所示。在操作信息提示区中输入"@-35,0"并按两次"Enter"键，结果如图 2-58 所示。

图 2-57　"多段线"立即菜单（3）　　　　　　图 2-58　绘制箭头

提示

单击某个对象，该对象上会出现夹点，单击夹点并移动光标，可以对该对象进行编辑。例如，在直线的三角形夹点上单击并移动光标［见图 2-59（a）］，可调整直线的长度；在圆的象限点处的方形夹点上单击并移动光标［见图 2-59（b）］，可调整圆的大小；在圆心处的方形夹点上单击并移动光标［见图 2-59（c）］，可调整圆的位置；在矩形一条边中点处的长方形夹点上单击并移动光标［见图 2-59（d）］，可拉伸该矩形。

此外，将光标放在使用"矩形"或"多段线"命令绘制的对象的不同夹点上，在弹出的快捷菜单（见图 2-60）中选择不同的菜单项，也可对该对象进行相应的编辑。

项目二　图形的绘制

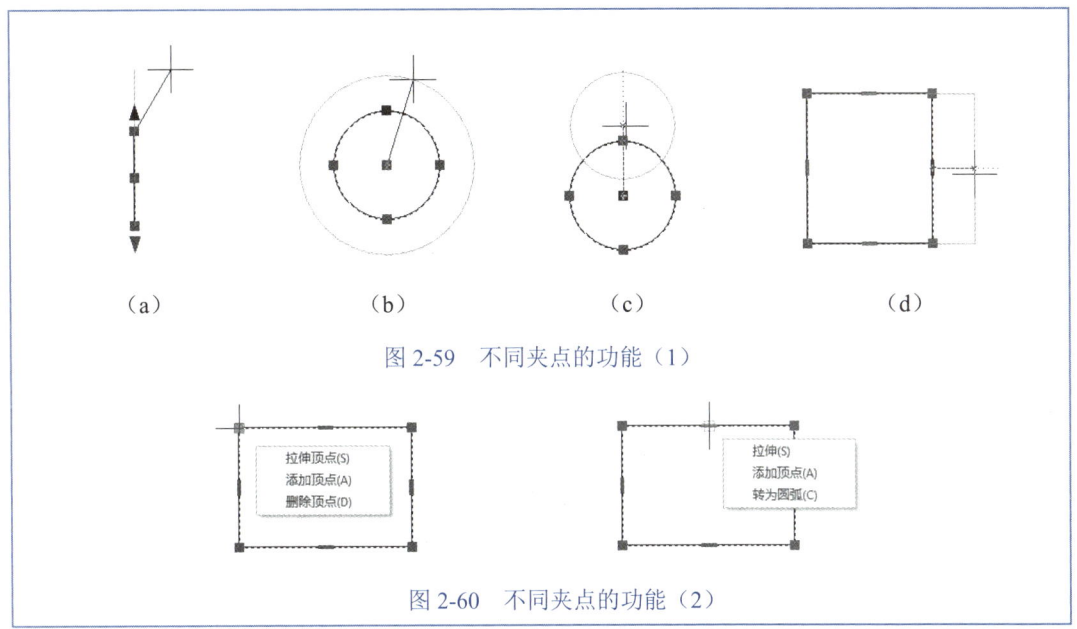

图 2-59　不同夹点的功能（1）

图 2-60　不同夹点的功能（2）

二、绘制样条

样条是一条通过或接近一系列指定的点的平滑曲线，主要用于表现机械零件断裂处的边界线和视图与剖视图的分界线，如图 2-61 所示。

输入 "SPL" 并按 "Enter" 键，或者在 "常用" 选项卡 "绘图" 面板中单击 "曲线" 按钮，系统都会弹出如图 2-62 所示的 "样条" 立即菜单。

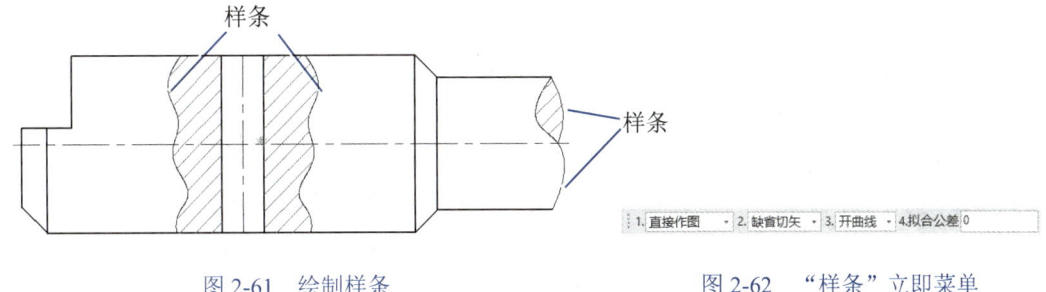

图 2-61　绘制样条　　　　　　　　图 2-62　"样条" 立即菜单

在 "样条" 立即菜单中单击第 1 项，可以通过导入外部数据生成样条，否则采用默认的 "直接作图" 方式绘制样条；单击第 2 项，可设置是否需要手动调整样条在其起点和终点处的切线方向；单击第 3 项，可设置绘制的样条是封闭的还是不封闭的。

选择绘图区中的样条，然后单击该样条上的夹点并移动光标，可以调整该样条的形状，如图 2-63 所示。

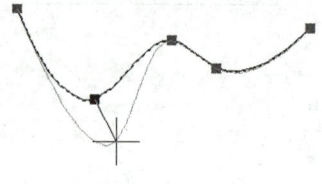

图 2-63　编辑样条

> **提示**
>
> 　　机械零件断裂处的边界线和视图与剖视图的分界线除了可以使用"样条"命令绘制外，还可以使用"波浪线"命令绘制。在"常用"选项卡"绘图"面板中单击"曲线"按钮下方的按钮，在弹出的下拉列表中选择"波浪线"选项，然后在立即菜单中设置波峰值和段数，接着在绘图区指定波浪线的起点和终点，即可绘制波浪线。段数为 2、波峰值分别为 –5 mm 和 5 mm 时的波浪线如图 2-64 所示。
>
>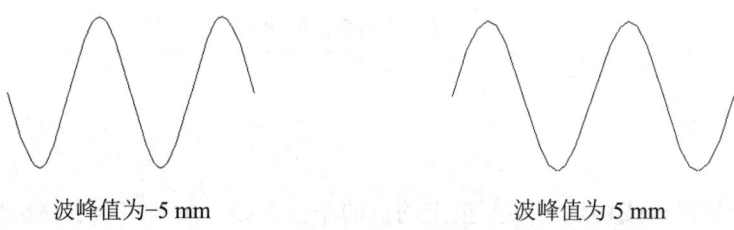
>
> 　　波峰值为 –5 mm　　　　　　　　　　波峰值为 5 mm
>
> 图 2-64　绘制波浪线

三、绘制双折线

　　受图纸幅面的限制，对于在某个方向上形状一致或按一定规律变化的零件（如轴、杆、型材等），可采用断开后缩短的方式绘制，并且可以在断开处绘制双折线。

　　在"常用"选项卡"绘图"面板中单击"曲线"按钮下方的按钮，在弹出的下拉列表中选择"双折线"选项，系统会弹出"双折线"立即菜单。在此立即菜单中单击第 1 项，可选择绘制双折线的两种方式，即"折点个数"和"折点距离"。

　　选择不同选项时，绘制双折线的具体操作如下：

　　（1）"折点个数"选项。选择该选项后，可通过设置折点的个数和双折线的峰值绘制双折线。例如，按图 2-65 设置"双折线"立即菜单后，在绘图区指定双折线的起始点和终止点，即可得到如图 2-66 所示的双折线。

图 2-65　"双折线"立即菜单（1）　　　　　　图 2-66　双折线（1）

　　（2）"折点距离"选项。选择该选项后，可通过设置折点间的距离和双折线的峰值绘制双折线。例如，按图 2-67 设置"双折线"立即菜单后，在绘图区中的任意位置单击，然后输入"@30,0"并按"Enter"键，即可得到如图 2-68 所示的双折线。

图 2-67 "双折线"立即菜单（2） 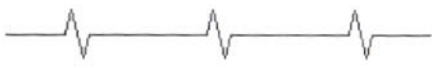　　　　　　　　图 2-68 双折线（2）

四、绘制剖面线

剖面线为一组平行的细实线。在"常用"选项卡"绘图"面板中单击"剖面线"按钮，系统会弹出"剖面线"立即菜单。在此立即菜单中单击第 1 项，可选择绘制剖面线的两种方式，即"拾取点"和"拾取边界"。

（1）"拾取点"选项。选择该选项后，在封闭环内的任意位置单击，系统会根据单击的位置，从右向左搜索最小的封闭环，并在该封闭环内生成剖面线。若分别在多个封闭环内单击，系统会在这些封闭环的重合区域外生成剖面线。例如，在图 2-69（a）中的点 A 处单击，生成的剖面线如图 2-69（b）所示；在图 2-69（a）中的点 A 和点 B 处单击，生成的剖面线如图 2-69（c）所示。

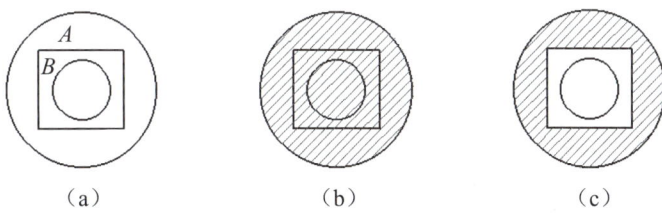

图 2-69 采用"拾取点"方式绘制剖面线

（2）"拾取边界"选项。选择该选项后，在绘图区选择要绘制剖面线的区域的边界线，系统会根据所选曲线搜索封闭环并在封闭环内生成剖面线。若选择了多条边界线，则系统会在封闭环的重合区域外生成剖面线。例如，选择图 2-70（a）中的圆和矩形，生成的剖面线如图 2-70（b）所示。若所选曲线不能生成封闭环，则操作无效。

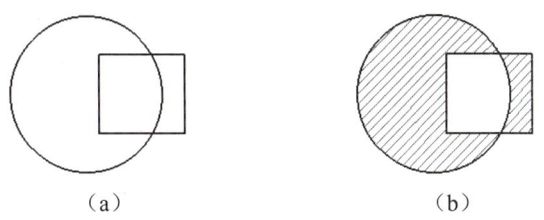

图 2-70 采用"拾取边界"方式绘制剖面线

若绘制的剖面线的间距太小，则可双击该剖面线，在打开的"剖面图案"对话框（见图 2-71）对话框的"比例"编辑框中将比例值设置得大一些。

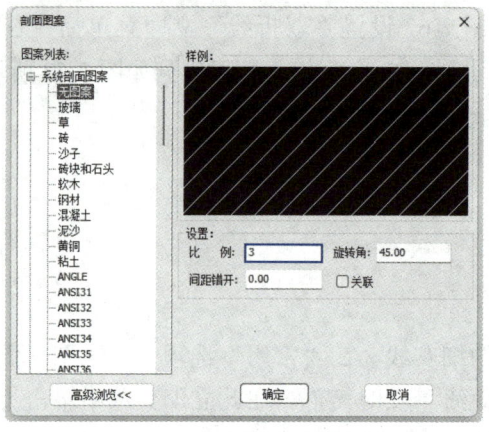

图 2-71 "剖面图案"对话框

课堂互动

打开本书配套素材"素材与实例"→"ch02"→"绘制剖面线.exb"文件，使用"剖面线"命令绘制如图 2-72 所示的剖面线，剖面线的比例为 10。老师随机选择几名学生，请他们分享自己绘制剖面线的具体操作步骤。

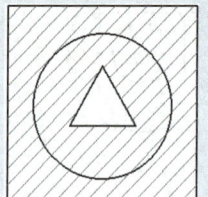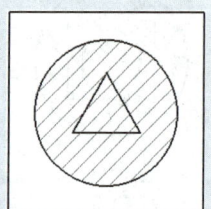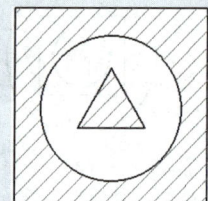

图 2-72 绘制剖面线

任务实施——绘制导向轴局部剖视图

下面将通过绘制如图 2-73 所示的导向轴局部剖视图（不要求标注尺寸），来继续学习绘制样条和剖面线的方法。提示：管螺纹 G1/2 的螺纹大径为 20.955 mm，螺纹小径为 18.631 mm。

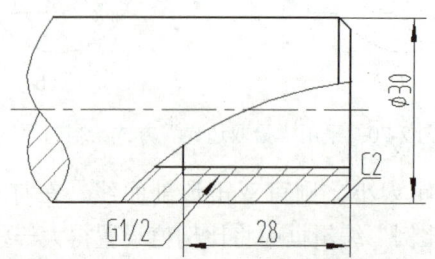

绘制导向轴
局部剖视图

图 2-73 绘制导向轴局部剖视图

项目二 图形的绘制

绘图思路

先使用"直线"命令绘制导向轴的轮廓线,再使用"外倒角"命令绘制倒角线,然后使用"样条"命令绘制断裂处的边界线和视图与剖视图的分界线,接着绘制螺纹,最后绘制剖面线。

绘图步骤

步骤 1 绘制轮廓线。打开CAXA CAD电子图板,新建文件。在"常用"选项卡"绘图"面板中单击"直线"按钮,在立即菜单中单击第1项,选择"两点线"选项;单击第2项,选择"连续"选项。按"F6"键,将捕捉方式设为"导航"。在绘图区任意位置单击,然后水平向右移动光标并观察状态栏中当前点坐标显示区,绘制一条长度为60 mm左右的直线;竖直向下移动光标,输入"30"并按"Enter"键,以绘制第2条直线;水平向左移动光标并在合适位置单击,以绘制第3条直线;右击,结束"直线"命令,结果如图2-74所示。

步骤 2 绘制倒角线。在"常用"选项卡"修改"面板中单击"过渡"按钮,在弹出的立即菜单中单击第1项,选择"外倒角"选项;单击第2项,选择"长度和角度方式"选项;在第3项"长度"编辑框中输入"2";在第4项"角度"编辑框中输入"45"。依次单击在步骤1中绘制的3条直线,最后按"Esc"键终止执行"过渡"命令,结果如图2-75所示。

图2-74 绘制轮廓线　　　　　　　　图2-75 绘制倒角线

步骤 3 绘制中心线。在"常用"选项卡"特性"面板"图层"列表框中选择"中心线层"选项。在"常用"选项卡"绘图"面板中单击"直线"按钮,捕捉竖直线的中点,然后水平向右移动光标并在合适位置单击,以确定中心线的起点;水平向左移动光标并在合适位置单击,以确定中心线的终点;右击,结束"直线"命令,结果如图2-76所示。

步骤 4 绘制边界线和分界线。在"常用"选项卡"特性"面板"图层"列表框中选择"细实线层"选项。在"常用"选项卡"绘图"面板中单击"曲线"按钮,在弹出的立即菜单中单击第2项,选择"缺省切矢"选项;单击第3项,选择"开曲线"选项;在第4项"拟合公差"编辑框中输入"0"。然后捕捉水平线的左端点并单击,接着在合适位置依次单击,分别绘制两条边界线和一条分界线,结果如图2-77所示。

步骤 5 绘制螺纹大径和螺纹终止线。在"常用"选项卡"绘图"面板中单击"直线"按钮,捕捉中心线与最右侧竖直线的交点并竖直向下移动光标,输入"10.48"并按"Enter"键,以确定直线的起点;水平向左移动光标,输入"28"并按"Enter"键,以确定直线的终点。在"常用"选项卡"特性"面板"图层"列表框中选择"粗实线层"选项,然后竖直向上移动光标,捕捉到与分界线的交点后单击,以绘制竖直线;右击,结束"直线"命令,结果如图2-78所示。

图2-76 绘制中心线

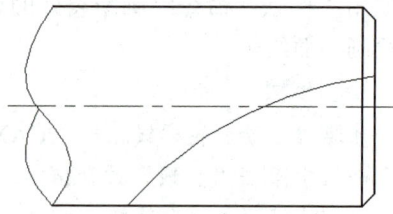

图2-77 绘制边界线和分界线

步骤6 绘制螺纹小径。按"Enter"键,重复执行"直线"命令,捕捉中心线与最右侧竖直线的交点并竖直向下移动光标,输入"9.32"并按"Enter"键,以确定直线的起点;水平向右移动光标,捕捉到与分界线的交点后单击,以绘制水平线;右击,结束"直线"命令,结果如图2-79所示。

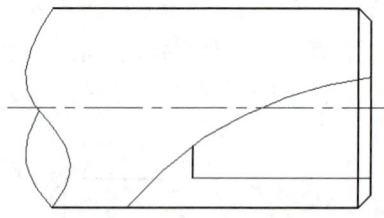

图2-78 绘制螺纹大径和螺纹终止线

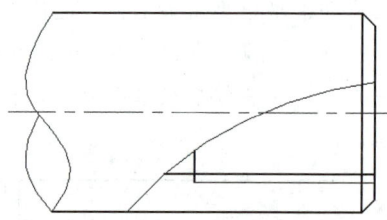

图2-79 绘制螺纹小径

步骤7 裁剪直线。在"常用"选项卡"修改"面板中单击"裁剪"按钮,在弹出的立即菜单中单击第1项,选择"快速裁剪"选项,然后依次单击要裁剪的直线,最后按"Esc"键终止执行"裁剪"命令。若有使用"裁剪"命令无法裁剪的直线,则在结束该命令后,选中该直线,然后按"Delete"键将其删除,结果如图2-80所示。

步骤8 绘制剖面线。在"常用"选项卡"绘图"面板中单击"剖面线"按钮,在弹出的"剖面线"立即菜单中单击第1项,选择"拾取点"选项;单击第2项,选择"不选择剖面图案"选项;在第4项"比例"编辑框中输入"3",其他几项采用默认设置。在要绘制剖面线的封闭环内的任意位置单击,然后右击,结果如图2-81所示。

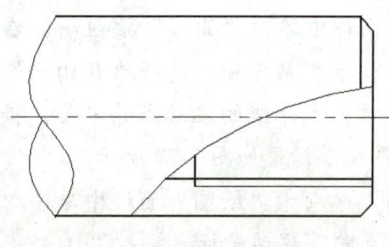

图2-80 裁剪直线

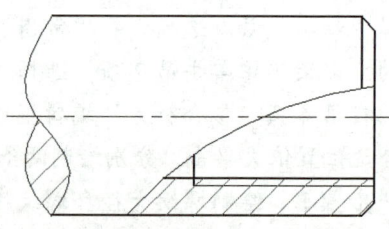

图2-81 绘制剖面线

步骤9 保存文件。按快捷键"Ctrl+S"保存该文件。

项目二　图形的绘制

> **素养提升**
>
> 　　有的图形看起来很复杂，但学生只要认真分析、分清主次、厘清思路，使用合适的命令，绘制起来便游刃有余。在学习和生活中，每个人都会遇到难题，但只要保持积极的心态，并且冷静思考，多角度分析，就能找到解决问题的方法，进而提高自己解决问题的能力，实现自我超越。

任务四　绘制孔、轴、齿轮齿形和局部放大图

任务导入

　　通过前面的学习，小王已经熟练掌握了直线、圆、圆弧、矩形、多边形、椭圆、多段线、剖面线等的绘制方法。看到如图 2-82 所示的图形，小王便决定使用"直线""矩形""样条""剖面线"等命令将其绘制出来。然而，10 分钟过后，小王仅仅绘制出图形的轮廓线。小王在想：怎样才能快速、准确地将这个图形绘制出来呢？

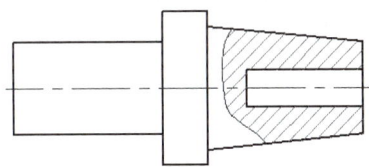

图 2-82　小王绘制的图形

　　学习本任务的相关知识后，请你帮助小王解开疑惑。

一、绘制孔和轴

　　在"常用"选项卡"绘图"面板中单击"孔/轴"按钮，在弹出的"孔/轴"立即菜单中单击第 1 项，可选择绘制孔还是绘制轴。
　　选择不同的选项时，绘制孔或轴的具体操作如下：
　　（1）"孔"选项。选择该选项后，在立即菜单中单击第 2 项，可选择是在立即菜单"中心线角度"编辑框中输入中心线的角度，还是在绘图区指定中心线的角度。选择孔的绘制方式后，在绘图区单击，系统弹出如图 2-83 所示的立即菜单。在"起始直径"和"终止直径"编辑框中输入相应的数值，然后根据需要选择是否绘制中心线，最后指定

61

孔的长度，即可绘制孔。

图 2-83 "孔/轴"立即菜单（1）

（2）"轴"选项。选择该选项后，在立即菜单第 2 项中选择轴的绘制方式，再在绘图区单击，系统会弹出如图 2-84 所示的立即菜单。根据需要设置立即菜单，最后指定轴的长度，即可绘制轴。

图 2-84 "孔/轴"立即菜单（2）

> **提 示**
>
> 使用"孔/轴"命令可以绘制圆柱轴、圆锥轴、圆柱孔和圆锥孔。绘制轴与绘制孔的不同之处在于，绘制孔时省略了孔两侧的端面线。

课堂实例 2-8

绘制如图 2-85 所示的阶梯轴，操作步骤如下。

步骤 1 在"常用"选项卡"绘图"面板中单击"孔/轴"按钮，在弹出的立即菜单中单击第 1 项，选择"轴"选项；单击第 2 项，选择"直接给出角度"选项；在"中心线角度"编辑框中输入"0"，结果如图 2-86 所示。

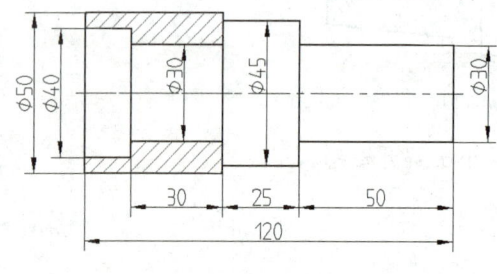

图 2-85 阶梯轴

图 2-86 "孔/轴"立即菜单（3）

步骤 2 按"F6"键，将捕捉方式设为"导航"。然后按照操作信息提示区中的提示进行操作：

① 提示"插入点:"，在绘图区任意位置单击。

② 提示"轴上一点或轴的长度:"，按图 2-87 设置立即菜单，然后向右移动光标，输入"45"并按"Enter"键，完成第 1 段轴的绘制。

图 2-87 "孔/轴"立即菜单（4）

③ 提示"轴上一点或轴的长度:",在立即菜单中的"起始直径"和"终止直径"编辑框中均输入"45",然后向右移动光标,输入"25"并按"Enter"键,完成第 2 段轴的绘制。

④ 提示"轴上一点或轴的长度:",在立即菜单中的"起始直径"和"终止直径"编辑框中均输入"30",然后向右移动光标,输入"50"并按"Enter"键,完成第 3 段轴的绘制。

⑤ 提示"轴上一点或轴的长度:",按"Enter"键,结束"孔/轴"命令,结果如图 2-88 所示。

步骤 3 按"Enter"键,重复执行"孔/轴"命令,在弹出的立即菜单中单击第 1 项,选择"孔"选项;单击第 2 项,选择"直接给出角度"选项;在第 3 项"中心线角度"编辑框中输入"0"。然后按照操作信息提示区中的提示进行操作:

① 提示"插入点:",捕捉阶梯轴左端面的中心点并单击。

② 提示"孔上一点或孔的长度:",按图 2-89 设置立即菜单,然后向右移动光标,输入"15"并按"Enter"键,完成第 1 段孔的绘制。

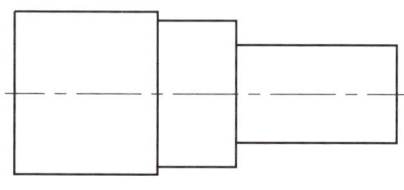

图 2-88 绘制轴

图 2-89 "孔/轴"立即菜单(5)

③ 提示"孔上一点或孔的长度:",在立即菜单中的"起始直径"和"终止直径"编辑框中均输入"30",然后向右移动光标,输入"30"并按"Enter"键,完成第 2 段孔的绘制,最后按"Enter"键,结束"孔/轴"命令,结果如图 2-90 所示。

步骤 4 在"常用"选项卡"绘图"面板中单击"直线"按钮，依次单击图 2-90 中的点 A、B 并按"Enter"键,结果如图 2-91 所示。

步骤 5 在"常用"选项卡"绘图"面板中单击"剖面线"按钮，在弹出的立即菜单中单击第 1 项,选择"拾取点"选项;单击第 2 项,选择"不选择剖面图案"选项;在第 4 项"比例"编辑框中输入"3",其他几项采用默认设置。在要绘制剖面线的封闭环内的任意位置单击,然后右击,结果如图 2-92 所示。

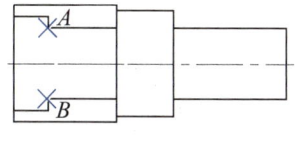

图 2-90 绘制孔

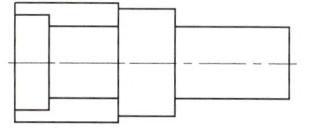

图 2-91 绘制直线

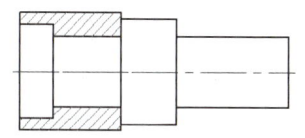

图 2-92 绘制剖面线

二、绘制齿轮齿形

在"常用"选项卡"绘图"面板中单击"齿形"按钮，系统会弹出如图 2-93 所示的"渐开线齿轮齿形参数"对话框。在此对话框中，用户可以设置齿轮的齿数、模数、压力角和变位系数等，还可以通过改变齿轮的齿顶高系数和齿顶隙系数来改变齿轮的齿顶圆直径和齿根圆直径，或者直接指定齿轮的齿顶圆直径和齿根圆直径。

在"渐开线齿轮齿形参数"对话框中设置好各项参数后，单击"下一页"按钮，系统会弹出如图 2-94 所示的"渐开线齿轮齿形预显"对话框。在此对话框中，用户可以设置齿顶过渡圆角半径、齿根过渡圆角半径、有效齿数和有效齿起始角（起始齿和齿轮圆心的连线与水平线的夹角）等。设置好相关参数后单击"预显"按钮，可观察生成的齿形。

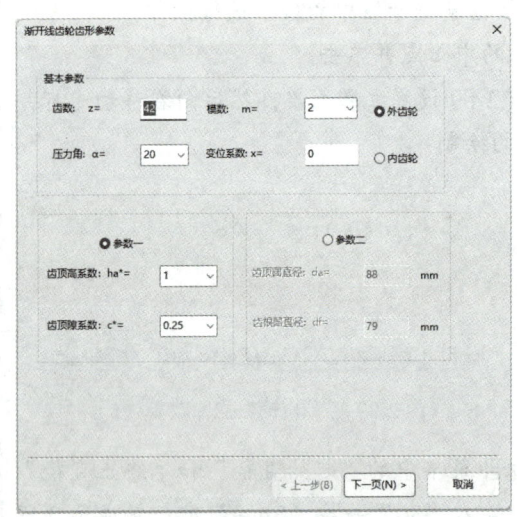
图 2-93 "渐开线齿轮齿形参数"对话框

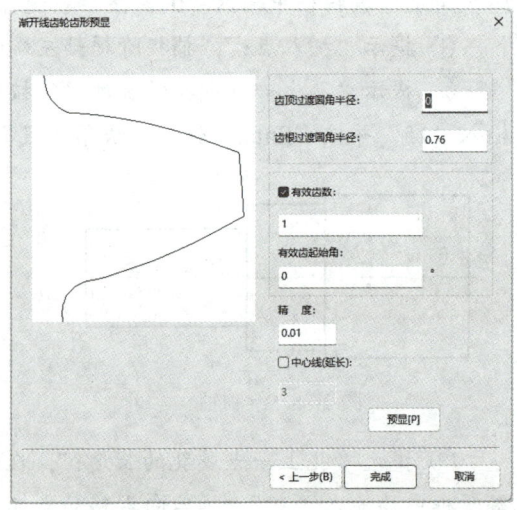
图 2-94 "渐开线齿轮齿形预显"对话框

在图 2-94 中"有效齿数"复选框下方的编辑框中输入"42"，其他设置不变，单击"完成"按钮，然后在绘图区指定齿轮的定位点，即可绘制如图 2-95 所示的有效齿数为 42 的齿轮齿形。

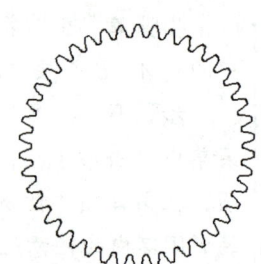
图 2-95 齿轮齿形

三、绘制局部放大图

局部放大图是将图样中的部分结构用大于原图所采用的比例绘制的图形。在"常用"选项卡"绘图"面板中单击"局部放大"按钮，系统会弹出"局部放大"立即菜单（见图 2-96）。在该立即菜单中单击第 1 项，可选择原图中被放大部位边界线的形状。绘制机械图样时，多选择"圆形边界"选项。

项目二　图形的绘制

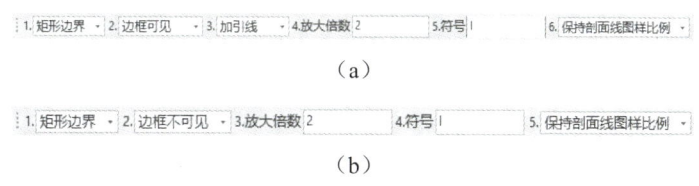

图 2-96　"局部放大"立即菜单（1）

在"局部放大"立即菜单第 1 项中选择"圆形边界"选项后，单击第 2 项，可选择是否在局部放大图中加引线，在第 3 项"放大倍数"编辑框中输入需要放大的倍数，在第 4 项"符号"编辑框中输入局部放大图的编号，单击第 5 项，选择是否放大局部放大图中的剖面线，接着按照操作信息提示区中的提示进行操作即可。

在"局部放大"立即菜单第 1 项中选择"矩形边界"选项后，单击第 2 项，可选择边框是否可见。若选择"边框可见"选项，对应的立即菜单如图 2-97（a）所示；若选择"边框不可见"选项，对应的立即菜单如图 2-97（b）所示。

（a）

（b）

图 2-97　"局部放大"立即菜单（2）

课堂实例 2-9

绘制齿轮齿形的局部放大图，操作步骤如下。

步骤 1　打开本书配套素材"素材与实例"→"ch02"→"绘制齿轮齿形的局部放大图.exb"文件，绘图区出现如图 2-95 所示的图形。

步骤 2　在"常用"选项卡"绘图"面板中单击"局部放大"按钮 ，在弹出的"局部放大"立即菜单中单击第 1 项，选择"圆形边界"选项，其他设置如图 2-96 所示。

步骤 3　按照操作信息提示区中的提示进行操作：

① 提示"中心点:"，在要放大部位的合适位置单击，以指定局部放大图的中心点。

② 提示"输入半径或圆上一点:"，移动光标并在合适位置单击，以指定放大范围，如图 2-98（a）所示。

③ 提示"符号插入点:"，移动光标，在圆上方的合适位置单击，以指定引线和引线上编号的位置，如图 2-98（b）所示。

④ 提示"实体插入点:"，在合适位置单击，以放置局部放大图。

⑤ 提示"输入角度或由屏幕上确定：<-360,360>"，输入"0"并按"Enter"键。

⑥ 提示"符号插入点:"，移动光标，在局部放大图上方合适位置单击，以指定局部放大图的编号和所采用的比例的位置，结果如图 2-98（c）所示。

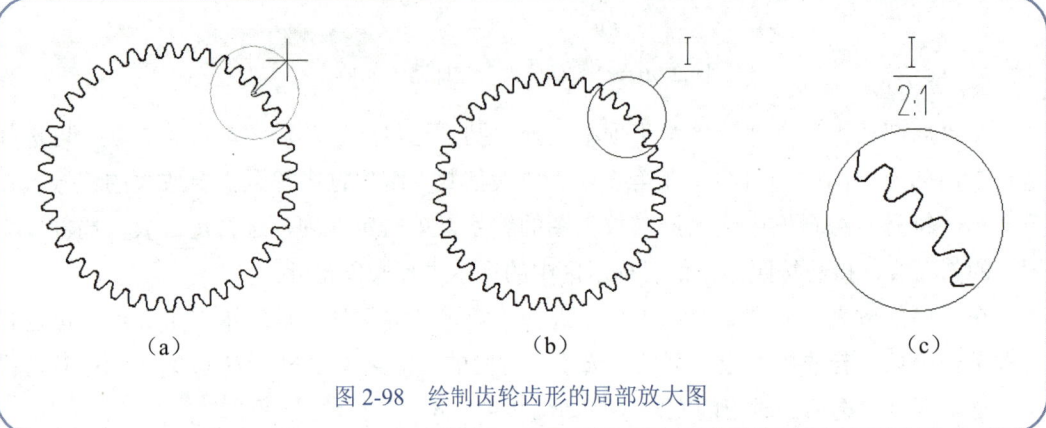

图 2-98　绘制齿轮齿形的局部放大图

提示

　　使用"孔/轴"命令可以绘制圆柱轴、圆锥轴、圆柱孔和圆锥孔。绘制轴与绘制孔的不同之处在于，绘制孔时省略了孔两侧的端面线。当机械图样中只有一个局部放大图时，只需要在局部放大图的上方标注其放大比例，不需要标注编号，原图上也不需要标注引线和编号。为了让学生掌握"局部放大"命令的使用方法，在本项目中，即使机械图样中只有一个局部放大图，也标注了引线和编号。

　　要绘制没有引线和编号的局部放大图，需要在如图 2-96 所示的"局部放大"立即菜单第 2 项中选择"不加引线"选项，然后删除"符号"编辑框中的内容，并且在绘制完局部放大图后双击标注的比例符号，此时系统会打开"块编辑器"选项卡，在绘图区中选中比例上方的横线（见图 2-99），按"Delete"键将其删除，接着单击功能区中的"退出块编辑"按钮 ，最后单击打开的对话框中的"是"按钮即可。

图 2-99　选中比例上方的横线

任务实施——绘制销轴及其局部放大图

　　下面将通过绘制如图 2-100 所示的销轴及其局部放大图（不要求标注尺寸），继续学习绘制轴和局部放大图的方法。

项目二　图形的绘制

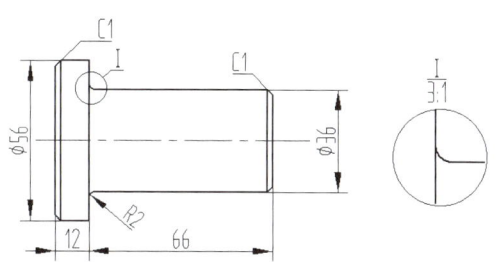

绘制销轴及其
局部放大图

图 2-100　绘制销轴及其局部放大图

绘图思路

先使用"孔/轴"命令绘制轴，再使用"外倒角"和"圆角"命令绘制倒角线和圆角，最后绘制局部放大图。

绘图步骤

步骤 1　绘制轴。打开 CAXA CAD 电子图板，新建文件。在"常用"选项卡"绘图"面板中单击"孔/轴"按钮，在弹出的立即菜单中单击第 1 项，选择"轴"选项；单击第 2 项，选择"直接给出角度"选项；在"中心线角度"编辑框中输入"0"。然后按照操作信息提示区中的提示进行操作：

①　提示"插入点:"，在绘图区任意位置单击。

②　提示"轴上一点或轴的长度:"，按图 2-101 设置立即菜单，然后向右移动光标，输入"12"并按"Enter"键。

图 2-101　"孔/轴"立即菜单

③　提示"轴上一点或轴的长度:"，在立即菜单"起始直径"和"终止直径"编辑框中分别输入"36"，其他设置不变，向右移动光标，输入"66"并按两次"Enter"键，结果如图 2-102 所示。

步骤 2　绘制倒角线。在"常用"选项卡"修改"面板中单击"过渡"按钮，在弹出的立即菜单中单击第 1 项，选择"外倒角"选项；单击第 2 项，选择"长度和角度方式"选项；在第 3 项"长度"编辑框中输入"1"；在第 4 项"角度"编辑框中输入"45"。依次单击线段 AD、AB、BC，绘制第 1 组倒角线；单击线段 EH、HG、GF，绘制第 2 组倒角线；按"Esc"键终止执行"过渡"命令，结果如图 2-103 所示。

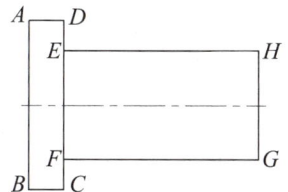
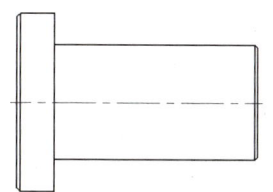

图 2-102　绘制轴　　　　　　　　　　　　图 2-103　绘制倒角线

步骤 3 绘制圆角。按"Enter"键,重复执行"过渡"命令,在弹出的立即菜单中单击第 1 项,选择"圆角"选项;单击第 2 项,选择"裁剪始边"选项;在"半径"编辑框中输入"2"。依次单击线段 *EH*、*DE*,绘制第 1 个圆角;单击线段 *GF*、*FC*,绘制第 2 个圆角;按"Esc"键终止执行"过渡"命令,结果如图 2-104 所示。

步骤 4 绘制局部放大图。在"常用"选项卡"绘图"面板中单击"局部放大"按钮 ,在弹出的"局部放大"立即菜单中单击第 1 项,选择"圆形边界"选项;单击第 2 项,选择"加引线"选项;在第 3 项"放大倍数"编辑框中输入"3";在第 4 项"符号"编辑框中输入"I";单击第 5 项,选择"保持剖面线图样比例"。然后按照操作信息提示区中的提示进行如下操作:

① 提示"中心点:",在要放大部位的合适位置单击。
② 提示"输入半径或圆上一点:",移动光标并在合适位置单击。
③ 提示"符号插入点:",移动光标,在圆上方的合适位置单击,以指定引线和引线上编号的位置。
④ 提示"实体插入点:",在合适位置单击,以放置局部放大图。
⑤ 提示"输入角度或由屏幕上确定:<-360,360>",输入"0"并按"Enter"键。
⑥ 提示"符号插入点:",移动光标,在局部放大图上方合适位置单击,以指定局部放大图的编号和所采用的比例的位置,结果如图 2-105 所示。

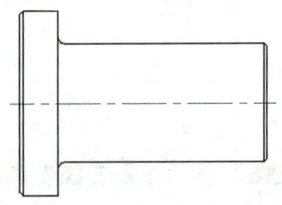
图 2-104 绘制圆角

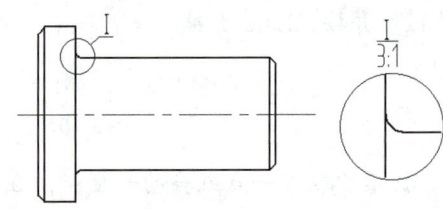
图 2-105 绘制局部放大图

步骤 5 保存文件。按快捷键"Ctrl+S"保存该文件。

学习成果检验

1. 填空题

(1) 若要绘制与已知直线长度相等的平行线,可在"平行线"立即菜单第 1 项中选择_____选项;若要绘制与已知直线长度不相等的平行线,可在"平行线"立即菜单第 1 项中选择_____选项。

(2) 输入_____并按"Enter"键,可执行"圆弧"命令。

(3) 使用_____命令可以绘制直线、圆弧或由两者构成的组合线段。

(4) 样条主要用于表现机械零件断裂处的_____和视图与剖视图的_____。

（5）绘制剖面线的方式有_____和_____两种。

2．单选题

（1）在"圆"立即菜单第1项中选择"两点"选项绘制圆时，两点之间的距离决定了圆的（　　）。

　　A．半径　　　　　　　　　　　B．直径
　　C．弦长　　　　　　　　　　　D．角度

（2）默认情况下，系统按（　　）方向绘制圆弧。

　　A．顺时针　　　　　　　　　　B．逆时针
　　C．起点方向　　　　　　　　　D．终点方向

（3）输入（　　）并按"Enter"键，可执行"矩形"命令。

　　A．REC　　　　　　　　　　　B．POL
　　C．PL　　　　　　　　　　　　D．H

（4）根据下列图形中的已知条件，可以采用"外切于圆"方式绘制的正多边形是（　　）。

A．　　　　　B．　　　　　C．　　　　　D．

（5）采用"拾取边界"方式绘制剖面线时，若选择的边界线为圆，则绘制的剖面线为（　　）。

A．　　　　　B．　　　　　C．　　　　　D．

3．判断题

（1）已知矩形的长度和宽度，采用"两角点"方式无法绘制该矩形。（　　）

（2）使用"椭圆"命令只能绘制椭圆，不能绘制椭圆弧。（　　）

（3）受图纸幅面的限制，对于在某个方向上形状一致或按一定规律变化的零件，可采用断开后缩短的方式绘制，并且可以在断开处绘制双折线。（　　）

（4）绘制轴与绘制孔的不同之处在于，绘制孔时省略了孔两侧的端面线。（　　）

（5）局部放大图是将图样中的部分结构用小于原图所采用的比例绘制的图形。

（　　）

4．操作题

（1）绘制如图 2-106 所示的旋转挡板图形（不要求标注尺寸）。

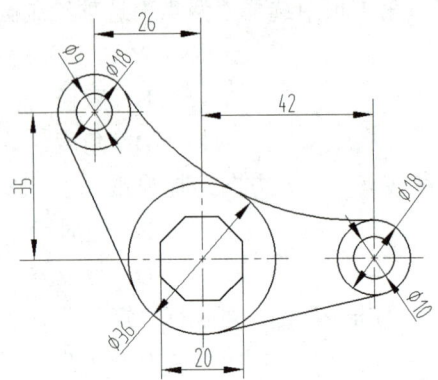

图 2-106　旋转挡板图形

（2）绘制如图 2-107 所示的定位板局部剖视图（不要求标注尺寸）。

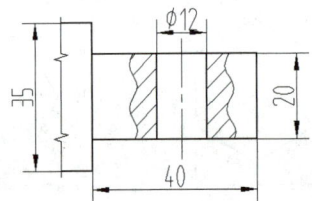

图 2-107　定位板局部剖视图

（3）绘制如图 2-108 所示的转轴及其局部放大图（不要求标注尺寸）。

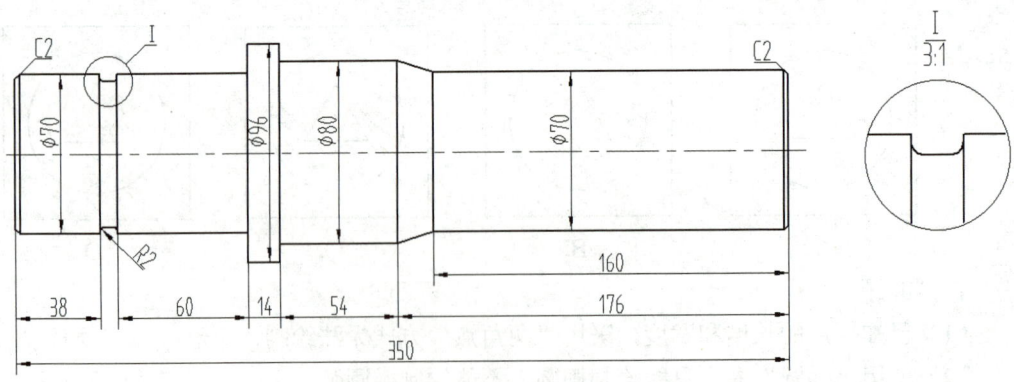

图 2-108　转轴及其局部放大图

学习成果评价

请进行学习成果评价,并将评价结果填入表 2-1 中。

表 2-1 学习成果评价表

班级		姓名		学号	
评价项目	评价内容		分值	自我评分	老师评分
知识(40%)	绘制直线、平行线、圆和圆弧的方法		10		
	绘制矩形、正多边形、椭圆和椭圆弧的方法		10		
	绘制多段线、样条、双折线和剖面线的方法		10		
	绘制孔、轴、齿轮齿形和局部放大图的方法		10		
技能(40%)	能够根据已知条件,采用合适的方式绘制圆和圆弧		8		
	能够合理使用"矩形""正多边形""椭圆"等命令绘制图形		8		
	能够灵活运用"多段线"命令绘制图形		8		
	能够根据绘图需要绘制并编辑样条		8		
	能够快速、准确地绘制出孔、轴、齿轮齿形和局部放大图		8		
素养(20%)	积极参加课堂活动		5		
	保持良好的学习态度,认真完成实践任务		5		
	提高细致入微的观察能力和科学思维能力		5		
	培养积极的心态和多角度分析问题的能力		5		
合　计			100		
总分(自我评分×40%+老师评分×60%)					
自我评价					
老师评价					

项目三

图形的编辑

项目导读

CAXA CAD 电子图板不仅为用户提供了"裁剪""平移""旋转""缩放"等命令，还提供了用于复制对象的"平移复制""等距线""镜像""阵列"命令和修改对象的"过渡""打断""拉伸""延伸"等命令。本项目将详细介绍 CAXA CAD 电子图板提供的诸多编辑对象的常用命令。

知识目标

（1）掌握"裁剪""平移""旋转""缩放"命令的操作方法。
（2）掌握"平移复制""等距线""镜像""阵列"命令的操作方法。
（3）掌握"过渡""打断""拉伸""延伸"命令的操作方法。

素质目标

（1）通过学习图形的编辑，明白同一个图形的绘制方法并不是唯一的，只有善于思考，勤于练习，才能不断提高绘图效率，进而提高个人的职业竞争力。
（2）通过积极参与课堂互动，与他人分享学习心得，从而深化对知识的理解，树立终身学习理念。

项目三　图形的编辑

任务一　裁剪、平移、旋转、缩放对象

🔷 任务导入

小王在编辑图形的过程中，总结得出了以下经验：

（1）使用"裁剪"命令可以剪掉与其他曲线无相交关系的曲线。

（2）对某个对象进行平移和旋转操作时，既可以先选择该对象，再执行"平移"或"旋转"命令，也可以先执行"平移"或"旋转"命令，再选择该对象。

（3）使用"平移"或"旋转"命令平移或旋转对象时，只能将对象上的特征点作为平移或旋转的基点。

（4）使用"旋转"命令旋转对象时，输入的旋转角度值必须为正值。

（5）使用"缩放"命令只能将对象均匀地放大或缩小。

学习本任务的相关知识后，请你说说小王总结的这些经验中哪些是错误的。

一、裁剪对象

输入"TR"并按"Enter"键，或者在"常用"选项卡"修改"面板中单击"裁剪"按钮，系统会弹出"裁剪"立即菜单。在此立即菜单中单击第1项，可选择裁剪对象的3种方式，即"快速裁剪""拾取边界"和"批量裁剪"。

选择不同的选项时，裁剪对象的具体操作如下：

（1）"快速裁剪"选项。选择该选项后，直接单击被裁剪的曲线，系统会自动判断裁剪边界，并剪掉曲线上单击一侧到裁剪边界的部分。单击同一曲线的不同位置，裁剪结果可能不同，如图3-1所示。

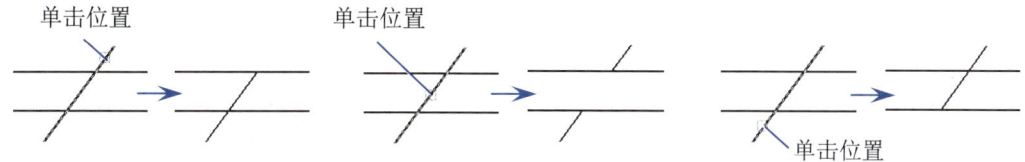

图3-1　采用"快速裁剪"方式裁剪对象

（2）"拾取边界"选项。选择该选项后，拾取一条或多条曲线作为裁剪边界（剪刀线），右击确认后在要裁剪的曲线上单击，系统会根据用户选择的裁剪边界剪掉曲线上单击一侧到裁剪边界的部分，保留曲线的其他部分，如图3-2所示。此种方式适用于在指定裁剪边界的情况下对曲线进行精确裁剪。

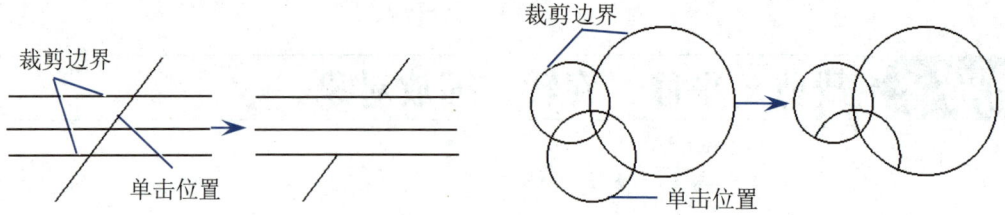

图 3-2 采用"拾取边界"方式裁剪对象

 提　示

采用"快速裁剪"和"拾取边界"方式不能剪掉独立的曲线。选中独立的曲线，然后按"Delete"键，即可将其删除。

（3）"批量裁剪"选项。选择该选项后，拾取一条曲线作为裁剪边界（剪刀链），然后拾取要裁剪的曲线，右击确认后选择裁剪方向，即可剪掉曲线上裁剪边界一侧的部分，如图 3-3 所示。此种方式适用于要裁剪的曲线较多的情况。

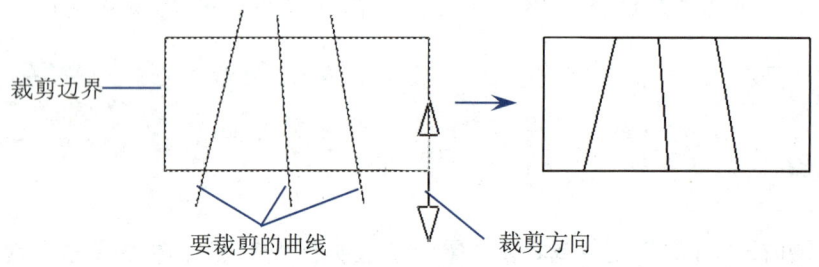

图 3-3 采用"批量裁剪"方式裁剪对象

课堂互动

打开本书配套素材"素材与实例"→"ch03"→"裁剪曲线.exb"文件，使用"裁剪"命令剪掉图 3-4（a）中的多余曲线，绘制出图 3-4（b）中的图形。老师随机选择两名学生，请他们分享所采用的方法和具体的操作步骤。

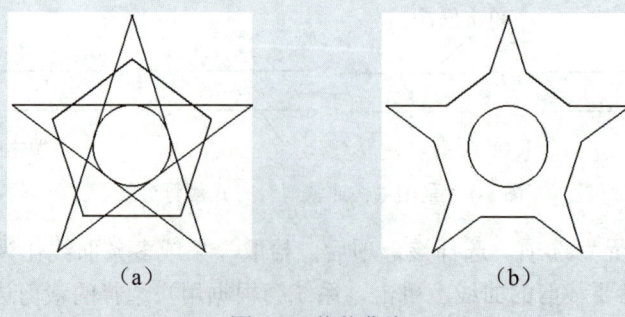

（a）　　　　　　　　　　（b）

图 3-4 裁剪曲线

二、平移对象

使用"平移"命令可将所选对象从一个位置移动到另一个位置，并且还可以根据需要设置在移动时是否旋转或缩放对象。输入"M"并按"Enter"键，或者在"常用"选项卡"修改"面板中单击"平移"按钮，都可执行"平移"命令。在"平移"立即菜单中单击第1项，可选择平移对象的两种方式，即"给定两点"和"给定偏移"。

选择不同的选项时，平移对象的具体操作如下：

（1）"给定两点"选项。选择该选项后，拾取要平移的对象并右击，然后指定移动的基点和移动距离，即可完成平移操作。

（2）"给定偏移"选项。选择该选项后，拾取要平移的对象并右击，系统会自动给出一个基准点（如直线的中点、圆的圆心等），用户输入要平移的对象在 X 轴或 Y 轴方向上的偏移量或要移动到的位置的坐标，即可完成平移操作。

> **课堂实例 3-1**
>
> 在图3-5（a）的基础上，分别采用"给定两点"和"给定偏移"方式绘制如图3-5（b）所示的图形（不要求标注尺寸），操作步骤如下。
>
>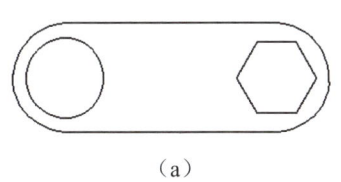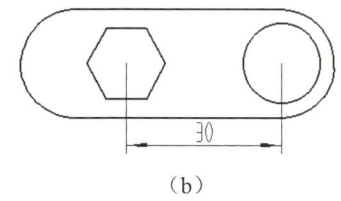
>
> （a）　　　　　　　　　　　　　　　（b）
>
> 图3-5　平移图形
>
> **步骤1**　打开文件。打开本书配套素材"素材与实例"→"ch03"→"平移图形.exb"文件，在"常用"选项卡"修改"面板中单击"平移"按钮。
>
> **步骤2**　采用"给定两点"方式平移图形。在立即菜单中单击第1项，选择"给定两点"选项，其他几项的设置如图3-6所示。然后按照操作信息提示区中的提示进行操作：
>
> ① 提示"拾取添加"，选择要平移的圆，然后右击。
> ② 提示"第一点:"，捕捉圆心并单击。
> ③ 提示"第二点:"，捕捉正六边形的中心并单击。
>
> **步骤3**　采用"给定偏移"方式平移图形。按"Enter"键，重复执行"平移"命令，在立即菜单中单击第1项，选择"给定偏移"选项，其他几项的设置如图3-7所示。然后按照操作信息提示区中的提示进行操作：
>
> ① 提示"拾取添加"，选择要平移的正六边形，然后右击。

② 提示"X 或 Y 方向偏移量:",水平向左移动光标,输入"30"并按"Enter"键。

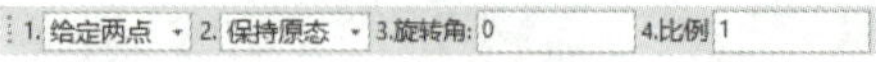

图 3-6 "平移"立即菜单（1） 　　　　图 3-7 "平移"立即菜单（2）

三、旋转对象

使用"旋转"命令可将所选对象绕指定的点旋转一定角度,并且在旋转过程中,还可以根据需要选择是否保留源对象。输入"RO"并按"Enter"键,或者在"常用"选项卡"修改"面板中单击"旋转"按钮,都可执行"旋转"命令。在"旋转"立即菜单中单击第 1 项,可选择旋转对象的两种方式,即"给定角度"和"起始终止点"。

选择不同的选项时,旋转对象的具体操作如下:

（1）"给定角度"选项。选择该选项后,选择要旋转的对象并右击,然后指定旋转基点,再指定旋转角度,即可完成旋转操作。

（2）"起始终止点"选项。选择该选项后,选择要旋转的对象并右击,然后指定旋转基点,再指定起始点和终止点,即可完成旋转操作。

无论采用哪种方式旋转对象,在立即菜单中单击第 2 项,都可选择"拷贝"或"旋转"选项。若选择"拷贝"选项,系统会对所选对象进行旋转与复制操作,并且在操作完成后,所选对象依然存在。

课堂实例 3-2

采用"给定角度"方式将如图 3-8（a）所示的采用反选方式框选的区域内的对象绕同心圆的圆心按逆时针方向旋转 120°,采用"起始终止点"方式将同样的对象绕同心圆的圆心按逆时针方向旋转 30°,操作步骤如下:

步骤 1 打开文件。打开本书配套素材中的"素材"→"ch03"→"旋转对象.exb"文件。

步骤 2 采用"给定角度"方式旋转对象。在"常用"选项卡"修改"面板中单击"旋转"按钮,在弹出的立即菜单中单击第 1 项,选择"给定角度"选项;单击第 2 项,选择"拷贝"选项。然后按照操作信息提示区中的提示进行操作:

① 提示"拾取元素:",采用反选方式框选图 3-8（a）中的对象,然后右击。

② 提示"输入基点:",捕捉如图 3-8（b）所示的同心圆的圆心并单击。

③ 提示"旋转角:",输入"120"并按"Enter"键,结果如图 3-8（c）所示。

步骤 3 采用"起始终止点"方式旋转对象。按"Enter"键,重复执行"旋转"命令,在弹出的立即菜单中单击第 1 项,选择"起始终止点"选项;单击第 2 项,选择"旋转"选项。然后按照操作信息提示区中的提示进行操作:

① 提示"拾取元素:",采用反选方式框选图 3-8(a)中的对象,然后右击。
② 提示"输入基点:",捕捉同心圆的圆心并单击。
③ 提示"拾取起始点:",捕捉圆弧的圆心并单击,或者向右移动光标,然后在水平导航线上的任意位置单击。
④ 提示"拾取终止点",输入极坐标(如输入"@2<30")并按"Enter"键,或者按"F6"键,将捕捉方式设为"导航",并设置增量角为30°,然后向上移动光标,待出现30°导航线时单击,结果如图 3-8(d)所示。

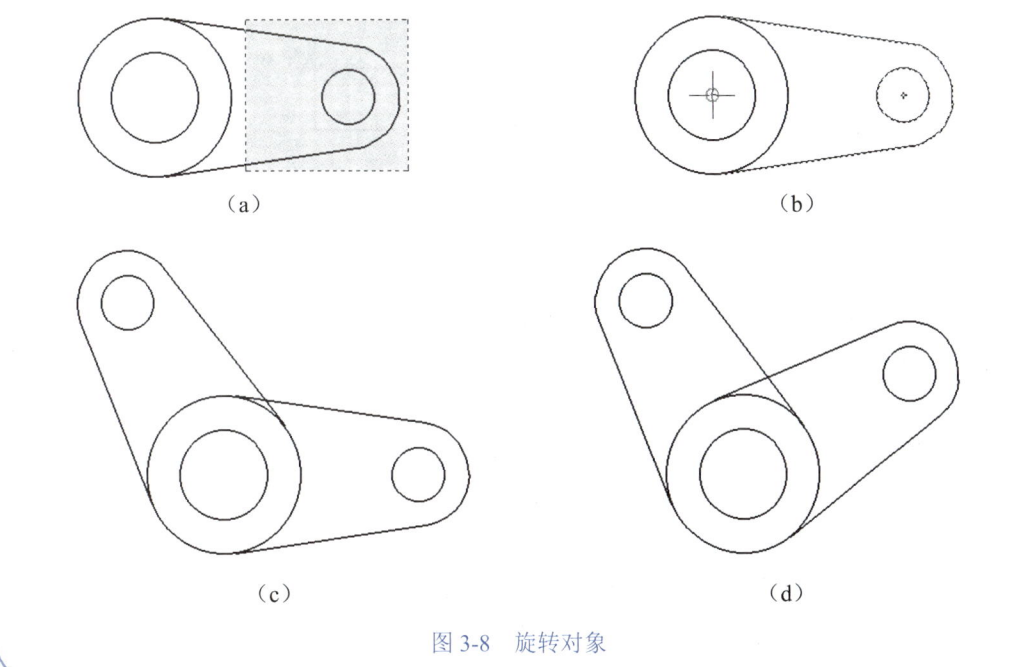

图 3-8 旋转对象

> **提 示**
>
> 旋转对象时,若输入的旋转角度值为正值,则表示以基点为中心按逆时针方向旋转对象;若输入的旋转角度值为负值,则表示以基点为中心按顺时针方向旋转对象。

四、缩放对象

使用"缩放"命令可将所选对象按指定的比例放大或缩小。输入"SC"并按"Enter"键,或者在"常用"选项卡"修改"面板中单击"缩放"按钮,都可执行"缩放"命令。在弹出的"缩放"立即菜单中单击第 2 项,若选择"比例因子"选项,则根据系统提示指定缩放的基准点,然后输入要缩放的比例系数并按"Enter"键,即可完成缩放操作；若选择"参考方式"选项，则在指定缩放的基准点后，需要在绘图区以单击的方式指定参考距离和新距离，这样便可将被缩放的对象按指定的新距离进行缩放。

课堂实例 3-3

使用"缩放"命令将图 3-9 中左侧的螺纹孔及其中心线缩小至与右侧的螺纹孔的深度相同，再将右侧的螺纹孔及其中心线放大至原来的 1.2 倍，操作步骤如下。

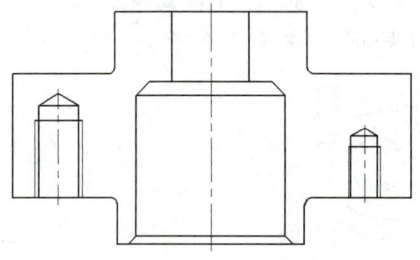

图 3-9　原始图形

步骤 1　打开本书配套素材中的"素材与实例"→"ch03"→"缩放对象.exb"文件。

步骤 2　在"常用"选项卡"修改"面板中单击"缩放"按钮，在弹出的立即菜单中单击第 1 项，选择"平移"选项；单击第 2 项，选择"参考方式"选项。然后按照操作信息提示区中的提示进行操作：

① 提示"拾取添加"，采用正选方式框选图 3-9 中左侧的螺纹孔及其中心线并右击。

② 提示"基准点:"，捕捉图 3-10（a）中的交点 A 并单击。

③ 提示"参考距离第一点:"，捕捉图 3-10（a）中的交点 A 并单击。

④ 提示"参考距离第二点:"，捕捉图 3-10（a）中的顶点 B 并单击。

⑤ 提示"新距离:"，捕捉图 3-10（a）中的点 C 并单击，即可使左右两侧的螺纹孔的深度相同。

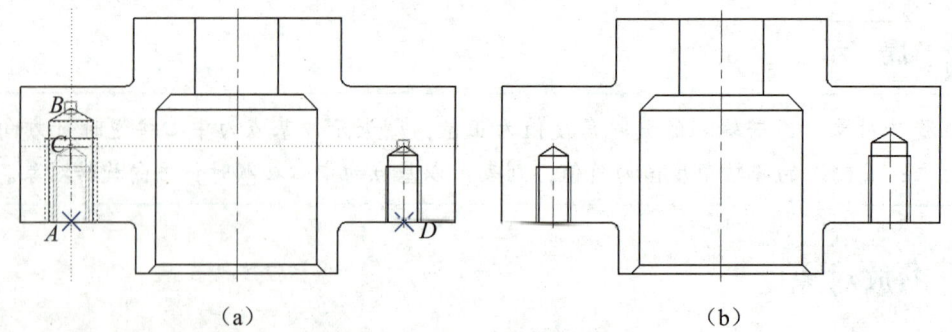

（a）　　　　　　　　　　　　　　　（b）

图 3-10　缩放对象

步骤 3　按"Enter"键，重复执行"缩放"命令。在立即菜单中单击第 2 项，选择"比例因子"选项。然后按照操作信息提示区中的提示进行操作：

项目三 图形的编辑

① 提示"拾取添加",采用正选方式框选图 3-10(a)中右侧的螺纹孔及其中心线并右击。

② 提示"基准点:",捕捉图 3-10(a)中的交点 D 并单击。

③ 提示"比例系数(XY 方向的不同比例请用分隔符隔开):",输入"1.2"并按"Enter"键,结果如图 3-10(b)所示。

 提 示

对对象进行平移、旋转、缩放等操作时,既可以先执行相应的编辑命令,然后选择要编辑的对象,也可以先选择要编辑的对象,然后执行相应的编辑命令。

任务实施——绘制六角扳手

下面将通过绘制如图 3-11 所示的六角扳手(不要求标注尺寸),继续学习"裁剪""平移""旋转""缩放"命令的使用方法。

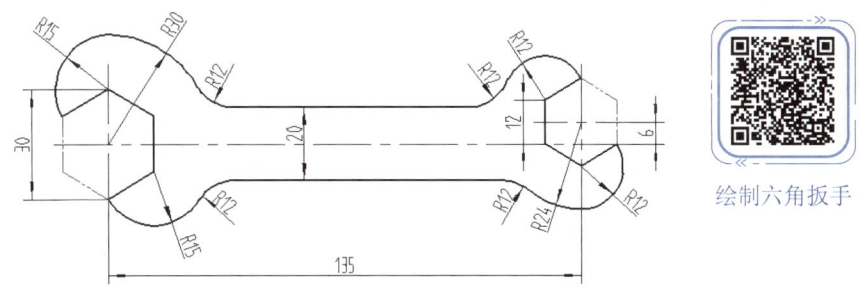

图 3-11 六角扳手

绘图思路

由于左侧半径为 15 mm 的圆弧和半径为 30 mm 的圆弧的圆心均与正六边形有关,因此可以先绘制正六边形,然后借助正六边形的中心绘制半径为 30 mm 的圆,借助正六边形的顶点绘制两个半径为 15 mm 的圆,接着使用"裁剪"命令绘制出左侧手柄。通过旋转、缩放左侧手柄,可以绘制出右侧手柄。使用"平行线"命令对中心线进行偏移,然后进行裁剪,最后使用"圆角"命令绘制 4 段半径为 12 mm 的圆弧。

绘图步骤

步骤 1 新建图层。打开 CAXA CAD 电子图板,新建文件。在"常用"选项卡"特性"面板中单击"图层"按钮,在"层设置"对话框中单击"新建"按钮,在弹出的询问"新建风格后将自动保存,确认新建吗?"的对话框中单击"是"按钮;在"新建风格"对话框"风格名称"编辑框中输入"细双点画线层",在"基准风格"列表框中选择"虚线层"选项,然后单击"下一步"按钮;单击新建的图层上的"线型"按钮——

,在弹出的"线型"对话框中选择"双点画线"选项,然后单击"确定"按钮;在"层设置"对话框中单击"确定"按钮。

步骤2 绘制正六边形。在"常用"选项卡"绘图"面板中单击"矩形"按钮右侧的按钮 ,在弹出的下拉列表中选择"正多边形"选项,然后在弹出的立即菜单中单击第1项,选择"中心定位"选项;单击第2项,选择"给定半径"选项;单击第3项,选择"内接于圆"选项;在第4项"边数"编辑框中输入"6";在第5项"旋转角"编辑框中输入"90";单击第6项,选择"无中心线"选项。在绘图区任意位置单击,输入外接圆的半径值"15"并按"Enter"键。

步骤3 分解正六边形。单击绘制的正六边形,然后右击,在弹出的快捷菜单中选择"分解"菜单项。选择正六边形中需要修改线型的两条边,在"图层"列表框中选择"细双点画线层"选项,然后按"Esc"键,结束对象的选择状态。

步骤4 绘制圆。在"常用"选项卡"绘图"面板中单击"圆"按钮 ⊙,在弹出的立即菜单中单击第1项,选择"圆心_半径"选项;单击第2项,选择"半径"选项;单击第3项,选择"无中心线"选项。按"F6"键,将捕捉方式设为"导航"。捕捉正六点形的中心点(见图3-12)并单击,输入"30"并按两次"Enter"键。采用同样的方法,分别以正六边形的两个顶点为圆心,绘制两个半径均为15 mm的圆,结果如图3-13所示。

步骤5 裁剪曲线。在"常用"选项卡"修改"面板中单击"裁剪"按钮 ,在弹出的立即菜单中单击第1项,选择"快速裁剪"选项,然后依次单击多余的曲线,最后按"Esc"键终止执行"裁剪"命令。对于无法裁剪的曲线,可将其选中并按"Delete"键,结果如图3-14所示。

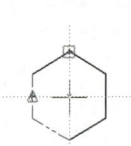 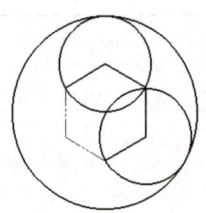 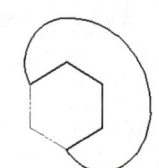

图3-12 捕捉正六边形的中心点　　图3-13 绘制圆　　图3-14 裁剪曲线(1)

步骤6 旋转图形。在"常用"选项卡"修改"面板中单击"旋转"按钮 ,在弹出的立即菜单中单击第1项,选择"给定角度"选项;单击第2项,选择"拷贝"选项。选择绘图区中的所有图形并右击,以指定旋转对象;按"F4"键,捕捉圆弧的圆心[见图3-15(a)]并单击,以指定参考点;输入"@67.5,3"并按"Enter"键,以指定旋转基点;输入"180"并按"Enter"键,结果如图3-15(b)所示。

步骤7 缩放图形。在"常用"选项卡"修改"面板中单击"缩放"按钮 ,在弹出的立即菜单中单击第1项,选择"平移"选项;单击第2项,选择"比例因子"选项。选择图3-15(b)右侧旋转复制得到的图形并右击,然后捕捉如图3-16(a)所示的圆心并单击,输入"0.8"并按"Enter"键,结果如图3-16(b)所示。

项目三 图形的编辑

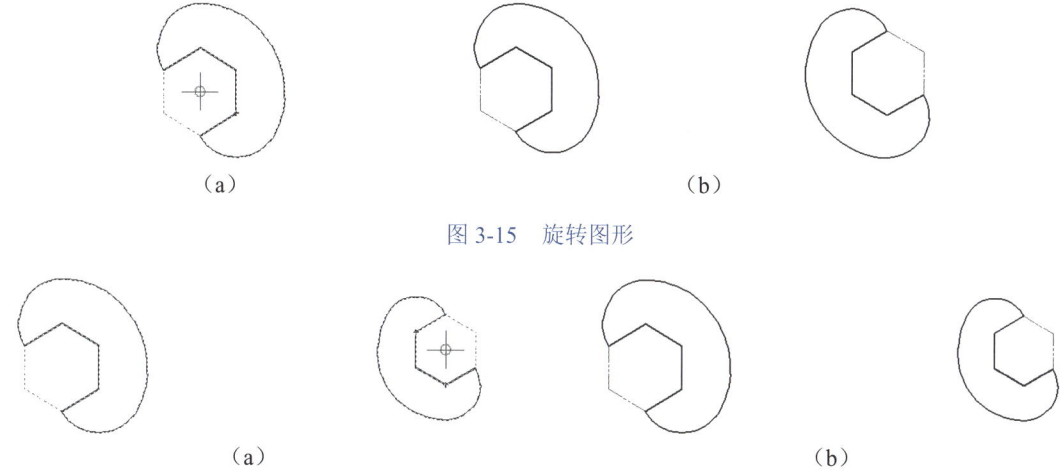

图 3-15 旋转图形

图 3-16 缩放图形

步骤 8 绘制中心线。在"常用"选项卡"特性"面板"图层"列表框中选择"中心线层"选项,然后在"常用"选项卡"绘图"面板中单击"直线"按钮,在弹出的立即菜单中单击第 1 项,选择"两点线"选项;单击第 2 项,选择"单根"选项,接着分别绘制竖直中心线和水平中心线,结果如图 3-17 所示。

步骤 9 绘制平行线。在"常用"选项卡"特性"面板"图层"列表框中选择"粗实线层"选项,然后在"常用"选项卡"绘图"面板中单击"平行线"按钮,在弹出的立即菜单中单击第 1 项,选择"偏移方式"选项;单击第 2 项,选择"双向"选项。单击图 3-17 中最下方的水平中心线,输入偏移距离"10"并按"Enter"键,结果如图 3-18 所示。

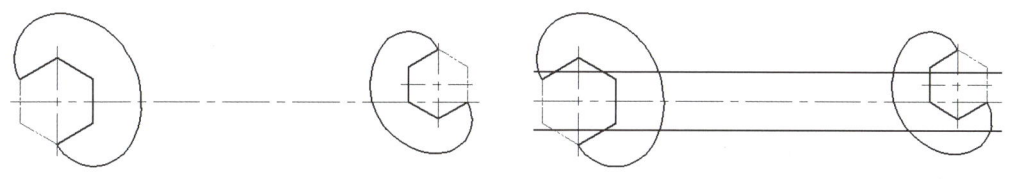

图 3-17 绘制中心线　　　　　图 3-18 绘制平行线

步骤 10 裁剪曲线。在"常用"选项卡"修改"面板中单击"裁剪"按钮,在弹出的立即菜单中单击第 1 项,选择"拾取边界"选项,然后单击半径为 30 mm 和 24 mm 的两段圆弧和在步骤 9 中绘制的两条平行线并右击,接着单击多余的曲线,结果如图 3-19 所示。

步骤 11 绘制圆角。在"常用"选项卡"修改"面板中单击"过渡"按钮,在弹出的立即菜单中单击第 1 项,选择"圆角"选项;单击第 2 项,选择"裁剪"选项;在第 3 项"半径"编辑框中输入"12"。在要绘制圆角的曲线上单击,然后按"Esc"键终止执行"过渡"命令。最后选择多余的曲线,按"Delete"键将其删除,结果如图 3-20 所示。

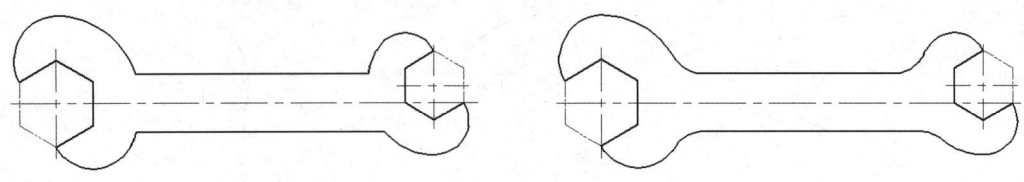

图 3-19　裁剪曲线（2）　　　　　　　　图 3-20　绘制圆角

步骤 12　保存文件。按快捷键"Ctrl+S"保存该文件。

任务二　复制、偏移、镜像、阵列对象

任务导入

使用"平移复制""等距线""镜像""阵列"等命令可以快速绘制与现有图形相同或相似的图形。小王在使用上述命令绘制图形的过程中，遇到了以下问题：

（1）使用"平移复制"命令复制一个正方形时，如何使复制得到的正方形的中心落于已有圆的圆心上？

（2）使用"等距线"命令绘制等距对象时，怎样操作才能同时在某条曲线的两侧绘制等距线？

（3）采用"曲线阵列"方式复制对象时，怎样操作才能使所选对象沿着某条曲线进行阵列？

学习本任务的相关知识后，请你帮助小王解开疑惑。

一、平移复制对象

使用"平移复制"命令可以按指定的距离、角度、大小、份数对所选对象进行复制。输入"CO"或"CP"并按"Enter"键，或者在"常用"选项卡"修改"面板中单击"平移复制"按钮，都可执行"平移复制"命令。在"平移复制"立即菜单中单击第 1 项，可选择平移复制对象的两种方式，即"给定两点"和"给定偏移"。采用这两种方式平移复制对象的操作方法与平移对象的操作方法基本相同，此处不再赘述。

提　示

选中要复制的对象后，按快捷键"Ctrl+C"和"Ctrl+V"，接着根据需要在立即菜单中进行设置，最后在绘图区合适位置单击，即可以所选对象的左下角点为基准复制图形。

二、绘制等距对象

使用"等距线"命令可以绘制所选对象（如直线、圆、圆弧、椭圆、多段线和样条）的等距线。输入"O"并按"Enter"键，或者在"常用"选项卡"修改"面板中单击"等距线"按钮，系统会弹出如图 3-21 所示的立即菜单。

1.单个拾取 · 2.指定距离 · 3.单向 · 4.空心 · 5.距离 5   6.份数 1   7.保留源对象 · 8.使用源对象属性 ·

图 3-21　"等距线"立即菜单（1）

在立即菜单第 1 项中若选择"单个拾取"选项，则只能绘制所选单个对象的等距线，如图 3-22（a）所示；若选择"链拾取"选项，则可绘制与所选对象首尾相连的对象的等距线，如图 3-22（b）所示。

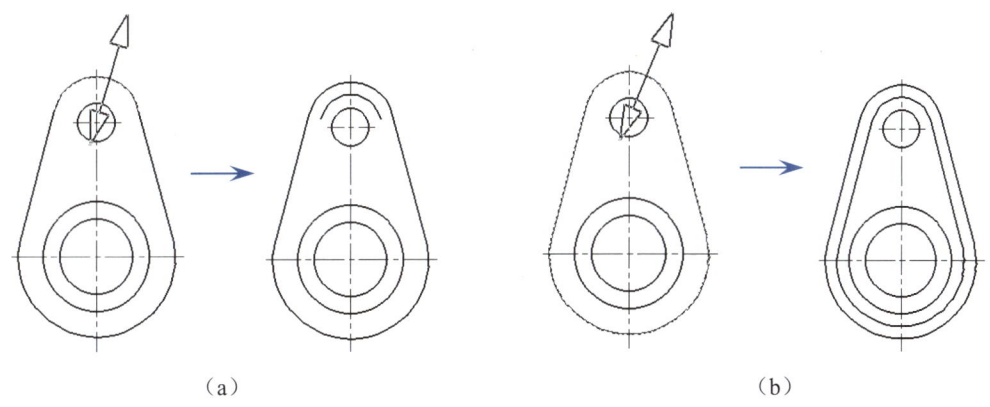

（a）　　　　　　　　　　　　　　　　（b）

图 3-22　绘制等距线

在立即菜单第 2 项中若选择"指定距离"选项，则可按指定的偏移方向和距离确定等距线的位置；若选择"过点方式"选项，则可过指定的点绘制等距线。

在立即菜单第 3 项中若选择"单向"选项，则只能在所选对象的一侧绘制等距线；若选择"双向"选项，则可在所选对象的两侧绘制等距线，如图 3-23 所示。

在立即菜单第 4 项中若选择"空心"选项，则只绘制等距线，不填充图案，如图 3-22（b）所示；若选择"实心"选项，则可绘制等距线并在其与原曲线之间填充图案，如图 3-24 所示。

立即菜单第 5 项用于设置等距线与原曲线的距离，第 6 项用于设置等距线的份数，第 7 项用于设置是否保留源对象，第 8 项用于设置是使用当前属性还是使用源对象属性。

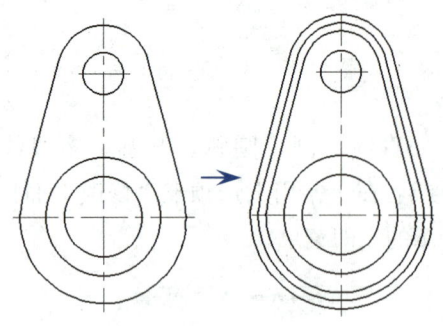
图 3-23 选择"双向"选项后绘制的等距线

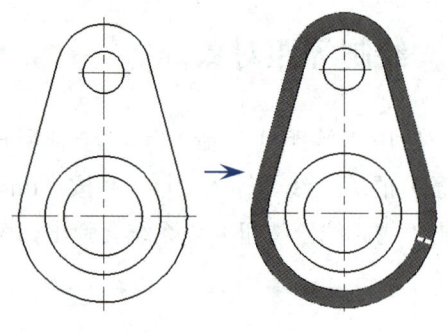
图 3-24 选择"实心"选项后绘制的等距线

> **课堂互动**
>
> 使用"等距线"命令绘制如图 3-25 所示的图形（不要求标注尺寸）。老师随机选择两名学生，请他们分享绘制该图形的具体操作步骤或描述遇到的问题，并为其解答。

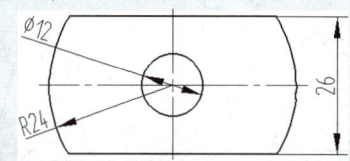

图 3-25 使用"等距线"命令绘制图形

三、镜像对象

使用"镜像"命令可以将所选对象以指定的轴线或两点间的连线为对称轴进行对称镜像或对称复制。输入"MI"并按"Enter"键，或者在"常用"选项卡"修改"面板中单击"镜像"按钮，都可执行"镜像"命令。

在"镜像"立即菜单中单击第 1 项，可选择"选择轴线"或"拾取两点"选项。若选择"选择轴线"选项，则在选择要镜像的对象后右击，再单击作为对称轴的直线，即可完成对称镜像或对称复制操作。若选择"拾取两点"选项，则在选择要镜像的对象后右击，再指定两点，系统将以这两点的连线作为对称轴进行对称镜像或对称复制。

> **课堂实例 3-4**
>
> 在图 3-26（a）的基础上，使用"镜像"命令绘制如图 3-26（b）所示的图形，操作步骤如下。
>
> **步骤 1** 打开文件。打开本书配套素材中的"素材"→"ch03"→"镜像对象.exb"文件。

步骤 2 采用"选择轴线"方式绘制图形。按"F6"键,将捕捉方式设为"导航"。在"常用"选项卡"修改"面板中单击"镜像"按钮,在弹出的立即菜单中单击第 1 项,选择"选择轴线"选项;单击第 2 项,选择"拷贝"选项。然后按照操作信息提示区中的提示进行操作:

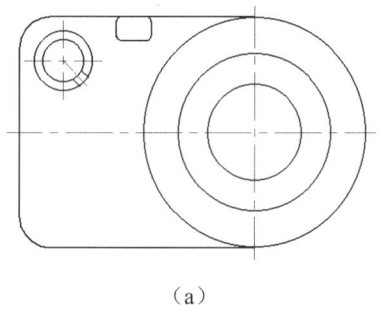 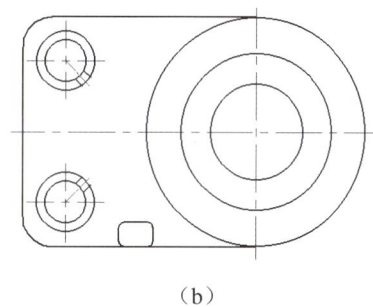

(a)   (b)

图 3-26   镜像图形

① 提示"拾取元素:",采用正选方式框选图 3-26(a)中图形左上角处的同心圆、3 条中心线和孔的轮廓线,然后右击。

② 提示"拾取轴线:",单击图形下方的水平中心线。

步骤 3 采用"拾取两点"方式绘制图形。按"Enter"键,重复执行"镜像"命令,在弹出的立即菜单中单击第 1 项,选择"拾取两点"选项;单击第 2 项,选择"镜像"选项。然后按照操作信息提示区中的提示进行操作:

① 提示"拾取元素:",采用正选方式框选图 3-26(a)中图形左上方的圆角矩形,然后右击。

② 提示"第一点:",捕捉图形下方水平中心线上的任意一点并单击。

③ 提示"第二点",移动光标,待出现水平导航线时单击,结果如图 3-26(b)所示。

四、阵列对象

阵列对象是指将所选对象按照一定数量、角度、距离或路径进行复制,以生成多个副本的操作。输入"AR"并按"Enter"键,或者在"常用"选项卡"修改"面板中单击"阵列"按钮,都可执行"阵列"命令。在"阵列"立即菜单中单击第 1 项,可选择阵列对象的 3 种方式,即"矩形阵列""圆形阵列"和"曲线阵列"。

(一)矩形阵列

采用"矩形阵列"方式可使所选对象按照指定的行数、列数、行间距、列间距、旋转角度进行复制。

CAXA CAD 电子图板工程制图案例教程

课堂实例 3-5

采用"矩形阵列"方式绘制如图 3-27 所示的图形（不要求标注尺寸），操作步骤如下。

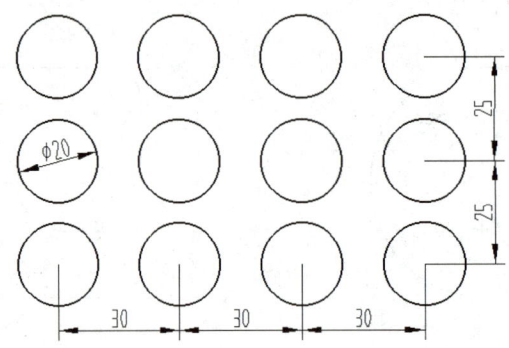

图 3-27 采用"矩形阵列"方式绘制图形

步骤 1 在"常用"选项卡"绘图"面板中单击"圆"按钮⊙，然后在绘图区绘制一个直径为 20 mm 的圆。

步骤 2 在"常用"选项卡"修改"面板中单击"阵列"按钮田，在弹出的立即菜单中单击第 1 项，选择"矩形阵列"选项，其他几项的设置如图 3-28 所示。

1.矩形阵列 ▼ 2.行数 3 3.行间距 25 4.列数 4 5.列间距 30 6.旋转角 0

图 3-28 "阵列"立即菜单（1）

步骤 3 选择在步骤 1 中绘制的圆并右击，结果如图 3-27 所示。

（二）圆形阵列

在"阵列"立即菜单第 1 项中选择"圆形阵列"选项，这时若在对应的立即菜单第 3 项中选择"均布"选项，在第 4 项"份数"编辑框中输入阵列的份数，则可在 360°范围内，按指定的份数进行阵列复制；若在立即菜单第 3 项中选择"给定夹角"选项，在第 4 项"相邻夹角"编辑框和第 5 项"阵列填角"编辑框中输入角度值，然后指定中心点和基点，则可按指定的相邻对象间的夹角和"阵列填角"编辑框中的数值进行阵列复制。

课堂实例 3-6

在图 3-29（a）的基础上，采用"圆形阵列"方式绘制如图 3-29（b）所示的图形，操作步骤如下。

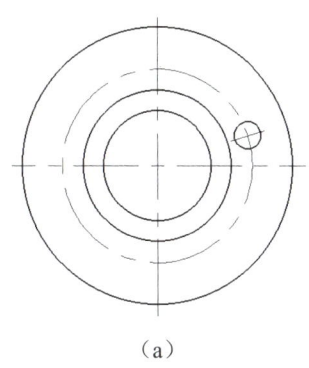
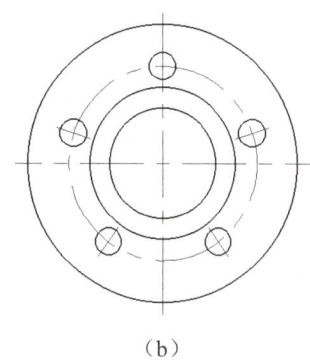

（a）　　　　　　　　　　　（b）

图 3-29　采用"圆形阵列"方式绘制图形

步骤 1　打开本书配套素材中的"素材与实例"→"ch03"→"圆形阵列.exb"文件。

步骤 2　在"常用"选项卡"修改"面板中单击"阵列"按钮，在弹出的立即菜单中单击第 1 项，选择"圆形阵列"选项，其他几项的设置如图 3-30 所示。

图 3-30　"阵列"立即菜单（2）

步骤 3　按照操作信息提示区中的提示进行操作：

① 提示"拾取元素："，选择小圆及其中心线（直线）并右击，以指定阵列对象。

② 提示"中心点："，捕捉同心圆的圆心并单击，结果如图 3-29（b）所示。

提示

在此课堂实例中，若在立即菜单中单击第 2 项，选择"不旋转"选项；单击第 3 项，选择"给定夹角"选项；在第 4 项"相邻夹角"编辑框中输入"72"；在第 5 项"阵列填角"编辑框中输入"360"。然后选择小圆及其中心线（直线）作为阵列对象，接着选择同心圆的圆心作为圆形阵列的中心点，最后选择小圆的圆心作为基点，则得到的阵列结果如图 3-31 所示。

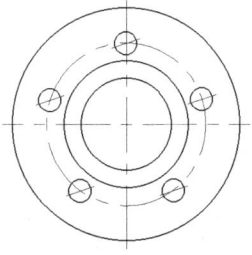

图 3-31　阵列结果

（三）曲线阵列

采用"曲线阵列"方式可使所选对象沿一条或多条首尾相连的曲线生成均布的副本。执行"阵列"命令，在立即菜单第 1 项中选择"曲线阵列"选项后，在第 2 项中若选择"单个拾取母线"选项，则只能指定一条曲线（如直线、圆、圆弧、椭圆、样条、多段线）作为母线；若选择"链拾取母线"选项，则在某条曲线上单击后，系统会将该曲线及与其相连的其他曲线作为母线；若选择"指定母线"选项，则可通过绘制曲线指定母线。

在"阵列"立即菜单第 3 项中若选择"不旋转"选项，则生成的副本与源对象完全相同；若选择"旋转"选项，则生成的副本的姿态将随着母线曲率的变化而变化。

课堂实例 3-7

在图 3-32（a）的基础上，使用"曲线阵列"命令绘制如图 3-32（b）所示的图形，操作步骤如下。

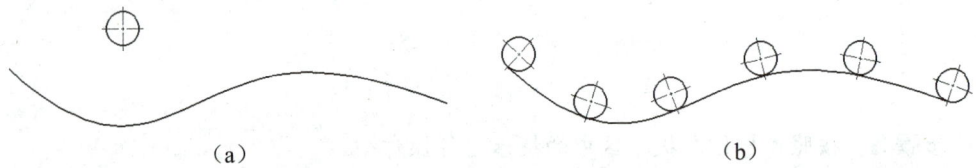

图 3-32 使用"曲线阵列"命令绘制图形

步骤 1 打开本书配套素材中的"素材与实例"→"ch03"→"曲线阵列.exb"文件。

步骤 2 在"常用"选项卡"修改"面板中单击"阵列"按钮，在弹出的立即菜单中单击第 1 项，选择"曲线阵列"选项，其他几项的设置如图 3-33 所示。

图 3-33 "阵列"立即菜单（3）

步骤 3 按照操作信息提示区中的提示进行操作：

① 提示"拾取元素："，选择圆及其中心线并右击，以指定阵列对象。

② 提示"基点："，捕捉圆最下方的象限点并单击。

③ 提示"拾取母线"，单击样条。

④ 提示"请拾取所需的方向："，在样条上方任意位置单击，结果如图 3-32（b）所示。

课堂互动

打开本书配套素材中的"素材与实例"→"ch03"→"曲线阵列.exb"文件，通过阵列小圆及其中心线，讨论图 3-33"阵列"立即菜单第 4 项中"份数"和"间距"选项的功能。

项目三　图形的编辑

任务实施——绘制齿轮泵泵盖

下面将通过绘制如图 3-34 所示的齿轮泵泵盖（不要求标注尺寸），继续学习"镜像""阵列"等命令的使用方法。

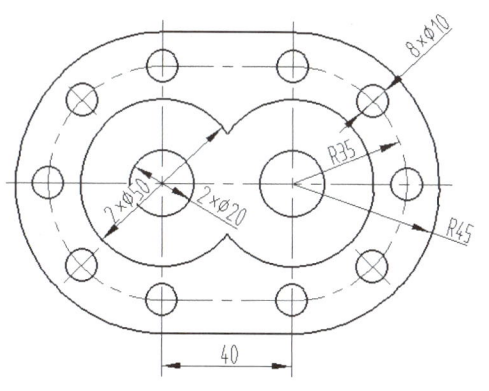

绘制齿轮泵泵盖

图 3-34　齿轮泵泵盖

绘图思路

通过观察可知，齿轮泵泵盖左右对称，因此可以先绘制左半部分图形，然后使用"镜像"命令绘制右半部分图形，接着绘制最外侧的两条切线并剪掉多余的曲线，最后绘制中心线。在绘制左半部分图形时，可使用"阵列"命令绘制阵列圆。

绘图步骤

步骤 1　绘制同心圆。打开 CAXA CAD 电子图板，新建文件。在"常用"选项卡"绘图"面板中单击"圆"按钮⊙，在弹出的立即菜单中单击第 1 项，选择"圆心_半径"选项；单击第 2 项，选择"直径"选项；单击第 3 项，选择"无中心线"选项。在绘图区任意位置单击，以指定圆心；依次输入"20""50""90"并按"Enter"键，以绘制直径为 20 mm、50 mm 和 90 mm 的圆。最后按"Enter"键，结束"圆"命令。

步骤 2　绘制小圆。按"Enter"键，重复执行"圆"命令。按"F6"键，将捕捉方式设为"导航"。捕捉同心圆的圆心并向上移动光标，待出现竖直导航线时输入"35"并按"Enter"键，以指定小圆圆心的位置；输入"10"并按"Enter"键，以绘制直径为 10 mm 的小圆。最后按"Enter"键，结束"圆"命令，结果如图 3-35 所示。

步骤 3　绘制阵列圆。在"常用"选项卡"修改"面板中单击"阵列"按钮▦，在弹出的立即菜单中单击第 1 项，选择"圆形阵列"选项；单击第 2 项，选择"不旋转"选项；单击第 3 项，选择"给定夹角"选项；在第 4 项"相邻夹角"编辑框中输入"45"；在第 5 项"阵列填角"编辑框中输入"180"。选择小圆并右击，将其作为阵列对象，然后单击同心圆的圆心，将其作为阵列中心点，接着单击小圆的圆心，将其作为基点，结果如图 3-36 所示。

89

> **提示**
>
> 采用"圆形阵列"方式阵列对象时,除了在"相邻夹角"编辑框中直接输入相邻对象间的夹角值外,还可以输入算式,如输入"180/4",系统会自动计算出夹角值。

步骤 4 绘制镜像图形。在"常用"选项卡"修改"面板中单击"镜像"按钮,在弹出的立即菜单中单击第 1 项,选择"拾取两点"选项;单击第 2 项,选择"拷贝"选项。选中绘图区中的所有图形并右击,捕捉同心圆的圆心后向右移动光标,待出现水平导航线时输入"20"并按"Enter"键;向上或向下移动光标,待出现竖直导航线时单击,结果如图 3-37 所示。

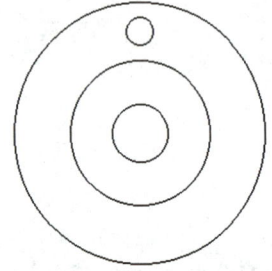
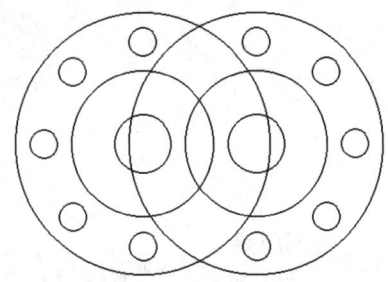

图 3-35 绘制小圆　　　图 3-36 绘制阵列圆　　　图 3-37 绘制镜像图形(1)

步骤 5 绘制切线。在"常用"选项卡"绘图"面板中单击"直线"按钮,在弹出的立即菜单中单击第 1 项,选择"两点线"选项;单击第 2 项,选择"单根"选项,绘制如图 3-38 所示的两条切线。最后按"Enter"键,结束"直线"命令。

步骤 6 裁剪曲线。在"常用"选项卡"修改"面板中单击"裁剪"按钮,在立即菜单中单击第 1 项,选择"拾取边界"选项,然后选择两条切线并右击,接着单击两个大圆上需要裁剪的部分;在立即菜单中单击第 1 项,选择"快速裁剪"选项,然后单击要剪掉的曲线,最后按"Esc"键终止执行"裁剪"命令,结果如图 3-39 所示。

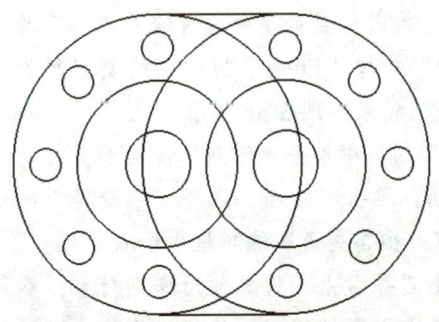
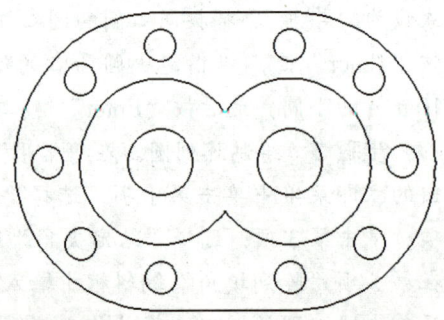

图 3-38 绘制切线　　　　　　　　　图 3-39 裁剪曲线(1)

步骤 7 绘制等距线。在"常用"选项卡"特性"面板"图层"列表框中选择"中心线层"选项。在"常用"选项卡"修改"面板中单击"等距线"按钮，按图 3-40 设置立即菜单，在最外侧轮廓线上单击，并在其内侧单击，右击，结果如图 3-41 所示。

图 3-40 "等距线"立即菜单（2）

步骤 8 绘制中心线。在"常用"选项卡"绘图"面板中单击"直线"按钮，然后分别绘制水平中心线和竖直中心线。将增量角设为 45°，然后绘制如图 3-42 所示的小圆 1 的中心线（直线）。

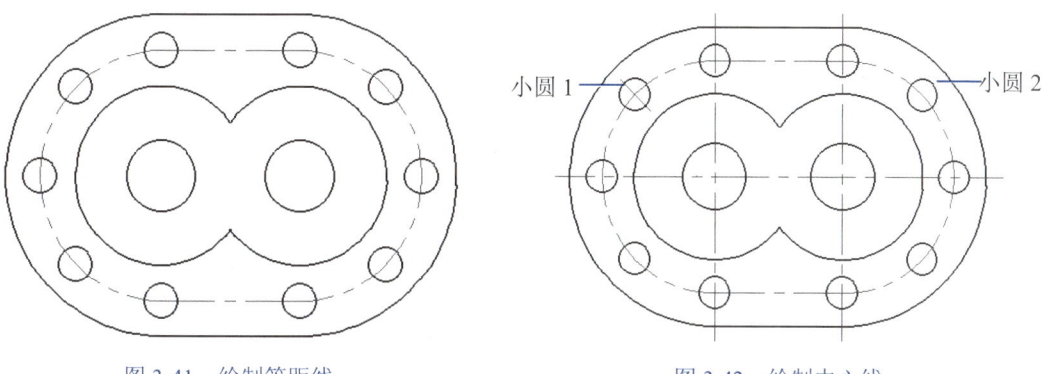

图 3-41 绘制等距线

图 3-42 绘制中心线

步骤 9 绘制镜像图形。在"常用"选项卡"修改"面板中单击"镜像"按钮，选中图 3-42 中小圆 1 的中心线（直线）并右击，捕捉直径为 50 mm 的两个圆弧的交点并单击，结果如图 3-43（a）所示。按"Enter"键，重复执行"镜像"命令，选中小圆 1 和小圆 2 的中心线（两条直线）并右击，捕捉直径为 20 mm 的两个圆的圆心并单击，结果如图 3-43（b）所示。

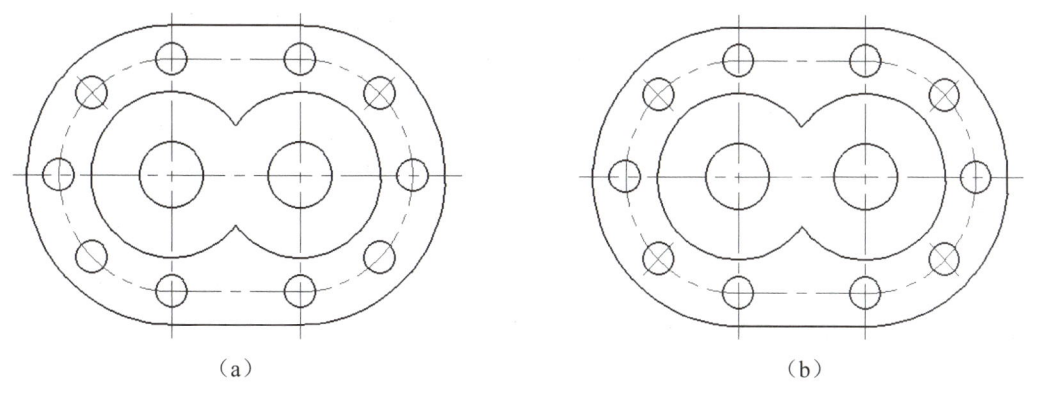

(a)   (b)

图 3-43 绘制镜像图形（2）

步骤 10 保存文件。按快捷键"Ctrl+S"保存该文件。

任务实施——绘制槽轮

下面将通过绘制如图 3-44 所示的槽轮（不要求标注尺寸），继续学习"裁剪""阵列"等命令的使用方法。

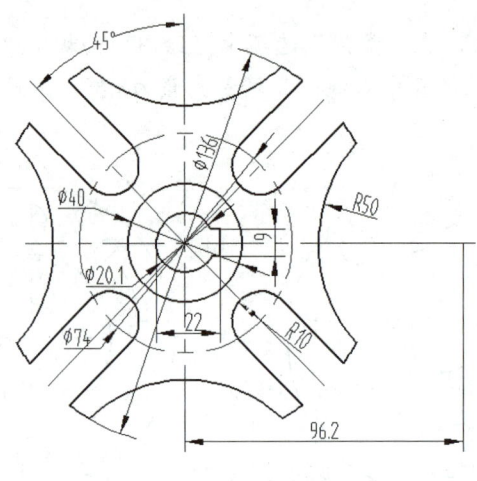

绘制槽轮

图 3-44　槽轮

绘图思路

该槽轮的外轮廓由 4 段圆弧和 4 个带圆弧的槽形孔组成，因此可以先绘制其中的一段圆弧和一个槽形孔，然后使用"阵列"命令进行复制。

绘图步骤

步骤 1　绘制同心圆。打开 CAXA CAD 电子图板，新建文件。在"常用"选项卡"绘图"面板中单击"圆"按钮 ⊙，在弹出的立即菜单中单击第 1 项，选择"圆心_半径"选项；单击第 2 项，选择"直径"选项；单击第 3 项，选择"无中心线"选项。在绘图区任意位置单击，以指定圆心；输入"20""40""74""136"并分别按"Enter"键，以绘制直径为 20 mm、40 mm、74 mm 和 136 mm 的圆。最后按"Enter"键，结束"圆"命令。

步骤 2　绘制直线。按"F6"键，将捕捉方式设为"导航"，并将增量角设为 45°。在"常用"选项卡"绘图"面板中单击"直线"按钮 ✎，在弹出的立即菜单中单击第 1 项，选择"两点线"选项；单击第 2 项，选择"单根"选项。捕捉同心圆的圆心并单击，然后沿着 45°导航线移动光标，待最外侧的圆周上出现交点标记时单击，最后按"Enter"键，结果如图 3-45 所示。

步骤 3　为曲线重新指定图层。选择直径为 74 mm 的圆和 45°斜线，在"常用"选项卡"特性"面板"图层"列表框中选择"中心线层"选项，最后按"Esc"键，结束对象的选择状态，结果如图 3-46 所示。

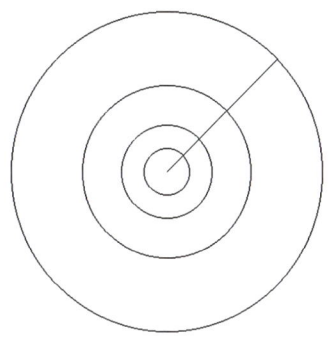
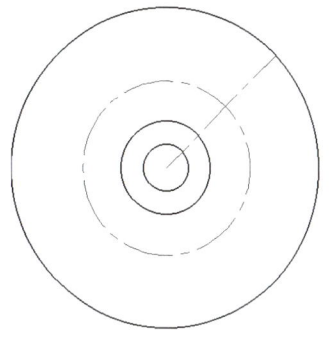

　　图 3-45　绘制直线　　　　　　　　　　　图 3-46　为曲线重新指定图层

步骤 4　绘制矩形。在"常用"选项卡"绘图"面板中单击"矩形"按钮▭，在弹出的立即菜单中单击第 1 项，选择"长度和宽度"选项；单击第 2 项，选择"左边中点"选项，其他几项的设置如图 3-47 所示。捕捉两条中心线的交点并单击，结果如图 3-48 所示。

图 3-47　"矩形"立即菜单

> 提　示
>
> 在图 3-47"矩形"立即菜单"长度"编辑框中输入的值并不唯一，大于 31 即可。

步骤 5　绘制圆弧。在"常用"选项卡"绘图"面板中单击"圆弧"按钮⌒，在弹出的立即菜单中单击第 1 项，选择"两点_半径"选项，然后依次单击矩形左侧的两个端点，接着向左移动光标，输入"10"并按"Enter"键，结果如图 3-49 所示。

步骤 6　分解矩形并删除直线。选择矩形，然后右击，在弹出的快捷菜单中选择"分解"菜单项。选择圆弧的直径，然后按"Delete"键将其删除，结果如图 3-50 所示。

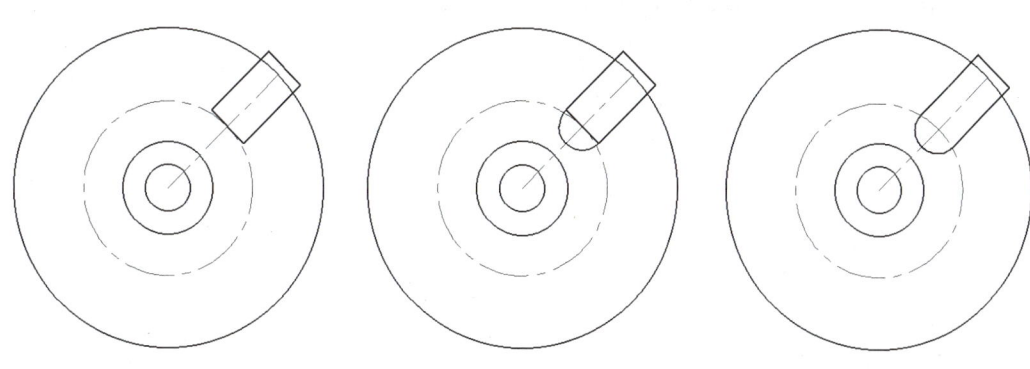

图 3-48　绘制矩形（1）　　　　图 3-49　绘制圆弧　　　　图 3-50　分解矩形并删除直线

步骤 7　绘制圆。在"常用"选项卡"绘图"面板中单击"圆"按钮⊙，捕捉同心圆的圆心，然后水平向右移动光标，输入"96.2"并按"Enter"键，以指定圆心，输入

"100"并按两次"Enter"键,结果如图3-51所示。

步骤8 裁剪曲线。在"常用"选项卡"修改"面板中单击"裁剪"按钮,在弹出的立即菜单中单击第1项,选择"快速裁剪"选项,然后单击要剪掉的曲线,最后按"Esc"键终止执行"裁剪"命令。选择无法裁剪的曲线,按"Delete"键将其删除,结果如图3-52所示。

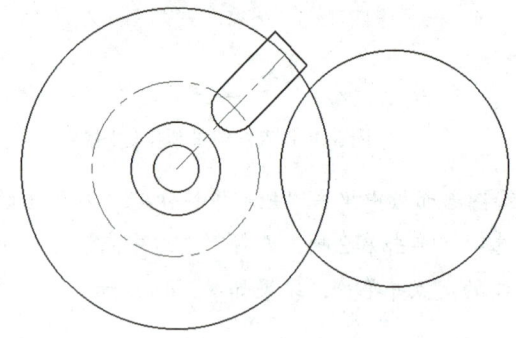
图3-51 绘制圆

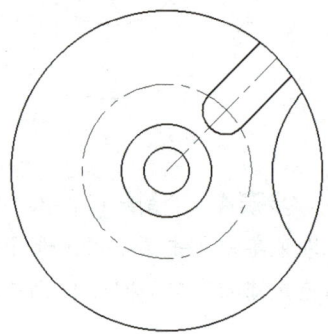
图3-52 裁剪曲线(1)

步骤9 绘制阵列图形。在"常用"选项卡"修改"面板中单击"阵列"按钮,在弹出的立即菜单中单击第1项,选择"圆形阵列"选项;单击第2项,选择"旋转"选项;单击第3项,选择"均布"选项;在第4项"份数"编辑框中输入"4"。选择绘图区中的圆弧、带圆弧的槽形孔和45°斜线并右击,然后捕捉同心圆的圆心并单击,结果如图3-53所示。

步骤10 裁剪曲线。在"常用"选项卡"修改"面板中单击"裁剪"按钮,然后单击要剪掉的曲线,最后按"Esc"键终止执行"裁剪"命令,结果如图3-54所示。

步骤11 绘制中心线。在"常用"选项卡"特性"面板"图层"列表框中选择"中心线层"选项,然后在"常用"选项卡"绘图"面板中单击"直线"按钮,接着绘制水平中心线和竖直中心线,最后按"Enter"键,结束"直线"命令,结果如图3-55所示。

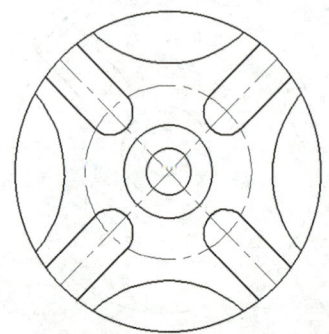
图3-53 绘制阵列图形

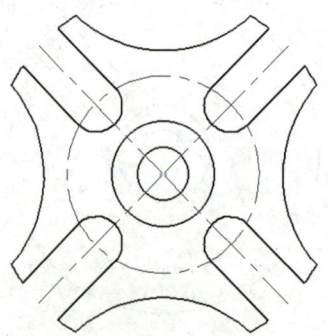
图3-54 裁剪曲线(2)

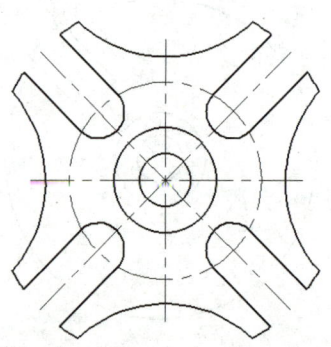
图3-55 绘制中心线

步骤12 绘制矩形。在"常用"选项卡"特性"面板"图层"列表框中选择"粗实线层"选项,然后在"常用"选项卡"绘图"面板中单击"矩形"按钮,在弹出的立即菜单第 3 项"角度"编辑框中输入"0",在第 4 项"长度"编辑框中输入"22",在第 5 项"宽度"编辑框中输入"9",其他几项的设置不变。单击直径为 20 mm 的圆的左侧的象限点,结果如图 3-56 所示。

步骤 13 裁剪曲线。在"常用"选项卡"修改"面板中单击"裁剪"按钮，然后单击轮毂处不需要的曲线,接着按"Esc"键终止执行"裁剪"命令。最后选中多余的曲线,按"Delete"键将其删除,结果如图 3-57 所示。

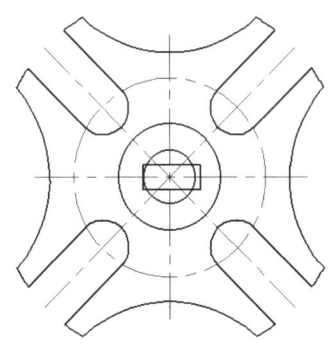

图 3-56 绘制矩形（2）

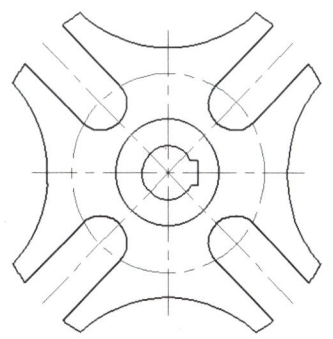

图 3-57 裁剪曲线（3）

步骤 14 保存文件。按快捷键"Ctrl+S"保存该文件。

任务三 过渡、打断、拉伸、延伸对象

任务导入

在绘制图形的过程中,经常需要编辑对象,如在两相邻对象间绘制相切圆弧或任意尺寸和角度的倒角线,将对象从某处断开或沿某个方向拉长,等等。在绘图的过程中,小王发现：

（1）要在两个对象间绘制相切圆弧,使用"圆角"命令比使用圆弧类命令更加方便,并且在使用"圆角"命令绘制圆弧的过程中,还可以根据需要确定是否裁剪对象上的多余部分。

（2）除了使用"直线"命令绘制任意尺寸和角度的倒角线外,使用"倒角"命令也可以绘制倒角线,并且在使用"倒角"命令绘制倒角线的过程中,还可以根据需要确定是否裁剪对象上的多余部分。

（3）要将对象沿任意方向拉长,可使用"拉伸"或"延伸"命令。

学习本任务的相关知识后,请你说说小王的这些发现中哪些是错误的。

一、过渡对象

在"常用"选项卡"修改"面板中单击"过渡"按钮□,然后在"过渡"立即菜单中单击第1项,在弹出的下拉列表(见图3-58)中选择所需选项,或者在"常用"选项卡"绘图"面板中单击"过渡"按钮□右侧的按钮,选择如图3-59所示的下拉列表中的选项,都可以对两条曲线的连接处进行圆角过渡、多圆角过渡、倒角过渡、多倒角过渡、内倒角过渡、外倒角过渡、尖角过渡等7种过渡操作。下面主要介绍圆角过渡、倒角过渡、内倒角过渡、外倒角过渡和尖角过渡。

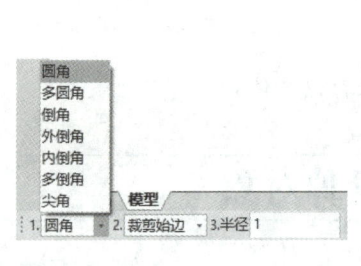

图 3-58 "过渡"下拉列表(1)

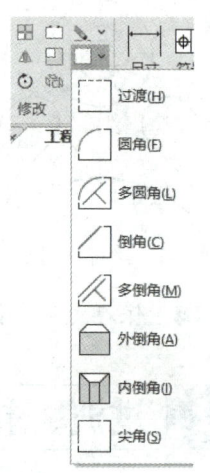

图 3-59 "过渡"下拉列表(2)

(一)圆角过渡

输入"F"并按"Enter"键,或者在"过渡"立即菜单中单击第1项,选择"圆角"选项,然后选择两条类型相同或不同的曲线,可在两者间按指定的半径绘制一段圆弧,并且使该圆弧与两条曲线相切。例如,在对如图3-60(a)所示的两条直线的连接处倒圆角时,在"过渡"立即菜单第1项中选择"圆角"选项,在第2项中若选择"不裁剪"选项,则倒圆角后,原直线不被裁剪,如图3-60(b)所示;若选择"裁剪"选项,则倒圆角后,所选的两条直线的多余部分被剪掉,如图3-60(c)所示;若选择"裁剪始边"选项,则倒圆角后,只有起始边(选择的第一条直线)的多余部分被剪掉,如图3-60(d)和图3-60(e)所示。

(a)

(b)

(c)

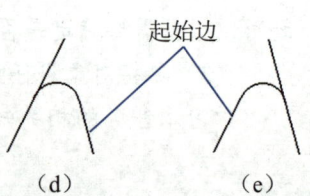
(d)   (e)

图 3-60 采用不同裁剪方式倒圆角

项目三　图形的编辑

课堂实例　3-8

在图 3-61（a）的基础上，使用"圆角"命令绘制如图 3-61（b）所示的图形（圆角半径为 3 mm），操作步骤如下。

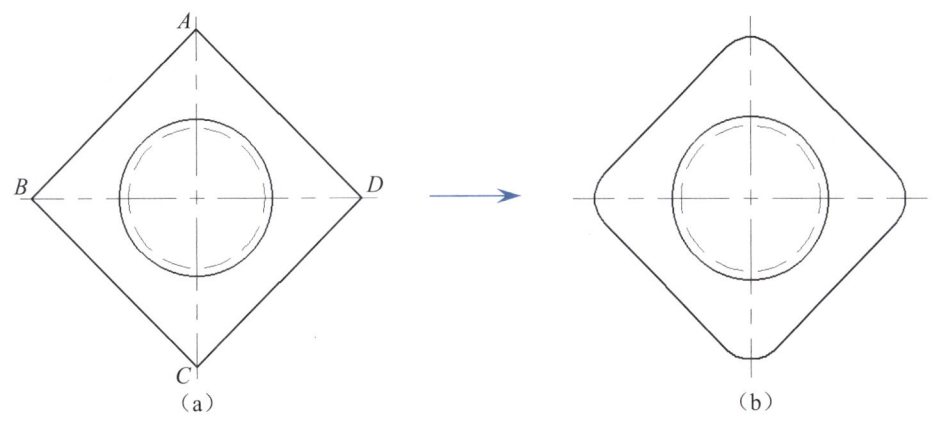

图 3-61　使用"圆角"命令绘制图形

步骤 1　打开本书配套素材中的"素材与实例"→"ch03"→"圆角.exb"文件。

步骤 2　在"常用"选项卡"修改"面板中单击"过渡"按钮，在"过渡"立即菜单中单击第 1 项，选择"圆角"选项；单击第 2 项，选择"裁剪"选项；在第 3 项"半径"编辑框中输入"3"。

步骤 3　依次选择直线 AB 和 BC、BC 和 CD、CD 和 AD、AD 和 AB，然后右击，结果如图 3-61（b）所示。

提　示

若在"过渡"立即菜单中单击第 1 项，选择"多圆角"选项，在第 2 项"半径"编辑框中输入"3"，则在图 3-61（a）中首尾相连的直线上的任意位置单击，即可绘制出如图 3-61（b）所示的图形。

（二）倒角过渡

输入"CHA"并按"Enter"键，或者在"过渡"立即菜单中单击第 1 项，选择"倒角"选项，即可对两条不平行的直线进行倒角。需要倒角的两条直线若相交，则在选择这两条直线后，系统会立即倒角，如图 3-62（a）所示；若没有相交，则在选择这两条直线后，系统会将其延伸，而后进行倒角，如图 3-62（b）所示。

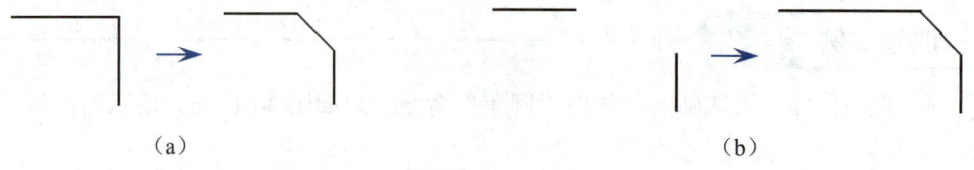

图 3-62 绘制倒角线

在"过渡"立即菜单第 1 项中选择"倒角"选项，然后单击第 2 项，可选择绘制倒角线的两种方式，即"长度和宽度方式"和"长度和角度方式"。

选择不同的选项时，倒角的具体操作如下：

（1）"长度和宽度方式"选项。选择该选项后，依次单击要倒角的直线，系统会从两直线的交点开始，对所拾取的第 1 条直线按立即菜单"长度"编辑框中的数值进行裁剪，对所拾取的第 2 条直线按立即菜单"宽度"编辑框中的数值进行裁剪，从而绘制出一条倒角线。

（2）"长度和角度方式"选项。选择该选项后，依次单击要倒角的直线，系统会从两直线的交点开始，对所拾取的第 1 条直线按立即菜单"长度"编辑框中的数值进行裁剪，并绘制出一条与所拾取的第 1 条直线具有一定夹角（其范围是 0°～180°，数值与"角度"编辑框中的相同）的倒角线。

课堂实例 3-9

在图 3-63（a）的基础上，使用"倒角"命令绘制如图 3-63（b）所示的图形（不要求标注尺寸），操作步骤如下。

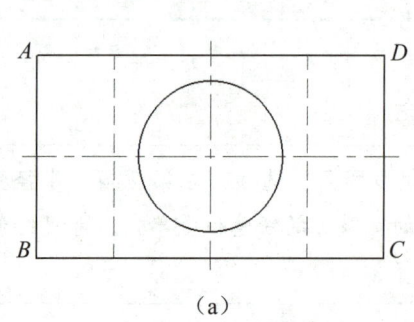 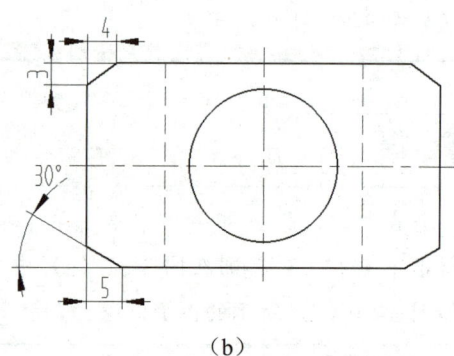

图 3-63 使用"倒角"命令绘制图形

步骤 1 打开本书配套素材中的"素材与实例"→"ch03"→"倒角.exb"文件。

步骤 2 在"常用"选项卡"修改"面板中单击"过渡"按钮，在弹出的立即菜单中单击第 1 项，选择"倒角"选项；单击第 2 项，选择"长度和宽度方式"选项，其他几项的设置如图 3-64 所示。

步骤 3 依次单击直线 AD 和 AB，完成第 1 条倒角线的绘制；继续单击直线 AD 和 DC，完成第 2 条倒角线的绘制。

步骤 4 在立即菜单中单击第 2 项，选择"长度和角度方式"选项，其他几项的设置如图 3-65 所示。

图 3-65 "过渡"立即菜单（2）

步骤 5 依次单击直线 BC 和 AB，完成第 3 条倒角线的绘制；继续单击直线 BC 和 CD，完成第 4 条倒角线的绘制，右击，结果如图 3-63（b）所示。

提 示

若在"过渡"立即菜单中单击第 1 项，选择"多倒角"选项，在第 2 项"长度"编辑框中输入长度值，在第 3 项"倒角"编辑框中输入角度值，然后在首尾相连的直线上的任意位置单击，则可一次性绘制出多条倒角线。

（三）内倒角过渡

在"过渡"立即菜单中单击第 1 项，选择"内倒角"选项，便可将一对平行线及其垂线分别作为两条母线和端面线进行倒角，如图 3-66 所示；单击第 2 项，可选择"长度和宽度方式"或"长度和角度方式"选项。使用"内倒角"命令进行倒角的操作与使用"倒角"命令进行倒角的操作相似，此处不再赘述。

（四）外倒角过渡

在"过渡"立即菜单中单击第 1 项，选择"外倒角"选项，便可将一对平行线及其垂线分别作为两条母线和端面线进行倒角，如图 3-67 所示。

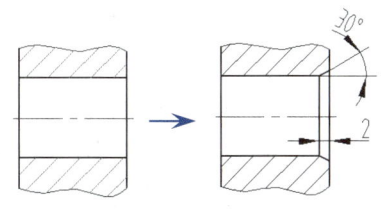

图 3-66 使用"内倒角"命令进行倒角

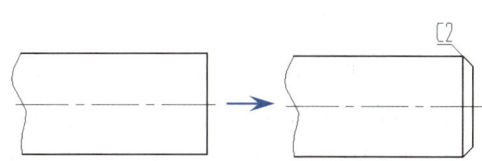

图 3-67 使用"外倒角"命令进行倒角

课堂互动

打开本书配套素材中的"素材与实例"→"ch03"→"编辑图形.exb"文件，在如图 3-68（a）所示的图形的基础上绘制如图 3-68（b）所示的图形（不要求标注尺寸）。老师随机选择两名学生，请他们分享自己所使用的命令和具体的操作步骤。

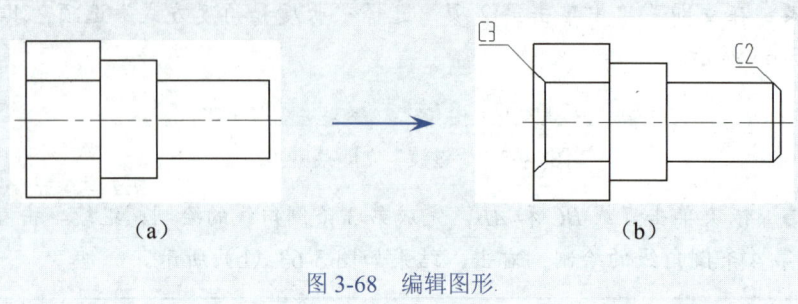

图 3-68　编辑图形

（五）尖角过渡

在"过渡"立即菜单中单击第 1 项，选择"尖角"选项，即可在两条曲线（如直线、圆弧、圆等）间进行尖角过渡。若两条曲线相交，则系统会以交点为界，将多余部分剪掉，且单击曲线上的位置不同，得到的结果也不同，如图 3-69 所示。若两条曲线没有相交，则系统会将两条曲线延伸至交点处，如图 3-70 所示。

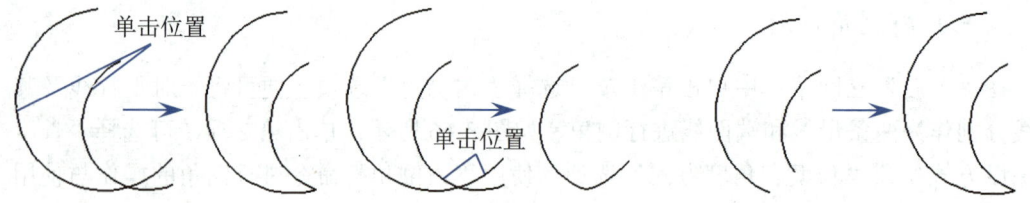

图 3-69　单击的位置不同时的尖角过渡结果　　图 3-70　未相交曲线的尖角过渡结果

二、打断对象

在"常用"选项卡"修改"面板中单击"打断"按钮，系统会弹出"打断"立即菜单。在此立即菜单中单击第 1 项，可选择打断的两种方式，即"一点打断"和"两点打断"。

选择不同的选项时，打断对象的具体操作如下：

（1）"一点打断"选项。选择该选项后，拾取一条待打断的曲线，再单击打断点，该曲线即可在该点处被打断。此时，打断后的曲线与打断前看起来并没有区别，但实际上原来的曲线已经由一条变为两条不相干的曲线，选中其中的一段后，可通过夹点来分辨，如图 3-71 所示。

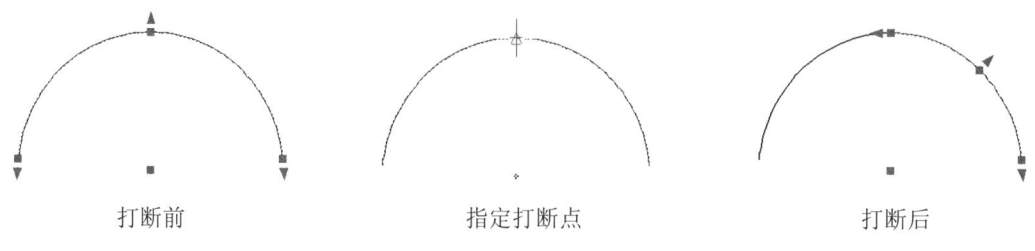

图 3-71　采用"一点打断"方式打断对象

（2）"两点打断"选项。选择该选项后，在弹出的立即菜单第 2 项中若选择"伴随拾取点"选项，然后拾取待打断的曲线，系统会将拾取曲线时的单击位置作为第 1 个打断点，接着拾取曲线上的另一个点，系统会将其作为第 2 个打断点；若选择"单独拾取点"选项，则在拾取待打断的曲线后，分别拾取两个打断点，即可打断曲线，并且系统会将这两个打断点间的曲线删掉，如图 3-72（a）所示。如果被打断的曲线为封闭曲线，则被删除的曲线为从第 1 个打断点以逆时针方向指向第 2 个打断点的那部分，如图 3-72（b）所示。

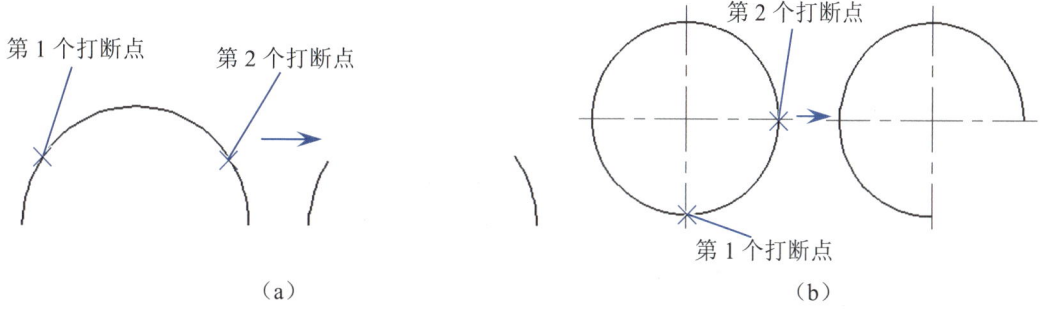

图 3-72　采用"两点打断"方式打断对象

提　示

打断对象时，最好在曲线上拾取点。当在曲线外拾取点时，若打断的为直线，则系统会从拾取点向该直线作垂线，并将垂足点作为打断点；若打断的为圆弧或圆，则系统会用直线连接拾取点与圆心，并将该直线与圆弧的交点作为打断点。

三、拉伸对象

输入"S"并按"Enter"键，或者在"常用"选项卡"修改"面板中单击"拉伸"按钮，均可执行"拉伸"命令。使用"拉伸"命令可对单条曲线或多条曲线进行拉伸。

（一）对单条曲线进行拉伸

对单条曲线进行拉伸时，只能采用"单个拾取"方式选择要拉伸的对象。

当被拉伸的对象为直线时，在如图3-73（a）所示的立即菜单第2项中若选择"任意拉伸"选项，则通过移动光标，或采用输入点的坐标的方式指定直线的长度和角度，即可将该直线沿任意角度拉伸；若选择"轴向拉伸"选项，则对应的立即菜单如图3-73（b）所示，此时只能将被拉伸的直线沿其原方向进行拉伸。在图3-73（b）的立即菜单第3项中若选择"点方式"选项，可通过移动光标并单击，或者采用输入直线的长度值的方式拉伸直线；若选择"长度方式"选项，可通过输入直线的长度值或要拉长的尺寸值拉伸直线。

当被拉伸的对象为圆弧时，在如图3-73（c）所示的立即菜单第2项中若选择"弧长拉伸"或"角度拉伸"选项，则在拉伸后，圆弧的圆心和半径不变，圆心角改变；若选择"半径拉伸"选项，则在拉伸后，圆弧的圆心和圆心角不变，半径改变；若选择"自由拉伸"选项，则在拉伸后，圆弧的圆心、半径和圆心角都会改变。

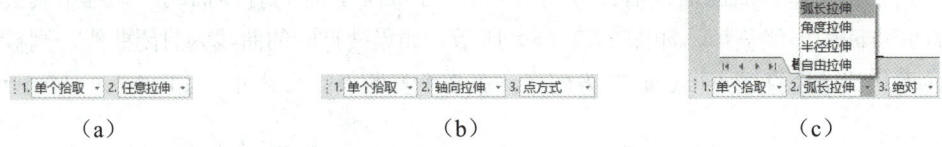

图3-73 "拉伸"立即菜单（1）

（二）对多条曲线进行拉伸

对多条曲线进行拉伸时，可采用"窗口拾取"方式选择要拉伸的对象。执行"拉伸"命令并按图3-74设置好立即菜单后，从右向左依次指定两个对角点并右击，接着输入偏移量或单击位置点，即可对由两个对角点构成的选择框内的对象进行拉伸。若对象完全包含在选择框内，则其只会被移动，而不会被拉伸。

图3-74 "拉伸"立即菜单（2）

课堂实例 3-10

在图3-75（a）的基础上，使用"拉伸"命令使图形一侧的长度增加8 mm，绘制结果如图3-75（b）所示，操作步骤如下。

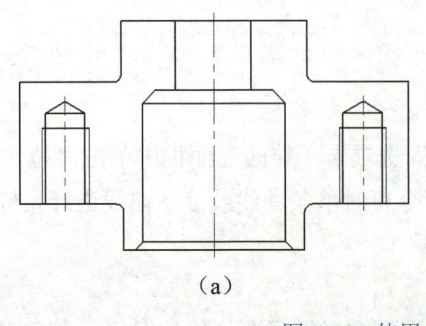
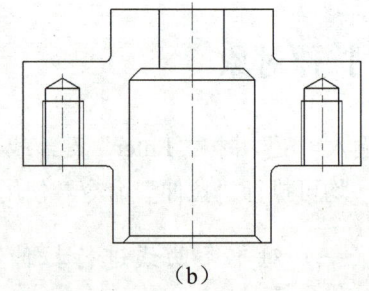

图3-75 使用"拉伸"命令绘制图形

步骤 1 打开本书配套素材中的"素材与实例"→"ch03"→"拉伸对象.exb"文件。

步骤 2 在"常用"选项卡"修改"面板中单击"拉伸"按钮，在"拉伸"立即菜单中单击第 1 项，选择"窗口拾取"选项；单击第 2 项，选择"给定偏移"选项。然后按照操作信息提示区中的提示进行操作：

① 提示"拾取添加"，采用反选方式框选要拉伸的对象（见图 3-76）并右击。

② 提示"X 和 Y 方向偏移量或位置点："，向下移动光标，输入"8"并按"Enter"键，以指定拉伸的方向和距离，结果如图 3-75（b）所示。

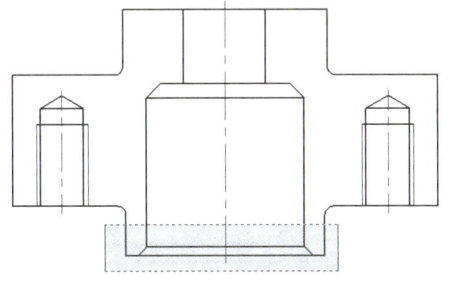

图 3-76 采用反选方式框选要拉伸的对象

四、延伸对象

使用"延伸"命令可以一条曲线作为边界对一系列曲线进行裁剪或延伸。输入"EX"并按"Enter"键，或者在"常用"选项卡"修改"面板中单击"延伸"按钮，都可执行"延伸"命令。

执行"延伸"命令后，拾取一条曲线作为边界，然后拾取要延伸的曲线，即可对其进行裁剪或延伸。在"延伸"立即菜单第 1 项中若选择"齐边"选项，既能将曲线延长至边界处，又能将要延伸的曲线上超出边界的部分剪掉，如图 3-77（a）所示；若选择"延伸"选项，只能将要延伸的曲线延伸至与作为边界的曲线相交［见图 3-77（b）］。

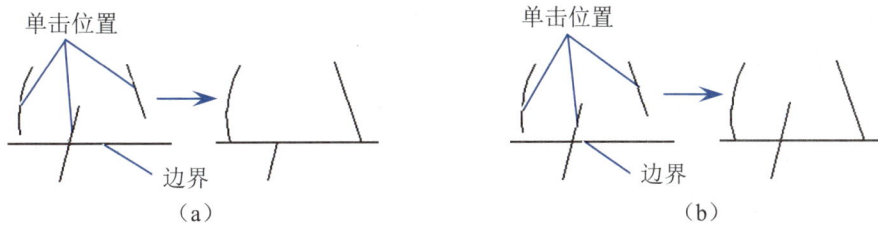

图 3-77 延伸对象（1）

若要延伸的曲线为圆弧，则系统会以选择该圆弧时距单击处最近的一端开始延伸圆弧，不能两端同时延伸，如图 3-78（a）和 3-78（b）所示。

图 3-78 延伸对象（2）

任务实施——绘制齿轮

下面将通过绘制如图 3-79 所示的齿轮（不需要标注尺寸，其余倒角均为 C2），继续学习"等距线""倒角""圆角"等命令的使用方法。

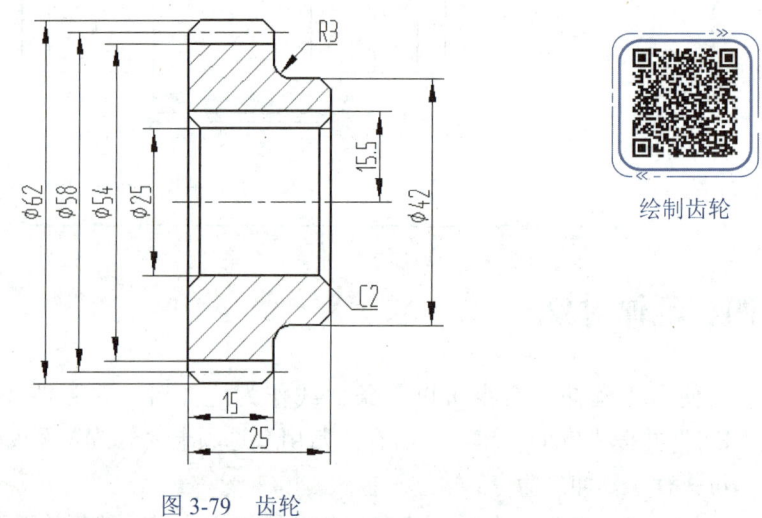

图 3-79 齿轮

绘制齿轮

绘图思路

先使用"孔/轴"命令和"裁剪"命令绘制齿轮的外轮廓，然后使用"等距线"命令和"裁剪"命令绘制几条相互平行的直线，使用"过渡"命令绘制倒角线和圆角，最后绘制剖面线。

绘图步骤

步骤 1 绘制轴。打开 CAXA CAD 电子图板，新建文件。在"常用"选项卡"绘图"面板中单击"孔/轴"按钮 ，在弹出的立即菜单中单击第 1 项，选择"轴"选项；单击第 2 项，选择"直接给出角度"选项；在第 3 项"中心线角度"编辑框中输入"0"。按"F6"键，将捕捉方式设为"导航"。在绘图区任意位置单击，按图 3-80 设置立即菜单，然后向右移动光标，输入"15"并按"Enter"键，绘制第 1 段轴；在第 2 项"起始直径"编辑框和第 3 项"终止直径"编辑框中均输入"42"，其他几项的设置不变，然后向右移动光标，输入"10"并按两次"Enter"键，结果如图 3-81 所示。

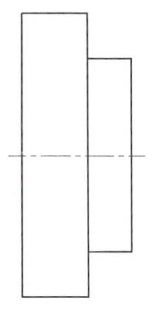

图 3-80 "孔/轴"立即菜单　　　　　　图 3-81 绘制轴

步骤 2 裁剪曲线。在"常用"选项卡"修改"面板中单击"裁剪"按钮，在弹出的立即菜单中单击第 1 项，选择"快速裁剪"选项，然后单击要剪掉的曲线，最后按"Esc"键终止执行"裁剪"命令，结果如图 3-82 所示。

步骤 3 绘制等距线。在"常用"选项卡"修改"面板中单击"等距线"按钮，按图 3-83 设置立即菜单，然后单击中心线，结果如图 3-84（a）所示。按空格键，在立即菜单中单击第 3 项，选择"单向"选项；在第 5 项"距离"编辑框中输入"15.5"，其他几项的设置不变，拾取中心线并在其上方

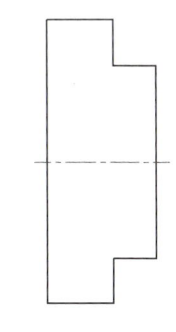

图 3-82 裁剪曲线（1）

任意位置单击，结果如图 3-84（b）所示。在立即菜单中单击第 3 项，选择"双向"选项；在第 5 项"距离"编辑框中输入"27"，其他几项的设置不变，单击中心线，结果如图 3-84（c）所示。按空格键，在立即菜单第 5 项"距离"编辑框中输入"29"；单击第 8 项，选择"使用源对象属性"选项，其他几项的设置不变，单击中心线，结果如图 3-84（d）所示。

图 3-83 "等距线"立即菜单

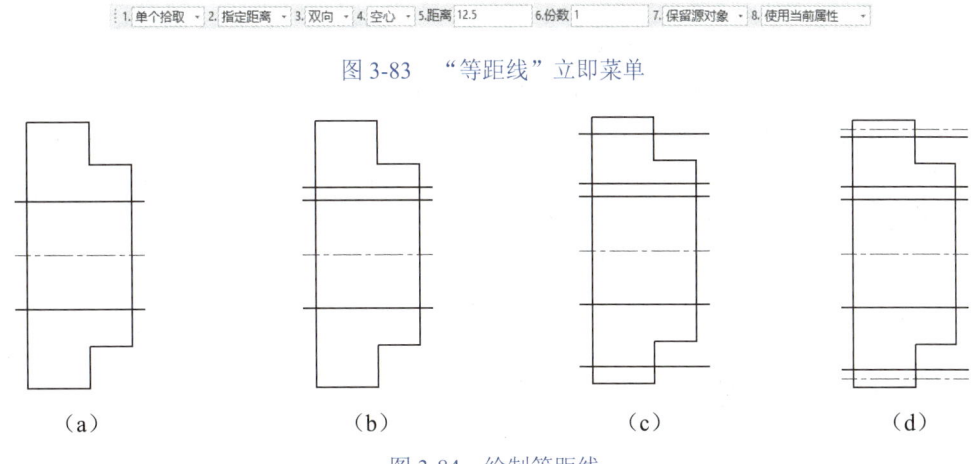

（a）　　　　　　（b）　　　　　　（c）　　　　　　（d）

图 3-84 绘制等距线

步骤 4 裁剪曲线。在"常用"选项卡"修改"面板中单击"裁剪"按钮，然后单击要剪掉的曲线，最后按"Esc"键终止执行"裁剪"命令。单击最上方和最下方的中心

线,通过移动夹点调整其长度,按"Esc"键结束对象的选择状态,结果如图 3-85 所示。

步骤 5 绘制倒角线。在"常用"选项卡"修改"面板中单击"过渡"按钮,在弹出的立即菜单中单击第 1 项,选择"倒角"选项;单击第 2 项,选择"长度和角度方式"选项;单击第 3 项,选择"裁剪"选项;在第 4 项"长度"编辑框中输入"2";在第 5 项"角度"编辑框中输入"45"。依次单击需要倒角的直线,结果如图 3-86(a)所示。在立即菜单中单击第 3 项,选择"裁剪始边"选项,然后依次单击直线 AD 和 AH、BC 和 BE、AD 和 DG、BC 和 CF,最后右击,结果如图 3-86(b)所示。

步骤 6 绘制直线。在"常用"选项卡"绘图"面板中单击"直线"按钮,在弹出的立即菜单中单击第 1 项,选择"两点线"选项;单击第 2 项,选择"单根"选项。然后绘制直线 IJ、KL,最后按"Enter"键结束"直线"命令,结果如图 3-87 所示。

步骤 7 绘制圆角。在"常用"选项卡"修改"面板中单击"过渡"按钮,在弹出的立即菜单中单击第 1 项,选择"圆角"选项;单击第 2 项,选择"裁剪"选项;在第 3 项"半径"编辑框中输入"3"。依次单击需要倒圆角的直线,最后右击,结果如图 3-88 所示。

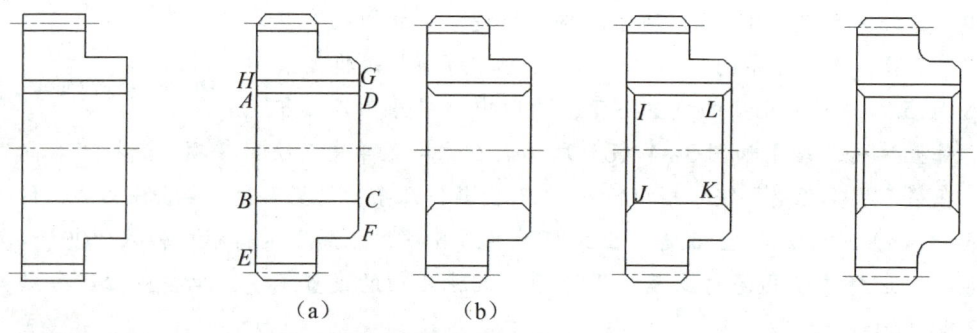

图 3-85 裁剪曲线(2)　　图 3-86 绘制倒角线　　图 3-87 绘制直线　　图 3-88 绘制圆角

步骤 8 绘制剖面线。在"常用"选项卡"绘图"面板中单击"剖面线"按钮,在弹出的立即菜单中单击第 1 项,选择"拾取点"选项;单击第 2 项,选择"不选择剖面图案"选项;在"比例"编辑框中输入"3",其他几项均采用默认设置。在要绘制剖面线的封闭环内的任意位置单击,然后右击,结果如图 3-89 所示。

步骤 9 保存文件。按快捷键"Ctrl+S"保存该文件。

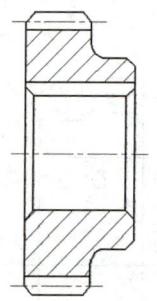

图 3-89 绘制剖面线

任务实施——绘制底座

下面通过绘制如图 3-90 所示的底座(不要求标注尺寸),继续学习"过渡"等命令的使用方法。

项目三 图形的编辑

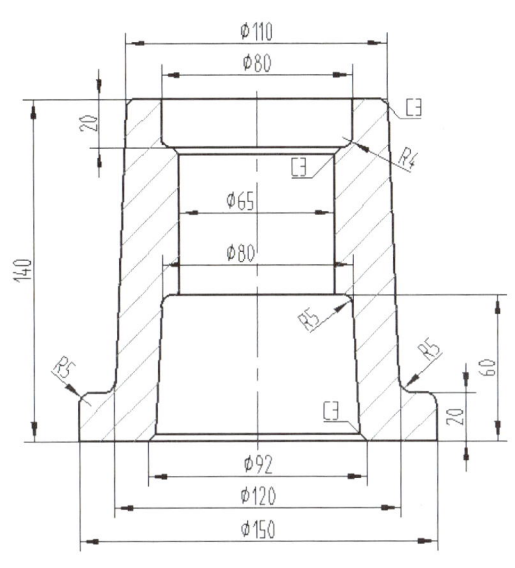

绘制底座

图 3-90 底座

绘图思路

先使用"孔/轴"命令绘制底座的中空部分,然后绘制竖直中心线一侧的外轮廓,接着使用"镜像"命令绘制镜像图形,最后绘制剖面线。

绘图步骤

步骤 1 绘制轴。打开 CAXA CAD 电子图板,新建文件。在"常用"选项卡"绘图"面板中单击"孔/轴"按钮，在弹出的立即菜单中单击第 1 项,选择"轴"选项;单击第 2 项,选择"直接给出角度"选项;在第 3 项"中心线角度"编辑框中输入"90"。然后按照以下步骤进行操作:

① 在绘图区任意位置单击,按图 3-91 设置立即菜单,然后向上移动光标,输入"3"并按"Enter"键,绘制第 1 段轴。

图 3-91 "孔/轴"立即菜单

② 在立即菜单第 2 项"起始直径"编辑框和第 3 项"终止直径"编辑框中分别输入"86""80",其他几项的设置不变,然后向上移动光标,输入"57"并按"Enter"键,绘制第 2 段轴。

③ 在立即菜单第 2 项"起始直径"编辑框和第 3 项"终止直径"编辑框中均输入"65",其他几项的设置不变,然后向上移动光标,输入"60"并按"Enter"键,绘制第 3 段轴。

④ 在立即菜单第 2 项"起始直径"编辑框和第 3 项"终止直径"编辑框中输入"80",其他几项的设置不变,然后向上移动光标,输入"20"并按两次"Enter"键,结果如图 3-92 所示。

步骤 2　绘制直线。按"F6"键，将捕捉方式设为"导航"。在"常用"选项卡"绘图"面板中单击"直线"按钮，在弹出的立即菜单中单击第 1 项，选择"两点线"选项；单击第 2 项，选择"连续"选项。然后按照以下步骤进行操作：

① 捕捉图 3-92 中图形的右下端点并单击，水平向右移动光标，输入"29"并按"Enter"键，绘制第 1 段直线。

② 竖直向上移动光标，输入"20"并按"Enter"键，绘制第 2 段直线。

③ 水平向左移动光标，输入"15"并按"Enter"键，绘制第 3 段直线。

④ 输入"@-5,120"并按"Enter"键，绘制第 4 段直线。

⑤ 捕捉图 3-92 中图形的右上端点并单击，然后按"Enter"键，结果如图 3-93 所示。

步骤 3　绘制倒角线。在"常用"选项卡"修改"面板中单击"过渡"按钮，在弹出的立即菜单中单击第 1 项，选择"倒角"选项；单击第 2 项，选择"长度和角度方式"选项；单击第 3 项，选择"裁剪"选项；在第 4 项"长度"编辑框中输入"3"；在第 5 项"角度"编辑框中输入"45"。依次单击需要倒角的两条直线，结果如图 3-94（a）所示。在立即菜单中单击第 1 项，选择"内倒角"选项；单击第 2 项，选择"长度和角度方式"选项；其他选项采用默认设置，然后依次单击图 3-94（a）中的直线 AB、AD、DC，最后右击，结果如图 3-94（b）所示。

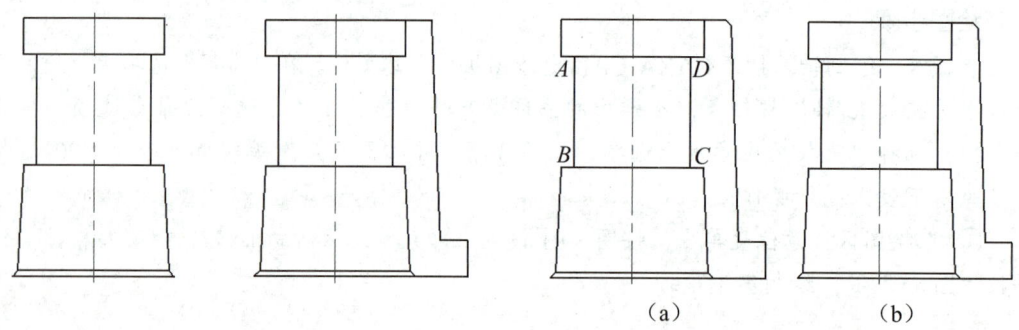

图 3-92　绘制轴　　　图 3-93　绘制直线　　　图 3-94　绘制倒角线

步骤 4　绘制圆角。按"Enter"键，重复执行"过渡"命令。在"过渡"立即菜单中单击第 1 项，选择"圆角"选项；单击第 2 项，选择"裁剪"选项；在第 3 项"半径"编辑框中输入"5"，单击要绘制圆角的直线，绘制图 3-95（a）中箭头处的 4 个圆角。在立即菜单第 3 项"半径"编辑框中输入"4"，单击要倒圆角的直线，绘制图 3-95（b）中箭头处的两个圆角。最后右击，结束"过渡"命令。

步骤 5　绘制镜像图形。在"常用"选项卡"修改"面板中单击"镜像"按钮，在弹出的立即菜单中单击第 1 项，选择"选择轴线"选项；单击第 2 项，选择"拷贝"选项。选择需要镜像的图形并右击，然后单击中心线，结果如图 3-96 所示。

项目三　图形的编辑

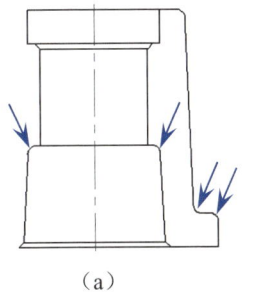
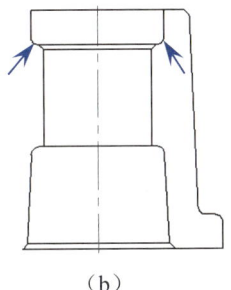

（a）　　　　　　（b）

图 3-95　绘制圆角

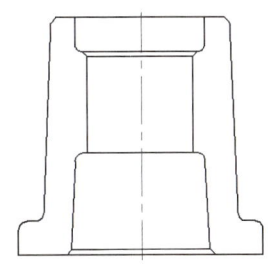

图 3-96　绘制镜像图形

步骤 6　绘制剖面线。在"常用"选项卡"绘图"面板中单击"剖面线"按钮，在弹出的"剖面线"立即菜单中单击第 1 项，选择"拾取点"选项；单击第 2 项，选择"不选择剖面图案"选项；在"比例"编辑框中输入"10"，其他几项均采用默认设置。在要绘制剖面线的封闭环内的任意位置单击，然后右击，结果如图 3-97 所示。

步骤 7　保存文件。按快捷键"Ctrl+S"保存该文件。

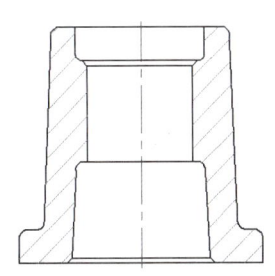

图 3-97　绘制剖面线

素养提升

同一个图形的绘制方法有多种，学生只有善于思考、勤于练习，才能快速厘清绘图思路，并且合理使用绘图命令高效地绘制出所需图形。学生在学习过程中应勤动手，多尝试，不断提高绘图效率，进而提高个人的职业竞争力。

学习成果检验

1. 填空题

（1）执行"平移"命令后，可采用_____、_____方式移动对象。

（2）旋转对象时，若输入的旋转角度值为正值，则表示以基点为中心按_____时针方向旋转对象。

（3）输入_____或_____并按"Enter"键，可执行"平移复制"命令。

（4）使用_____命令可以将所选对象以指定的轴线或两点间的连线为对称轴进行对称镜像或对称复制。

（5）阵列对象的 3 种方式为_____、_____、_____。

（6）使用"拉伸"命令拉伸对象时，若采用"半径拉伸"方式拉伸单个拾取的圆弧，则圆弧的圆心和圆心角_____，半径_____。

2. 单选题

(1) 采用"快速裁剪"方式裁剪图 3-98（a）中的曲线，单击（　　）位置后，结果如图 3-98（b）所示。

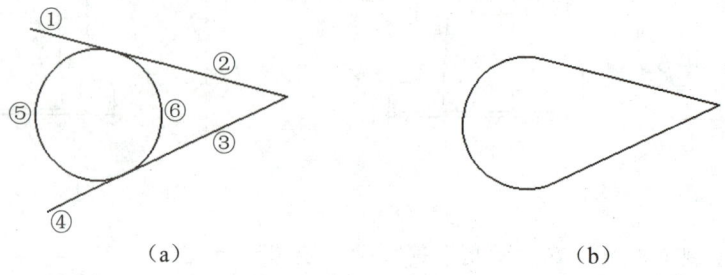

图 3-98　单选题（1）

A．①③⑤　　　　　　　　　　B．②③⑥
C．②④⑤　　　　　　　　　　D．①④⑥

(2) 使用（　　）命令可将所选对象从一个位置移动到另一个位置，并且还可以根据需要设置在移动时是否旋转或缩放对象。

A．平移　　　　　　　　　　　B．旋转
C．镜像　　　　　　　　　　　D．阵列

(3) 使用（　　）命令，可以在图 3-99（a）的基础上，快速绘制如图 3-99（b）所示的图形。

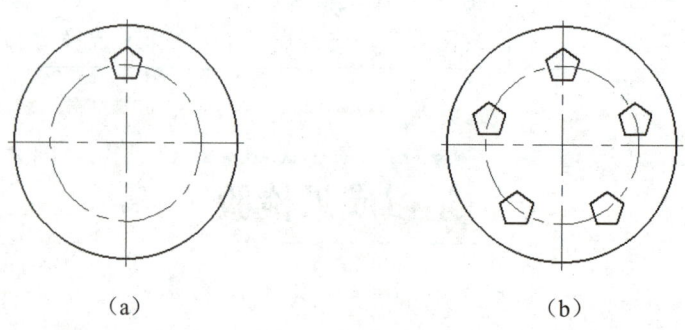

图 3-99　单选题（2）

A．移动　　　　　　　　　　　B．镜像
C．阵列　　　　　　　　　　　D．旋转

(4) 输入（　　）并按"Enter"键，可执行"拉伸"命令。

A．MI　　　　B．AR　　　　C．O　　　　D．S

3. 判断题

(1) 当要裁剪的曲线较多时，可采用"批量裁剪"方式裁剪曲线。（　　）

(2) 对对象进行平移、旋转、缩放等操作时，只能先选择要进行操作的对象，然后执行相应的编辑命令。（　　）

（3）使用"等距线"命令只能绘制所拾取的单个对象的等距线。（ ）
（4）在两个对象间使用"圆角"命令绘制的圆弧与这两个对象相切。（ ）
（5）使用"延伸"命令可以一条曲线为边界对一系列曲线进行裁剪或延伸操作。
（ ）

4．操作题

（1）绘制如图 3-100 所示的扳手（不要求标注尺寸）。

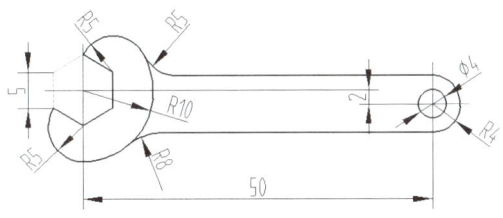

图 3-100　扳手

（2）绘制如图 3-101 所示的支架（不要求标注尺寸）。

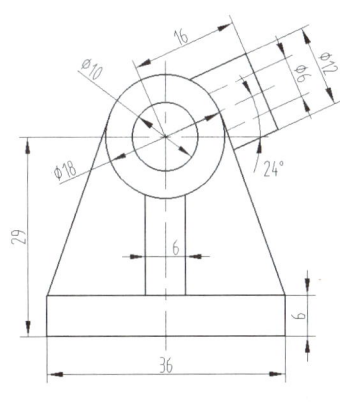

图 3-101　支架

（3）绘制如图 3-102 所示的千斤顶螺钉（不要求标注尺寸）。

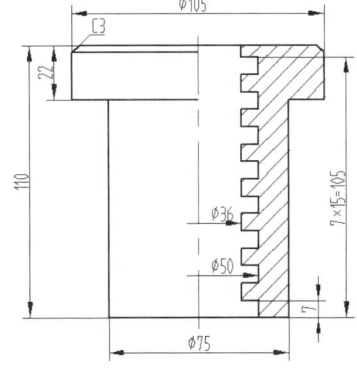

图 3-102　千斤顶螺钉

学习成果评价

请进行学习成果评价,并将评价结果填入表 3-1 中。

表 3-1 学习成果评价表

班级		姓名		学号	
评价项目	评价内容		分值	自我评分	老师评分
知识(40%)	"裁剪""平移""旋转""缩放"命令的操作方法		10		
	"平移复制""等距线""镜像""阵列"命令的操作方法		20		
	"过渡""打断""拉伸""延伸"命令的操作方法		10		
技能(40%)	能够灵活使用"裁剪""平移""旋转""缩放"命令编辑对象		10		
	能够根据要绘制的图形的特点和"平移复制""等距线""镜像""阵列"命令间的区别,选择最简单的命令编辑对象		20		
	能够灵活使用"过渡""打断""拉伸""延伸"命令,以便简化绘图步骤		10		
素养(20%)	积极参加课堂活动		5		
	保持良好的学习态度,认真完成实践任务		5		
	善于思考,勤于练习,提高绘图效率		5		
	树立终身学习理念		5		
合 计			100		
总分(自我评分×40%+老师评分×60%)					
自我评价					
老师评价					

项目四

工程制图标注

项目导读

工程图样是零件生产、加工的依据，也是技术人员之间进行交流的语言。一张完整的工程图样除了包括必要的图形外，还包括尺寸、技术要求，以及表面粗糙度、几何公差等符号。为满足上述要求，CAXA CAD 电子图板依据国家标准，向用户提供了丰富、智能的用于标注工程图样中的文字、尺寸、符号的命令和多种编辑功能。本项目将详细介绍工程图样中文字、尺寸和符号的有关设置和标注方法。

知识目标

（1）掌握设置文本风格和尺寸风格的方法。

（2）掌握标注和编辑文字的方法。

（3）掌握"基本标注""基线标注""连续标注""锥度/斜度标注"等命令的使用方法和编辑尺寸的方法。

（4）掌握"倒角标注""基准代号""粗糙度""引出说明""形位公差""剖切符号"命令的使用方法和编辑各种符号的方法。

素质目标

（1）知道汉字是传承和弘扬中华文化的重要载体，增强民族自信心和自豪感，并且能够在日常生活和工作中正确、规范地使用汉字。

（2）明白尺寸在工程图样中的重要性，增强标准化意识和规范意识，自觉遵守校纪校规，养成良好的生活习惯和工作习惯。

任务一　设置标注风格

任务导入

文字是记录、传达语言的书写符号，对人类的文明起很大的促进作用。汉字是世界上最古老的文字之一，距今已有 6 000 多年的历史。汉字在维护民族和国家的统一、记录和保存文化遗产等方面发挥了巨大作用，同时对我国周边地区和国家的文字也产生了巨大影响。

在绘制工程图样的过程中，技术人员经常需要用到文字（如尺寸数字、技术要求等）。小王在使用"文字"命令标注文字时，发现自己标注的文字的字体和大小均不符合机械图样的要求，但他不知道如何进行修改。此外，在标注文字的过程中，他也不知道如何输入直径符号和分数符号等特殊字符。

学习本任务的相关知识后，请你帮助小王解开疑惑。

一、设置文本风格

文本风格又称文字风格，主要用于控制文字的外观。在"标注"选项卡"标注样式"面板中单击"文本样式"按钮 A，或者单击"菜单"按钮，在弹出的下拉菜单中选择"格式"→"文字"菜单项，系统都会弹出如图 4-1 所示的"文本风格设置"对话框。

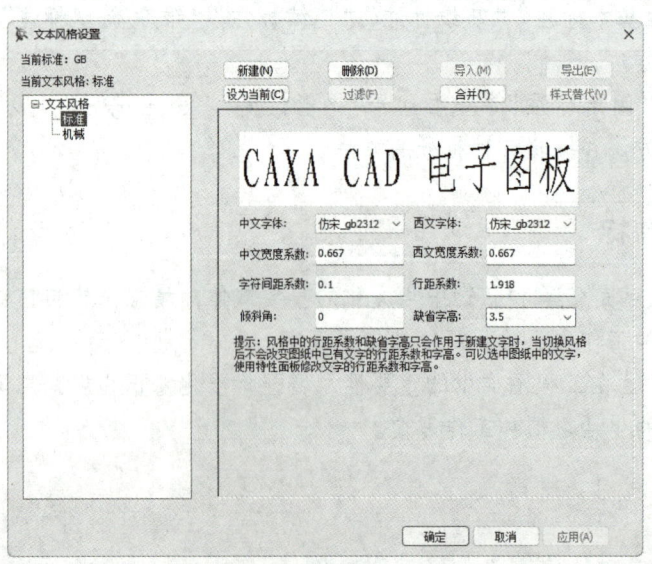

图 4-1　"文本风格设置"对话框

项目四　工程制图标注

CAXA CAD 电子图板为用户预设了"标准"和"机械"两种文本风格，用户选中一种文本风格后，在"文本风格设置"对话框中可以设置以下内容：

（1）字体。在"中文字体"和"西文字体"列表框中选择所需选项，即可设置中文和西文（包括数字）的字体。机械图样中汉字的字体为"仿宋_gb2312"或"单线体.shx"，西文字体为"国标.shx"。

（2）字宽。在"中文宽度系数"和"西文宽度系数"编辑框中输入数值，即可设置中文和西文的宽度。

（3）字符间距。字符间距是指相邻字符间的距离。字符间距系数是指同一行（列）中两个相邻字符的间距与设定的字高的比值。在"字符间距系数"编辑框中输入数值，即可设置字符间距。

（4）行距。行距是指两行文字间的距离。行距系数是指两相邻行的间距与设定的字高的比值。在"行距系数"编辑框中输入数值，即可设置行距。

（5）倾斜角。在文字横向排列时，倾斜角是指一行文字的延伸方向与 X 轴正方向按逆时针测量的夹角；在文字竖向排列时，倾斜角是指一列文字的延伸方向与 Y 轴负方向按逆时针测量的夹角。在"倾斜角"编辑框中输入数值，即可设置文字的倾斜角度。

（6）字高。在"缺省字高"编辑框中输入数值，即可设置标注的文字的默认高度。

 提　示

在"标注"选项卡"标注样式"面板中单击"样式管理"按钮，在弹出的"样式管理"对话框左侧选择"文本风格"选项，也可以设置文本风格。

二、设置尺寸风格

（一）设置尺寸的外观

在"标注"选项卡"标注样式"面板中单击"尺寸样式"按钮，或者单击"菜单"按钮，在弹出的下拉菜单中选择"格式"→"尺寸"菜单项，系统都会弹出如图4-2所示的"标注风格设置"对话框。在该对话框中的"直线和箭头""文本""调整""单位""换算单位""公差""尺寸形式"选项卡中可以设置尺寸的外观。

1. "直线和箭头"选项卡

在"直线和箭头"选项卡中可以设置尺寸线、尺寸界线和箭头的颜色和风格。若需要隐藏某一侧的尺寸线和尺寸界线，则不勾选与该侧相对应的尺寸线和尺寸界线复选框，图4-3中的尺寸为仅勾选"尺寸线1"和"边界线1"复选框时的标注示例。"超出尺寸线"编辑框用于设置尺寸界线超出尺寸线的长度，"起点偏移量"编辑框用于设置尺寸界线的起点偏移量。在机械图样中，通常将"超出尺寸线"编辑框中的数值设为"2"，将"起点偏移量"编辑框中的数值设为"0"。

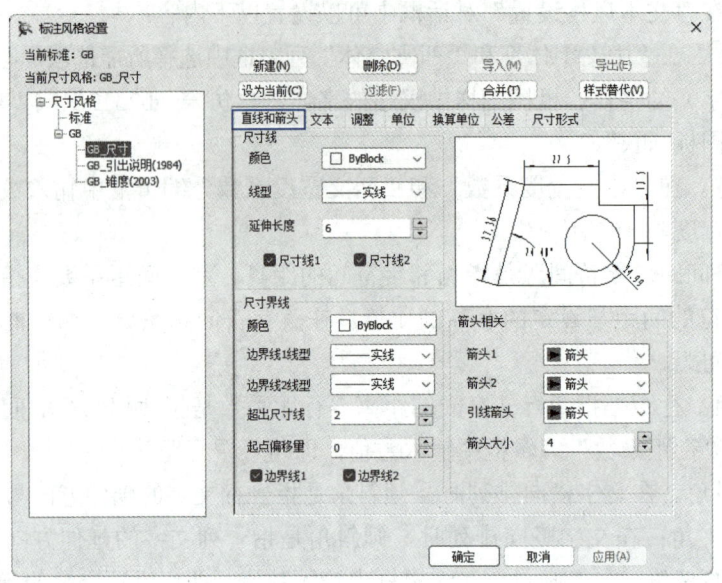

图 4-2 "标注风格设置"对话框（1）

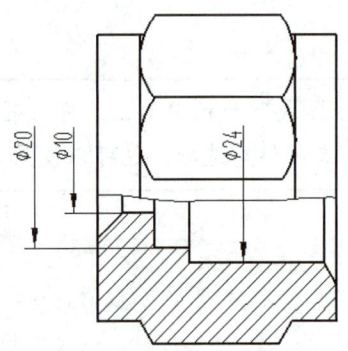

图 4-3 仅勾选"尺寸线 1"和"边界线 1"复选框时的标注示例

2. "文本"选项卡

选择"文本"选项卡时，对应的"标注风格设置"对话框如图 4-4 所示，在该对话框中可以设置文本的外观、位置和对齐方式。

当"文本外观"设置区"文字字高"编辑框中的数值为 0 时，标注的文字的高度与所选用的文本风格（如"标准"）中文字的高度相同；否则，标注的文字的高度与"文字字高"编辑框中的数值相同。在"文本位置"设置区"一般文本垂直位置"列表框中分别选择"尺寸线上方""尺寸线中间""尺寸线下方"选项时，对应的标注示例如图 4-5 所示；在"文本对齐方式"设置区"一般文本"列表框中分别选择"平行于尺寸线""保持水平""ISO 标准"选项时，对应的标注示例如图 4-6 所示。

图 4-4　“标注风格设置”对话框（2）

选择“尺寸线上方”选项

选择“尺寸线中间”选项

选择“尺寸线下方”选项

图 4-5　标注示例（1）

选择“平行于尺寸线”选项

选择“保持水平”选项

选择“ISO 标准”选项

图 4-6　标注示例（2）

3.“调整”选项卡

选择“调整”选项卡时，对应的“标注风格设置”对话框如图 4-7 所示，在该对话框中可以通过设置尺寸数字和箭头的位置，使标注的尺寸效果最佳。例如，当尺寸界线内放不下尺寸数字和箭头时，在“调整选项”设置区中可以设置从尺寸界线内移出尺寸数字和箭头，在“文本位置”设置区中设置尺寸数字在尺寸线上方。此外，在“比例”设置区“标注总比例”编辑框中输入数值，还可以在不更改尺寸数字的前提下，将尺寸各组成部分按一定比例进行缩放。

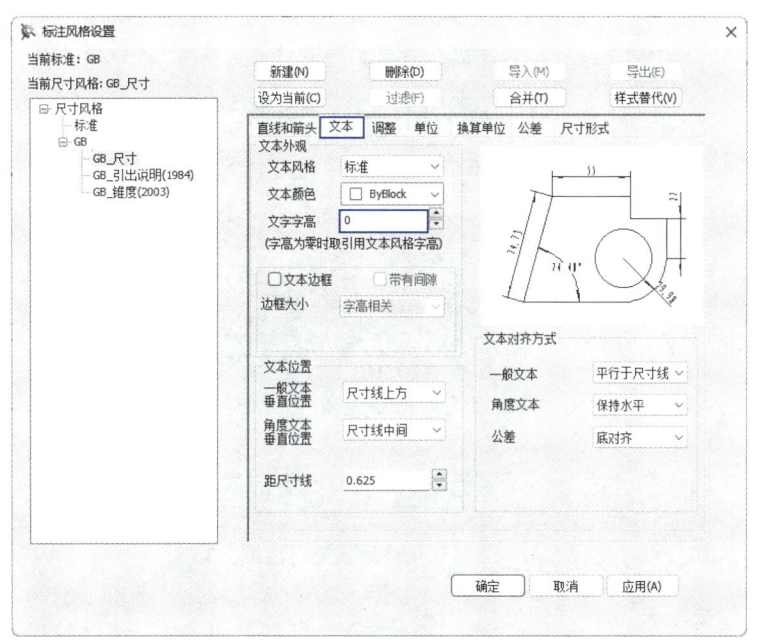

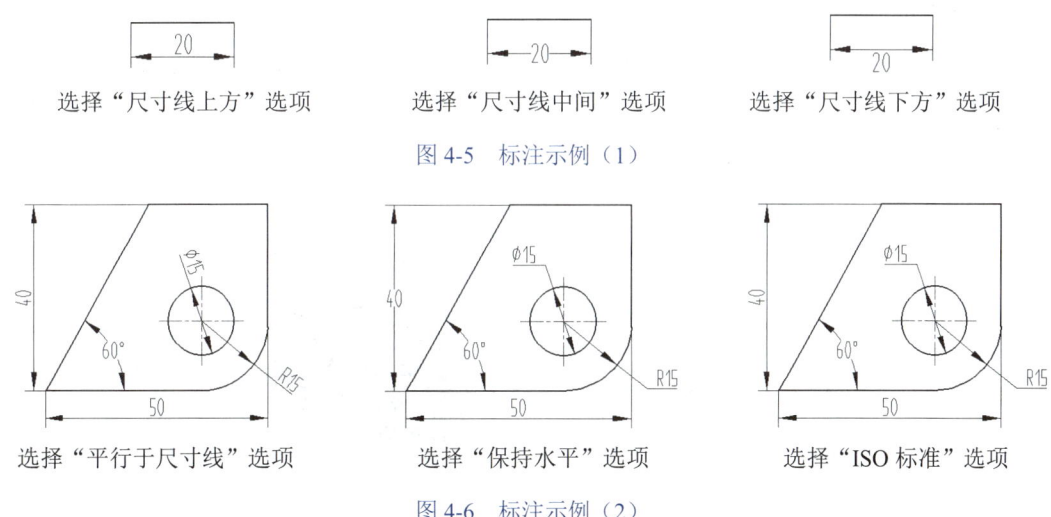

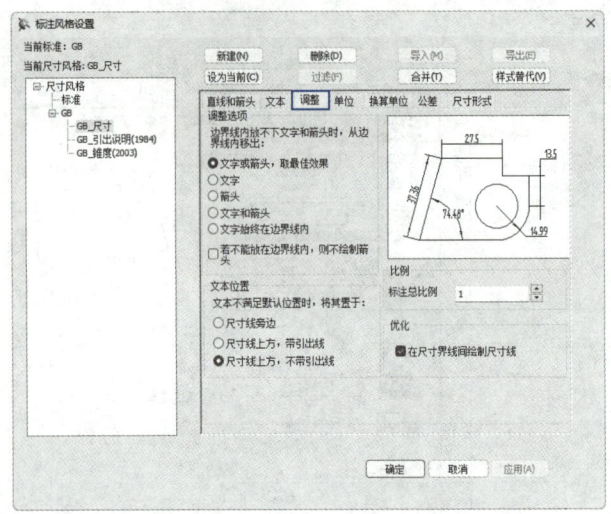

图 4-7 "标注风格设置"对话框（3）

4．"单位"选项卡

选择"单位"选项卡时，对应的"标注风格设置"对话框如图 4-8 所示，在该对话框中可以设置标注的格式和精度。在"线性标注"设置区中单击"小数分隔符"列表框右侧的按钮，借助弹出的下拉列表可以设置小数分隔符的表示方式（包括句点、逗号、空格 3 种）；在"零压缩"设置区中可以设置是否消除尺寸数字中小数点前后的 0。例如，当尺寸数字为"0.901"、精度为"0.00"时，若勾选"前缀"复选框，标注结果为".90"；若勾选"后缀"复选框，标注结果为"0.9"。

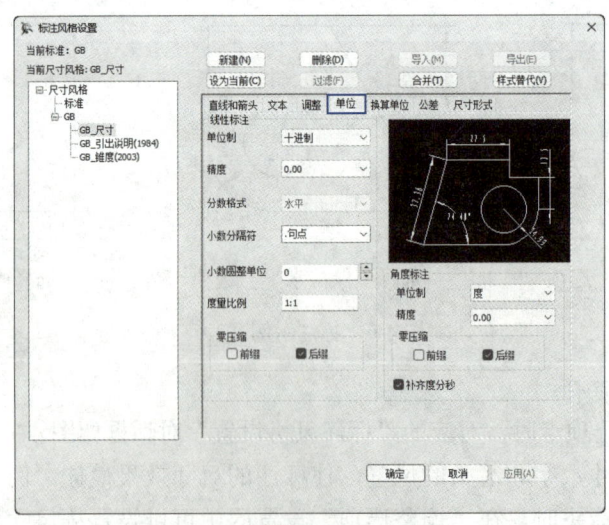

图 4-8 "标注风格设置"对话框（4）

5．其他选项卡

（1）"换算单位"选项卡。借助该选项卡可以设置标注的尺寸数字中是否显示换算单位，以及换算单位的单位制、精度、显示位置等。

（2）"公差"选项卡。借助该选项卡可以设置公差文字相对其基本尺寸的高度比例、换算公差的小数位数等。

（3）"尺寸形式"选项卡。借助该选项卡可以设置弧长标注的形式（如"边界线垂直于弦长"或"边界线放射"）、弧长符号的位置（如"位于文字上面"或"位于文字左边"）、引出点的形式和锥度符号的颜色。

（二）设为当前尺寸风格

将某种尺寸风格设为当前尺寸风格的方法有两种：一种是在"标注"选项卡"标注样式"面板中单击"当前尺寸样式"列表框，在弹出的下拉列表中选择所需选项；另一种是在"标注"选项卡"标注样式"面板中（或在"常用"选项卡"特性"面板中）单击"样式管理"按钮，在弹出的"样式管理"对话框左侧选择所需选项，然后单击"设为当前"按钮。

（三）新建尺寸风格

如果系统提供的尺寸风格不够用，用户可根据需要新建尺寸风格。具体操作如下：

（1）在"标注"选项卡"标注样式"面板中单击"尺寸样式"按钮，然后在弹出的"标注风格设置"对话框中单击"新建"按钮，接着在弹出的提示"新建风格后将自动保存，确认新建吗？"的对话框中单击"是"按钮，系统会弹出"新建风格"对话框。

（2）在"新建风格"对话框"风格名称"编辑框中输入新的尺寸风格的名称（如"机械"），在"基准风格"列表框中选择一种标注风格（如"标准"），将其作为新的尺寸风格的基础风格，在"用于"列表框中选择新的尺寸风格的应用范围（如"所有标注"），结果如图4-9所示。

（3）在"新建风格"对话框中单击"下一步"按钮，然后根据需要在"标注风格设置"对话框的各选项卡中设置尺寸的外观。

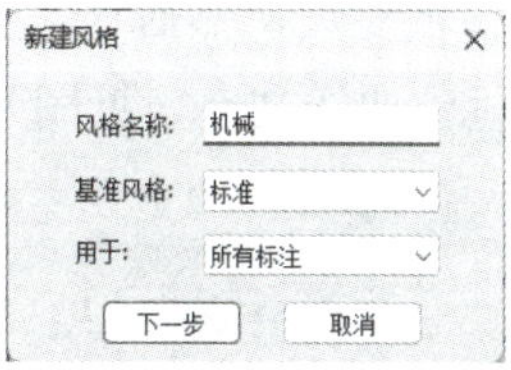

三、标注文字

图4-9 "新建风格"对话框

（一）标注文字的方式

在"标注"选项卡"文字"面板中单击"文字"按钮A，系统会弹出"文字"立即菜单。在此立即菜单中单击第1项，可选择标注文字的方式，如"指定两点""搜索边界""曲线文字"和"递增文字"。

选择不同的选项时，标注文字的具体操作如下：

（1）"指定两点"选项。选择该选项后指定两点，以指定要标注文字的矩形区域，此时系统会弹出如图4-10所示的"文本编辑器-多行文字"对话框和文本输入框。设置好文字参数后，即可在文本输入框中输入所需文字，然后单击"确定"按钮。

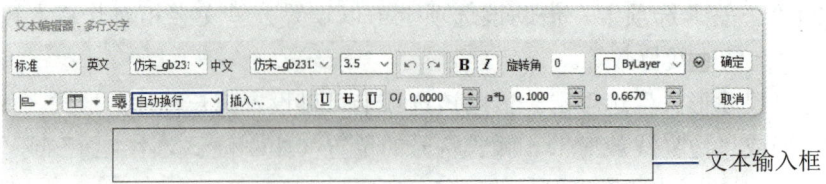

图 4-10 "文本编辑器-多行文字"对话框和文本输入框

提 示

在"文本编辑器-多行文字"对话框中若将填充方式设为"自动换行",则当输入的文字超出文本输入框时,系统会自动换行;若将填充方式设为"压缩文字",则系统会根据每行文字的多少自动调整文字的宽度,根据行数自动调整所有文字的高度和行距,以保证输入的文字完全在文本输入框内。

将光标移至文本输入框的右边界线或下边界线附近,待绘图区出现符号 ⟷ 和 ↕ 时,按住鼠标左键并移动光标,可改变文本输入框的大小。

(2)"搜索边界"选项。选择该选项并在立即菜单第 2 项"边界缩进系数"编辑框中输入数值,然后指定封闭环内一点,系统会弹出"文本编辑器-多行文字"对话框和文本输入框,在文本输入框中输入文字,最后单击"确定"按钮。当输入的文字超出封闭区域时,封闭区域的边线将在其与文字相交处显示断开。

(3)"曲线文字"选项。选择该选项后拾取曲线,再拾取文字的标注方向、起点、中点和终点,系统会弹出如图 4-11 所示的"曲线文字参数"对话框。在此对话框中设置好各项参数,然后在"文字内容"编辑框中输入所需文字,最后单击"确定"按钮,便可标注曲线文字(见图 4-12)。

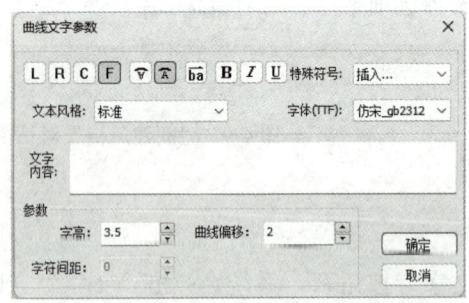

图 4-11 "曲线文字参数"对话框　　　　图 4-12 标注曲线文字

(4)"递增文字"选项。选择该选项后,拾取包含可递增的字母或数字的单行文字,系统会弹出"文字"立即菜单。在该立即菜单中分别设置递增文字的距离、数量和增量等参数,然后移动光标并在合适位置单击,便可标注递增文字。例如,拾取用"文字"命令注写的数字"1",然后在立即菜单第 2 项"距离"编辑框中输入"5",在第 3 项

"数量"编辑框中输入"2",在第 4 项"增量"编辑框中输入"3"(结果见图 4-13),接着移动光标并在合适位置单击,可标注如图 4-14 所示的文字。

图 4-13　"文字"立即菜单　　　　　　　　图 4-14　标注递增文字

(二)标注特殊字符

在"文本编辑器-多行文字"对话框中单击"插入"列表框,在弹出的下拉列表(见图 4-15)中选择所需选项,即可输入直径符号、角度符号等特殊字符。若在该下拉列表中没有找到所需字符,则可选择"其它字符"选项,然后在弹出的"字符映射表"对话框中选择所需字符,并依次单击"选择"和"复制"按钮,最后在文本输入框中按快捷键"Ctrl+V",即可输入所需字符。

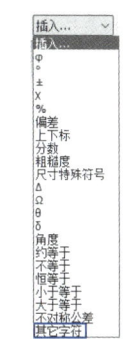

图 4-15　"插入"下拉列表

 提　示

用户除了可以借助"插入"列表框输入特殊字符外,还可以通过输入所需字符的代码来输入该字符。例如,要输入直径符号,可输入代码"%c";要输入度数符号,可输入代码"%d"。

(三)标注技术要求

在"标注"选项卡"文字"面板中单击"技术要求"按钮,系统会弹出如图 4-16 所示的"技术要求库"对话框。该对话框左侧列出了已有的技术要求类别,右上方文本输入框用于编辑技术要求,右下方设置区列出了当前技术要求类别的所有文本项。

若"技术要求库"对话框中有需要的技术要求类别,则选择该技术要求类别后,双击右下方设置区中需要的文本项,即可使其显示在右上方文本输入框中。根据需要在该文本输入框中进行修改,然后单击"生成"按钮,接着在绘图区合适位置依次单击,以指定文本的放置位置和尺寸。

若"技术要求库"对话框中没有需要的技术要求类别,则可在右上方文本输入框中输入所需内容(按"Enter"键可换行),然后单击"生成"按钮并指定文本的放置位置和尺寸。

在左侧"我的技术要求"选项上右击,然后选择"添加表"菜单项,接着输入新的技术要求名称,并在右下方设置区中编辑新的文本,可新建技术要求,以便后续使用。

此外,在"技术要求库"对话框中单击"正文设置"按钮,系统会弹出如图 4-17 所示的"文字参数设置"对话框,用户在此对话框中可设置技术要求中文字的参数。

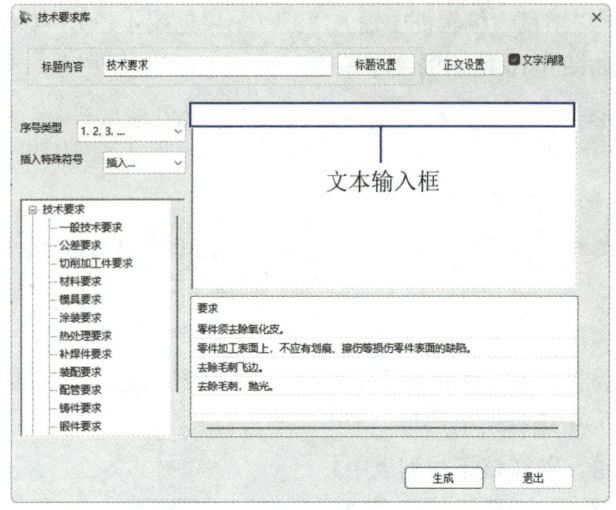
图4-16 "技术要求库"对话框（1）

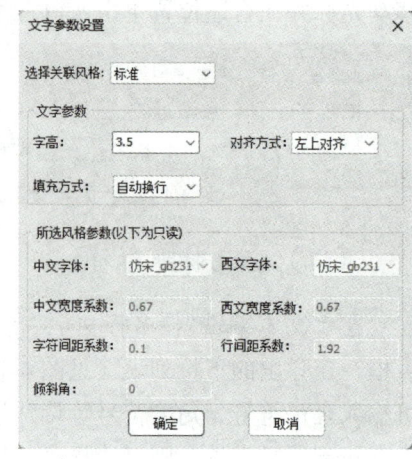
图4-17 "文字参数设置"对话框

四、编辑文字

在"标注"选项卡"修改"面板中单击"标注编辑"按钮，然后选择要编辑的单行文字、多行文字、技术要求，或者直接在要编辑的单行文字、多行文字、技术要求上双击，在弹出的对话框和文本输入框中均可修改文字的参数和内容。

在"标注"选项卡"修改"面板中单击"标注编辑"按钮，然后选择要编辑的尺寸，借助弹出的立即菜单可编辑尺寸数字的位置和内容。双击要编辑的尺寸，在弹出的对话框（双击线性尺寸和角度尺寸时弹出的对话框见图4-18）中可以修改尺寸数字的内容、尺寸风格等。

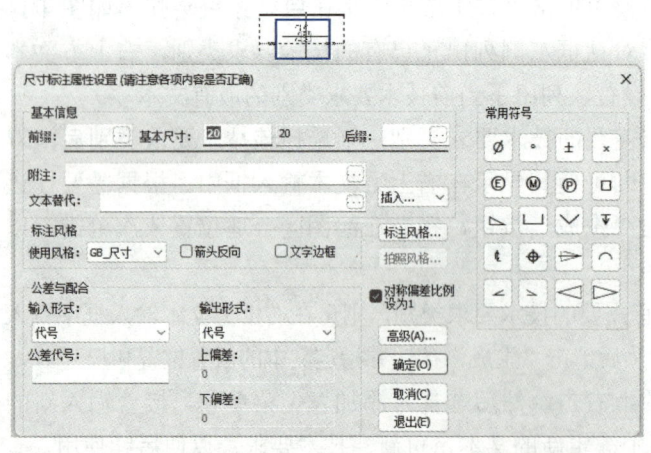

双击线性尺寸　　　　　　　　双击角度尺寸

图4-18 双击尺寸时弹出的对话框

项目四 工程制图标注

此外,选择要修改的文字并右击,在弹出的快捷菜单中选择"特性"菜单项,然后在打开的"特性"工具选项板(见图4-19)中也可对单行文字、多行文字和尺寸的外观进行编辑。

任务实施——标注并编辑文字

下面将通过修改图4-20(a)中尺寸的外观,并添加技术要求[效果见图4-20(b)],继续学习设置文本风格、尺寸风格和编辑尺寸数字、标注技术要求的方法。其中,中文的字体为"单线体.shx",西文的字体为"国标.shx",所有文字的高度均为3.5 mm。

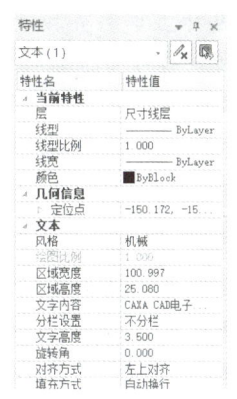

图4-19 "特性"工具选项板

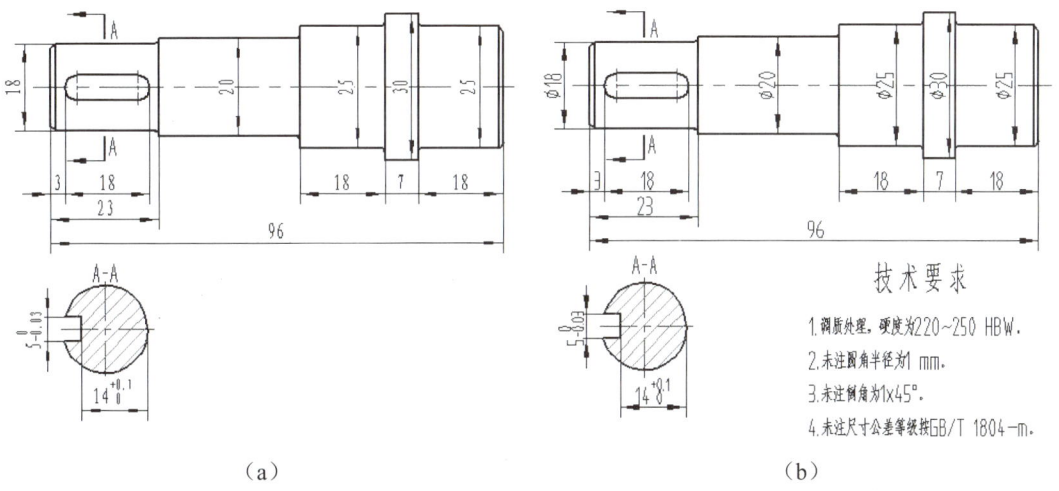

(a)   (b)

图4-20 标注并编辑文字

绘图思路

图4-20(a)中尺寸数字的字体和箭头的样式不符合机械图样的要求,可通过设置文本风格和尺寸风格来修改,表示轴的直径大小的尺寸数字前的符号"ϕ"可通过编辑尺寸数字来添加,技术要求可使用"技术要求"命令来标注。

标注并编辑文字

绘图步骤

步骤1 打开文件。打开本书配套素材"素材与实例"→"ch04"→"标注并编辑文字.exb"文件。

步骤2 确认需要修改的尺寸风格。在"常用"选项卡"特性"面板中单击"图层"按钮右侧的按钮,在弹出的下拉列表中选择"图层隔离"选项,然后在绘图区中任一尺寸上单击并按"Enter"键,将"尺寸线层"隔离,接着选中绘图区中的所有尺寸,在"标注"选项卡"标注样式"面板"当前尺寸样式"列表框中可以看到当前尺寸风格为"标准"。在"常用"选项卡"特性"面板中单击"图层"按钮右侧的按钮,在弹出的下拉列表中选择"取消图层隔离"选项,结束图层隔离状态。

步骤 3 确认需要修改的文本风格。在"标注"选项卡"标注样式"面板中单击"尺寸样式"按钮,在弹出的"标注风格设置"对话框左侧选择"标准"选项,然后选择"文本"选项卡,在"文本风格"列表框中可以看到当前尺寸风格应用的文本风格为"标准"。单击"标注风格设置"对话框右上角的"关闭"按钮,关闭该对话框。

步骤 4 设置文本风格。在"标注"选项卡"标注样式"面板中单击"文本样式"按钮,然后在弹出的"文本风格设置"对话框左侧选择"机械"选项,最后依次单击"设为当前"和"确定"按钮。

步骤 5 设置尺寸风格。在"标注"选项卡"标注样式"面板中单击"尺寸样式"按钮,然后在弹出的"标注风格设置"对话框左侧选择"标准"选项,接着根据需要设置"直线和箭头"和"文本"选项卡中的内容(见图4-21),最后单击"确定"按钮,结果如图4-22所示。

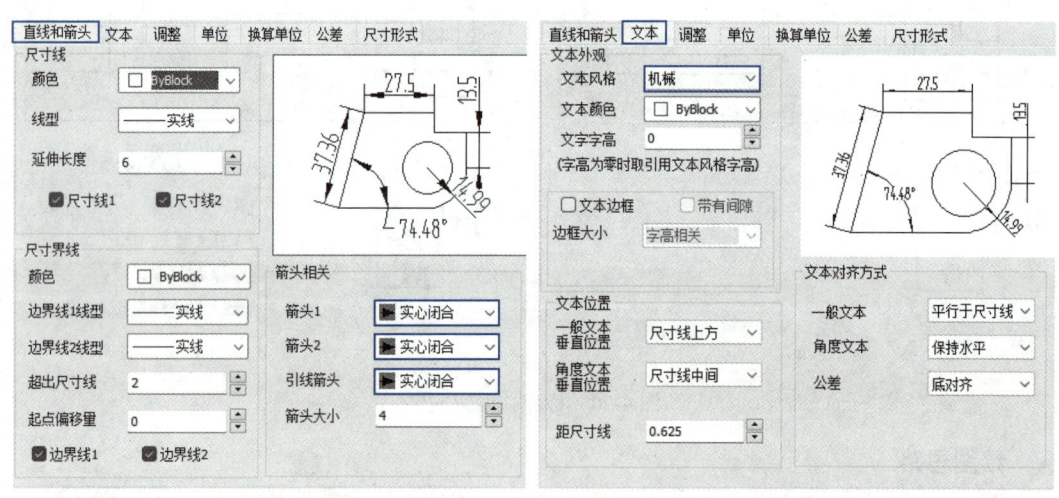

设置"直线和箭头"选项卡中的内容　　　　设置"文本"选项卡中的内容

图4-21 设置尺寸风格

步骤 6 编辑尺寸数字。在要添加直径符号的尺寸上双击,然后在弹出的"尺寸标注属性设置(请注意各项内容是否正确)"对话框中单击"前缀"编辑框,在"常用符号"设置区中单击按钮,最后单击"确定"按钮。使用同样的方法编辑其他直径尺寸,结果如图4-23所示。

项目四　工程制图标注

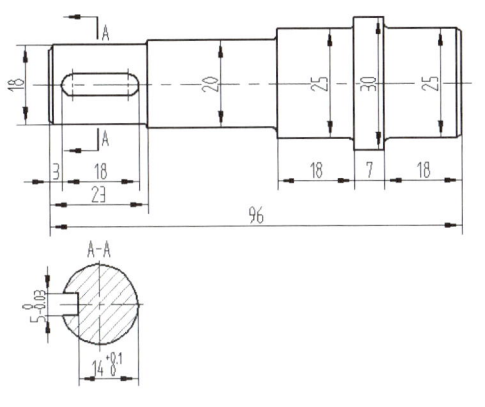

图 4-22　尺寸风格设置效果

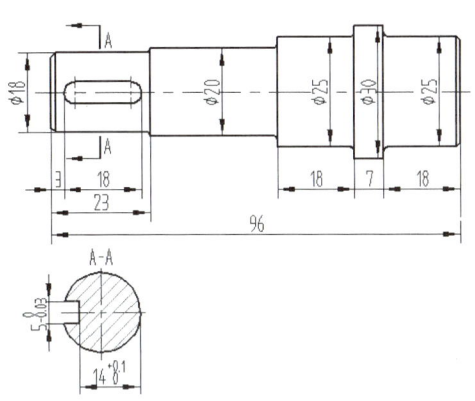

图 4-23　编辑尺寸数字

> **提　示**
>
> 　　除使用步骤 6 中的方法外，还可以借助"特性"工具选项板来编辑尺寸数字。例如，选择需要添加直径符号的尺寸，然后将光标放在绘图区左侧的"特性"按钮 上（不用单击），在弹出的"特性"工具选项板"文本"设置区中单击"尺寸前缀"编辑框，在其中输入"%c"并按"Enter"键，则在所有被选中的尺寸中，尺寸数字前都添加了直径符号 ϕ。

步骤 7　标注技术要求。在"标注"选项卡"文字"面板中单击"技术要求"按钮 ，然后在弹出的"技术要求库"对话框中选择序号类型，接着在右上方文本输入框中输入所需文字（见图 4-24）。单击"正文设置"按钮，在弹出的"文字参数设置"对话框"选择关联风格"列表框中选择"机械"选项（见图 4-25），然后单击"确定"按钮。在"技术要求库"对话框中单击"生成"按钮，然后在绘图区合适位置单击，以指定文本的放置位置，接着移动光标并在合适位置单击，以指定文本的尺寸，结果如图 4-20（b）所示。

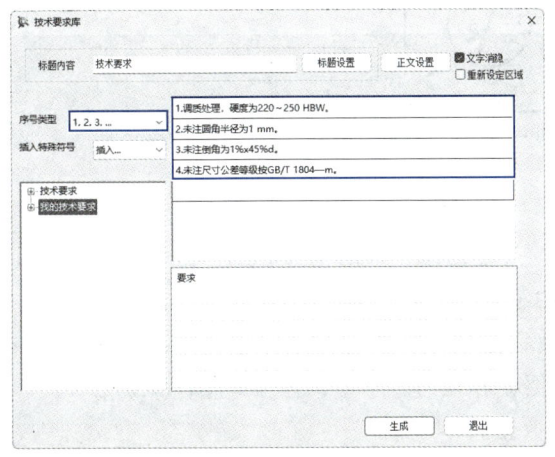

图 4-24　"技术要求库"对话框（2）

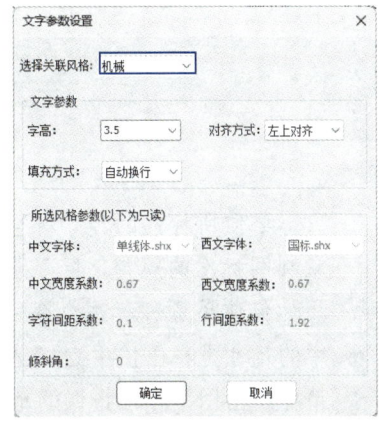

图 4-25　"文字参数设置"对话框

提 示

在图4-24中,"～"的输入方法如下:在"插入特殊符号"列表框中选择"其它字符"选项,然后在弹出的"字符映射表"对话框"字体"列表框中选择"宋体"选项,接着在字符列表框中选择符号～,并依次单击"选择"和"复制"按钮,最后在文本输入框中按快捷键"Ctrl+V"。

步骤8 保存文件。按快捷键"Ctrl+S"保存该文件。

任务二 标注尺寸

任务导入

尺寸是图样的重要组成部分,一个完整的尺寸一般由尺寸界线、尺寸线和尺寸数字组成(见图4-26)。其中,尺寸界线应从图形的轮廓线、轴线或对称中心线处引出,也可以将图形的轮廓线、轴线或对称中心线作为尺寸界线;尺寸线的终端有箭头和斜线两种形式,在工程图样中,一般将箭头作为尺寸线的终端,并且在标注线性尺寸时,尺寸线应与所标注的线段平行;线性尺寸的尺寸数字一般应标注在尺寸线的上方,必要时也可用引线引出标注,非水平方向上的线性尺寸的尺寸数字也可水平地注写在尺寸线的中断处。

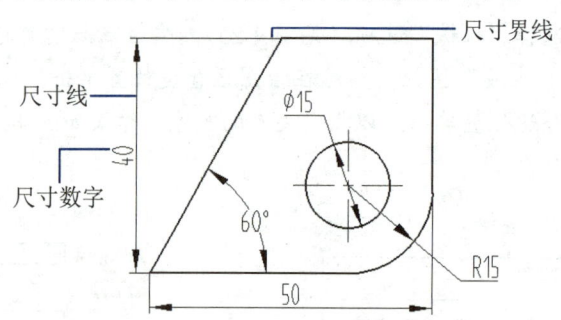

图4-26 尺寸的组成

要使所标注的尺寸符合《机械制图 尺寸注法》(GB/T 4458.4—2003)等国家制图标准的规定,除了要了解尺寸的组成、标注风格的设置方法外,还应掌握如何使用各种标注命令快速、准确地标注尺寸,并对尺寸进行编辑。图4-27中的尺寸是小王使用CAXA CAD电子图板标注的。学习本任务的相关知识后,请你指出图中标注错误的地方,并进行改正。

项目四 工程制图标注

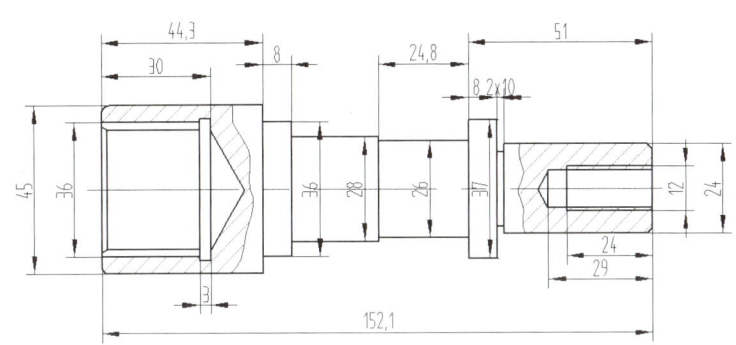

图 4-27 小王标注的尺寸

一、标注基本尺寸

在"常用"选项卡"标注"面板中单击"尺寸"按钮，然后在"尺寸标注"立即菜单中单击第 1 项，在弹出的下拉列表（见图 4-28）中选择所需选项，或者在"标注"选项卡"尺寸"面板中单击"智能标注"按钮下方的按钮，然后选择如图 4-29 所示的下拉列表中的选项，均可标注尺寸。

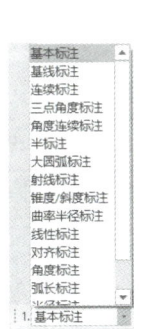

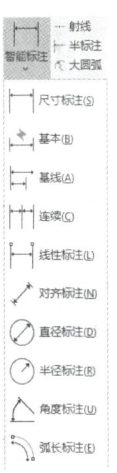

图 4-28 "尺寸标注"下拉列表　　　　图 4-29 "智能标注"下拉列表

在"尺寸标注"下拉列表中选择"基本标注"选项，系统可以根据所拾取的对象自动判断要标注的尺寸类型，从而快速标注线性尺寸、直径尺寸、半径尺寸、角度尺寸等尺寸。此外，选择"尺寸标注"下拉列表中的"线性标注""对齐标注""角度标注""弧长标注""半径标注""直径标注"选项，同样可以标注线性尺寸、角度尺寸、弧长尺寸、半径尺寸和直径尺寸。表 4-1 中列举了部分常用尺寸标注命令的功能和标注方法。

表 4-1 部分常用尺寸标注命令的功能和标注方法

命令	功能	标注方法
线性标注	标注两点之间的水平距离或垂直距离，如图 4-30（a）所示	单击两点，然后指定尺寸数字的位置
对齐标注	标注两点之间的直线距离，且所标注的尺寸线始终与标注点之间的连线平行，如图 4-30（b）所示	
角度标注	标注圆弧的圆心角	单击圆弧，然后指定尺寸数字的位置
	标注圆周上相邻两点间的圆心角	单击圆周上的两点，然后指定尺寸数字的位置
	标注两条直线间的夹角	单击两条直线，然后指定尺寸数字的位置
	标注三点间的夹角	按空格键，然后指定一点作为顶点，接着分别单击另外两点，最后指定尺寸数字的位置
弧长标注	标注圆弧的长度，如图 4-30（c）所示	选择要标注的对象，然后指定尺寸数字的位置
半径标注	标注圆弧和圆的半径尺寸	
直径标注	标注圆弧和圆的直径尺寸	

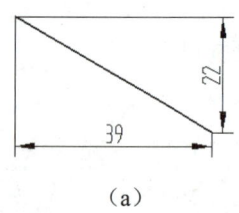
（a）

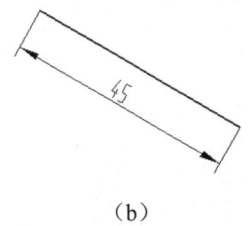
（b）

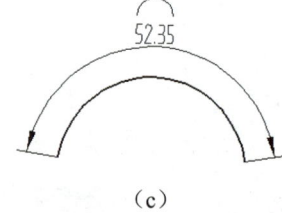
（c）

图 4-30 标注示例

课堂实例 4-1

使用尺寸标注命令标注如图 4-31 所示的尺寸，操作步骤如下。

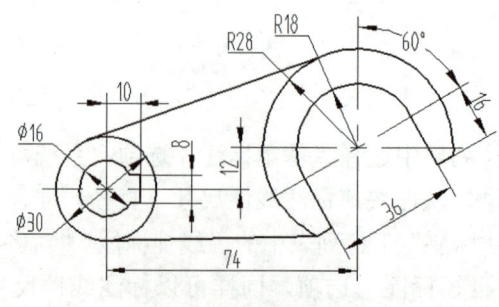

图 4-31 标注尺寸效果

步骤 1 打开文件。打开本书配套素材中的"素材与实例"→"ch04"→"尺寸标注.exb"文件，绘图区显示如图 4-32 所示的图形。

步骤 2 选择标注命令。在"常用"选项卡"标注"面板中单击"尺寸"按钮，在弹出的立即菜单中单击第 1 项，选择"基本标注"选项。

步骤 3 标注线性尺寸。按照操作信息提示区中的提示进行操作：

① 提示"拾取标注元素或点取第一点："，单击左侧的竖直中心线。

② 提示"拾取另一个标注元素或指定尺寸线位置："，捕捉图 4-32 中的端点 A 并单击。

③ 提示"尺寸线位置"，移动光标到合适位置后单击，以标注尺寸数字为"10"的尺寸。

④ 提示"尺寸线位置"，按照上述步骤标注图 4-33 中的其他尺寸。

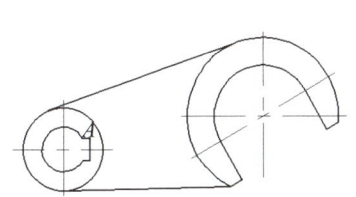

图 4-32 要标注尺寸的图形

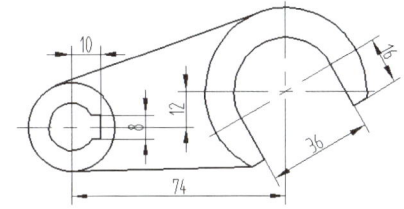

图 4-33 标注线性尺寸

步骤 4 标注角度尺寸。按照操作信息提示区中的提示进行操作：

① 提示"尺寸线位置"，单击右侧的竖直中心线。

② 提示"拾取另一个标注元素或指定尺寸线位置："，单击倾斜的中心线。

③ 提示"尺寸线位置"，移动光标到合适位置后单击，以标注图 4-34 中的尺寸"60°"。

步骤 5 标注半径尺寸。按照操作信息提示区中的提示进行操作：

① 提示"尺寸线位置"，在半径为 28 mm 的圆弧上的任意位置单击。

② 提示"拾取另一个标注元素或指定尺寸线位置："，在立即菜单中单击第 3 项，选择"文字水平"选项，然后移动光标到合适位置后单击，以标注图 4-35 中的尺寸"R28"。

③ 提示"拾取标注元素或点取第一点："，在半径为 18 mm 的圆弧上的任意位置单击。

④ 提示"拾取另一个标注元素或指定尺寸线位置："，移动光标到合适位置后单击，以标注图 4-35 中的尺寸"R18"。

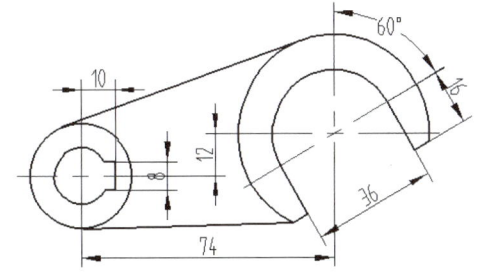

图 4-34 标注角度尺寸

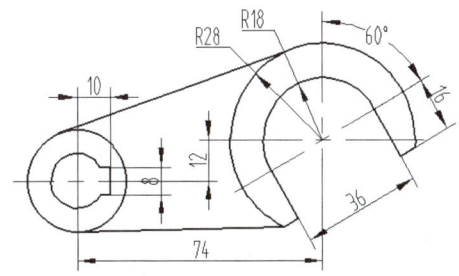

图 4-35 标注半径尺寸

步骤 6 标注直径尺寸。按照操作信息提示区中的提示进行操作:

① 提示"拾取标注元素或点取第一点:",在直径为 30 mm 的圆上的任意位置单击。

② 提示"拾取另一个标注元素或指定尺寸线位置:",在立即菜单中单击第 2 项,选择"文字水平"选项,然后移动光标到合适位置后单击,以标注图 4-36 中的尺寸"φ30"。

③ 提示"拾取标注元素或点取第一点:",在直径为 16 mm 的圆弧上的任意位置单击。

④ 提示"拾取另一个标注元素或指定尺寸线位置:",在立即菜单中单击第 2 项,选择"直径"选项,然后单击第 4 项,选择"文字水平"选项,接着移动光标到合适位置后单击,以标注图 4-36 中的尺寸"φ16"。

⑤ 提示"拾取标注元素或点取第一点:",按"Esc"键终止执行"基本标注"命令。

步骤 7 调整尺寸数字的位置。选择尺寸数字为"8"的尺寸,然后单击尺寸数字下方的夹点(见图 4-37),移动光标并在合适位置单击,最后按"Esc"键结束对象的选择状态,结果如图 4-31 所示。

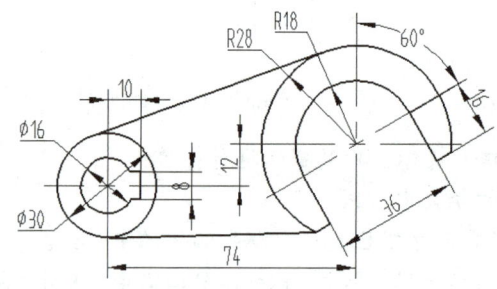

图 4-36 标注直径尺寸

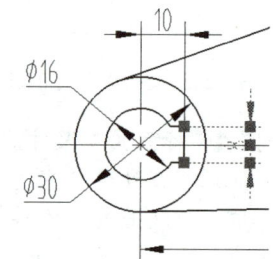

图 4-37 单击尺寸数字下方的夹点

提示

标注尺寸时,应注意以下几点:

(1)在同一张图纸中,所有尺寸文本的高度和箭头的大小应一致,且相互平行的尺寸线的间距应大致相等。

(2)尺寸线的排列应遵循"小尺寸在内,大尺寸在外"的原则,尺寸线不得与图形中的中心线、轮廓线等重合,并尽可能避免与其他尺寸线相交。

(3)若圆弧的圆心角大于 180°,则应标注该圆弧的直径尺寸,且尺寸数字前加"φ";若圆心角小于或等于 180°,则应标注该圆弧的半径尺寸,且尺寸数字前加"R"。

(4)标注孔或轴的直径时,应在尺寸数字前加"φ"。

(5)在同一图形中,对于尺寸相同的孔、槽等成组要素,可仅在一个要素上标注其数量和尺寸;对于均匀分布在圆上的孔,可在尺寸数字后加注"EQS"。

项目四　工程制图标注

> 课堂互动

打开本书配套素材"素材与实例"→"ch04"→"尺寸标注纠错.exb"文件，绘图区显示如图 4-38 所示的图形，观察图中标注的尺寸是否正确。若不正确，请在图上进行修改。老师随机选择两名学生，请他们说出图中标注的尺寸的错误之处并分享自己使用的修改方法。

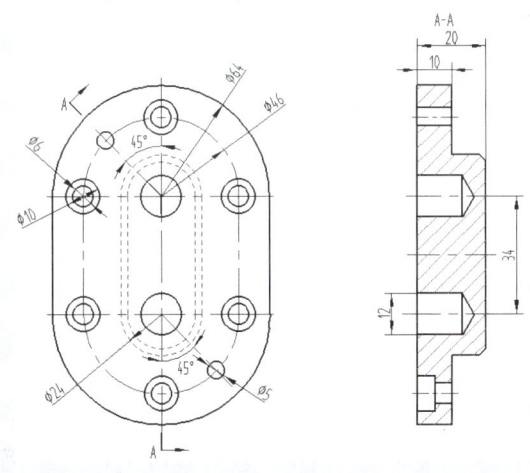

图 4-38　原始图形

二、标注基线尺寸

使用"基线标注"命令可以指定的尺寸界线为基准，标注多个相互平行且间距相等的线性尺寸或角度尺寸。输入"DBA"并按"Enter"键，或者在"常用"选项卡"标注"面板中单击"尺寸"按钮，在弹出的"尺寸标注"立即菜单中单击第 1 项，选择"基线标注"选项，都可以执行"基线标注"命令。

执行"基线标注"命令后，若在绘图区已标注的线性尺寸的某个尺寸界线附近单击，系统会将该尺寸界线作为基准，此时移动光标并在合适位置单击，可标注基线尺寸，如图 4-39 所示；若在绘图区拾取两点并指定尺寸线的位置，此时系统会标注一个线性尺寸，并将拾取的第一点处的尺寸界线作为基准，移动光标并在合适位置单击，可标注基线尺寸。

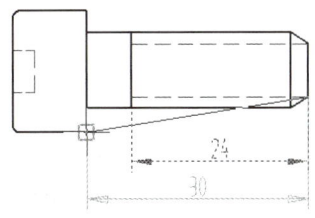

图 4-39　标注基线尺寸

131

> 课堂实例 4-2

使用"基线标注"命令标注如图 4-40 所示的一系列基线尺寸，操作步骤如下。

步骤 1 打开本书配套素材中的"素材与实例"→"ch04"→"基线标注.exb"文件，绘图区显示如图 4-41 所示的图形。

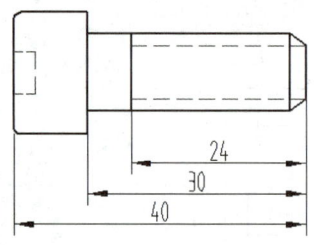

图 4-40 标注基线尺寸

图 4-41 要标注基线尺寸的图形

步骤 2 在"常用"选项卡"标注"面板中单击"尺寸"按钮，在弹出的立即菜单中单击第 1 项，选择"基线标注"选项。

步骤 3 按照操作信息提示区中的提示进行操作：

① 提示"拾取线性尺寸或第一引出点："，捕捉图 4-41 中的端点 A 并单击。

② 提示"拾取第二引出点："，按图 4-42 设置立即菜单，然后捕捉图 4-41 中的交点 B 并单击。

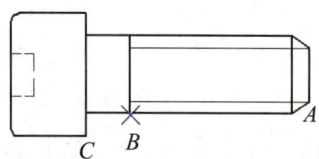

图 4-42 "基线标注"立即菜单

③ 提示"尺寸线位置"，移动光标至合适位置后单击，即可标注尺寸数字为"24"的尺寸。

④ 提示"拾取第二引出点："，在立即菜单第 3 项"尺寸线偏移"编辑框中输入"4"，其他几项的设置不变，然后捕捉图 4-41 中的端点 C 并单击。

⑤ 提示"拾取第二引出点："，单击左侧竖直线。

步骤 4 按"Esc"键终止执行"基线标注"命令，结果如图 4-40 所示。

三、标注连续尺寸

使用"连续标注"命令可以标注一系列首尾相连的线性尺寸，如图 4-43 所示。在"常用"选项卡"标注"面板中单击"尺寸"按钮，在弹出的"尺寸标注"立即菜单中单击第 1 项，选择"连续标注"选项，即可执行"连续标注"命令。

执行"连续标注"命令后，若在绘图区已标注的线性尺寸的某个尺寸界线附近单击，系统会将该尺寸界线作为基准，此时移动光标并在合适位置单击，可标注连续尺寸，并且新生成尺寸的尺寸线与所选尺寸的尺寸线在一条直线上，如图4-44所示；若在绘图区拾取两点并指定尺寸线的位置，此时系统会标注一个线性尺寸，并将拾取的第二点处的尺寸界线作为基准，移动光标并在合适位置单击，可标注连续尺寸。

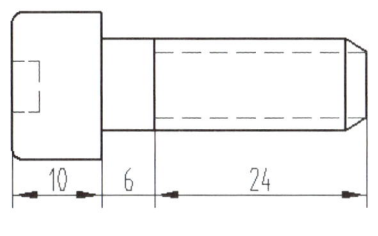

图4-43 标注连续尺寸（1）

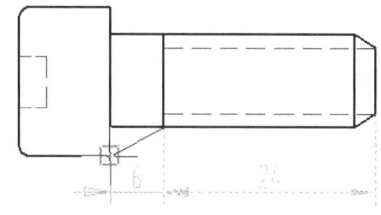

图4-44 标注连续尺寸（2）

四、标注尺寸公差带

在要标注公差带的尺寸上双击，系统会弹出"尺寸标注属性设置（请注意各项内容是否正确）"对话框。用户可根据需要在该对话框中填写公差带代号和尺寸的前缀、后缀，改变公差的输入、输出形式，等等。下面简单介绍"公差与配合"设置区中的内容。

（1）"输入形式"列表框。在该列表框中可选择"代号""偏差""配合""对称"4个选项。若选择"代号"选项，系统会根据"公差代号"编辑框中的公差带代号（如H7、k6等）自动查询其对应的上偏差和下偏差，并将查询结果显示在"上偏差"和"下偏差"编辑框中，如图4-45（a）所示；若选择"偏差"选项，用户可根据设计要求在"上偏差"和"下偏差"编辑框中输入偏差值；若选择"配合"选项，用户可根据需要设置孔与轴的配合制、公差带和配合方式，如图4-45（b）所示；若选择"对称"选项，用户在"上偏差"编辑框中输入偏差值，"下偏差"编辑框中会自动出现对应的偏差值。

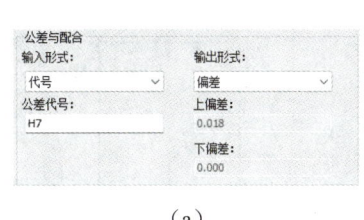

（a）

（b）

图4-45 "公差与配合"设置区

（2）"输出形式"列表框。该列表框中可能出现"代号""偏差""(偏差)""代号(偏差)""极限尺寸"5个选项。若选择"代号"选项，系统会使用公差带代号表示公差，如$\phi 50H7$；若选择"偏差"选项，系统会直接标出偏差，如$\phi 50^{+0.021}_{0}$；若选择"（偏差）"选项，系统会使用"（）"将偏差值括起来，如$\phi 50 \left(^{+0.021}_{0} \right)$；若选择"代号（偏差）"选项，系统会同时标出公差带代号和偏差，如$\phi 50H7^{+0.021}_{0}$；若选择"极限尺寸"选项，系统会标出极限尺寸，如$\phi ^{+50.021}_{50}$。

（3）"公差代号"编辑框。当"输入形式"列表框中的选项为"代号"时，用户除了可在"公差代号"编辑框中输入公差带代号外，还可以单击"高级"按钮，在弹出的"公差与配合可视化查询"对话框[见图4-46（a）]中直接选择需要的公差带代号。当"输入形式"列表框中的选项为"配合"时，用户除了可以在如图4-45（b）所示的"公差带"设置区中选择合适的公差带（如H7/h6、H8/h7等）外，还可以单击"高级"按钮，在弹出的"公差与配合可视化查询"对话框[见图4-46（b）]中直接选择需要的配合。

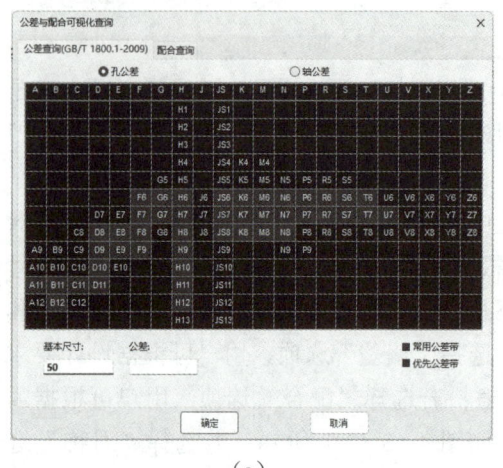
（a）

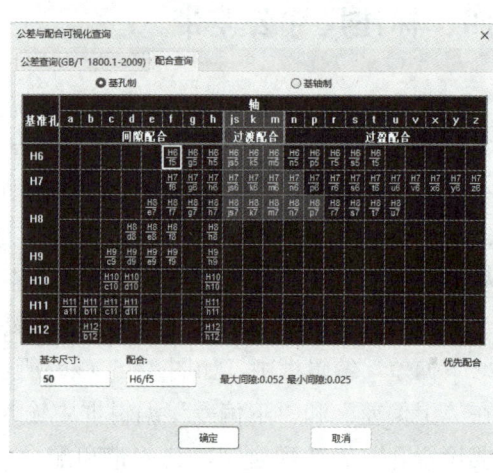
（b）

图4-46 "公差与配合可视化查询"对话框

课堂实例 4-3

标注如图4-47所示的尺寸，操作步骤如下。

步骤1 打开本书配套素材中的"素材与实例"→"ch04"→"尺寸公差带标注.exb"文件。

步骤2 在"常用"选项卡"标注"面板中单击"尺寸"按钮，在弹出的立即菜单中单击第1项，选择"基本标注"选项。

步骤3 按照操作信息提示区中的提示进行操作：

① 提示"拾取标注元素或点取第一点:"，在轴的左侧轮廓线上单击。

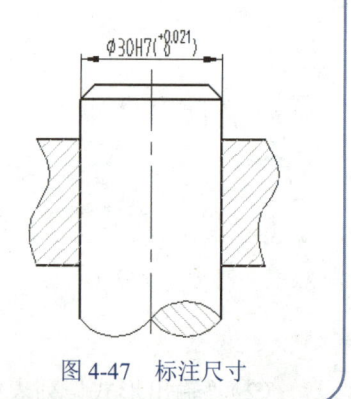

图4-47 标注尺寸

项目四　工程制图标注

② 提示"拾取另一个标注元素或指定尺寸线位置:",在轴的右侧轮廓线上单击。

③ 提示"尺寸线位置",在立即菜单第 3 项中单击,选择"直径"选项,移动光标到合适位置后右击,在弹出的"尺寸标注属性设置(请注意各项内容是否正确)"对话框"输入形式"列表框中选择"代号"选项,在"输出形式"列表框中选择"代号(偏差)"选项,在"公差代号"编辑框中输入"H7",最后单击"确定"按钮。

④ 提示"尺寸线位置",按"Esc"键终止执行"尺寸标注"命令。

素养提升

在工程技术领域,特别是在制图和设计中,尺寸的准确性是至关重要的,任何尺寸方面的偏差都可能导致产品功能失效、装配困难,甚至引发安全事故。此外,在现代工业生产中,标准化是实现大规模、高效率生产的关键。从零件的形状设计、尺寸标注到装配,都需要遵循一定的标准,以确保不同零部件之间的兼容性和互换性。因此,每一位从事制图和设计工作的人员都必须牢记尺寸对产品制造至关重要,合理地标注尺寸能够保障产品的质量和人员的安全。具备强烈的标准化意识,严格遵循国家和行业的相关标准,确保工作成果符合标准的要求,是每一位制图和设计人员必备的职业素养。

五、标注锥度和斜度

锥度是指正圆锥的底圆直径 D 与高度 L 之比,或圆台的两底圆直径之差($D-d$)与高度 L 之比,其标注形式为"▷1∶n"。斜度是指一直线对另一直线或一平面对另一平面的倾斜程度,斜度的大小用两直线或两平面间夹角的正切值来表示,斜度的标注形式为"∠1∶n"。

在"常用"选项卡"标注"面板中单击"尺寸"按钮,在弹出的"尺寸标注"立即菜单中单击第 1 项,选择"锥度/斜度标注"选项,系统会弹出如图 4-48 所示的立即菜单。

| 1.锥度/斜度标注 | 2.锥度 | 3.符号正向 | 4.正向 | 5.加引线 | 6.文字无边框 | 7.不绘制箭头 | 8.不标注角度 | 9.角度含符号 | 10.前缀 | 11.后缀 | 12.基本尺寸 |

图 4-48　"锥度/斜度标注"立即菜单

在如图 4-48 所示的立即菜单中单击第 2 项,可以选择标注锥度或斜度;单击第 3 项,可以调整锥度符号和斜度符号的方向;单击第 4 项,可以调整锥度和斜度标注中文字的方向;单击第 5 项,可以选择是否加引线;单击第 6 项,可以设置是否为标注的文字加边框;单击第 7 项,可以设置是否绘制引出线的箭头(仅在标注锥度时出现);单击第 8 项,可以设置是否标注角度(仅在标注锥度时出现)。

设置好立即菜单后，先拾取轴线，再拾取要标注的斜线，然后移动光标并在适当位置单击，即可完成锥度标注或斜度标注。锥度标注和斜度标注示例如图4-49所示。

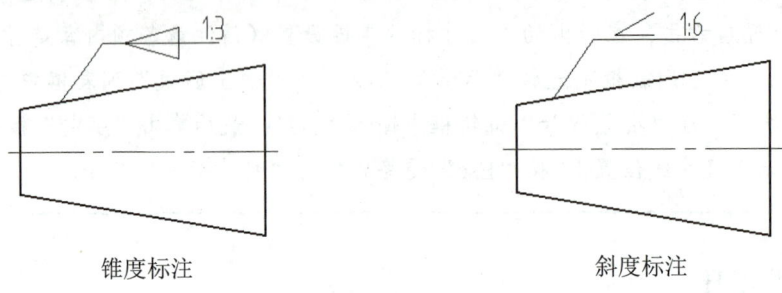

图4-49　锥度标注和斜度标注示例

> **提　示**
>
> 锥度符号和斜度符号的方向应与锥度和斜度的方向一致。

六、编辑尺寸

在"标注"选项卡"修改"面板中单击"标注编辑"按钮，然后选择要编辑的尺寸，系统会根据拾取尺寸的类型弹出相应的立即菜单。若拾取的尺寸为线性尺寸，则可在立即菜单中单击第1项，选择"尺寸线位置""文字位置"和"箭头形状"选项，然后根据需要进行编辑。

选择不同的选项时，编辑尺寸的具体操作如下：

（1）"尺寸线位置"选项。选择该选项后，通过设置立即菜单（见图4-50）中的其他几项，可以修改尺寸数字的方向、位置，尺寸界限的角度，基本尺寸及其前缀和后缀。例如，若要将图4-51（a）中的基本尺寸由"30"改为"30±0.2"，并将尺寸界限的角度由90°更改为45°，则需要在执行"标注编辑"命令后单击图4-51（a）中的尺寸，然后在立即菜单中单击第1项，选择"尺寸线位置"选项，在第4项"界限角度"编辑框中输入"45"，在第6项"后缀"编辑框中输入"%p0.2"，其他几项采用默认设置，接着移动光标并在合适位置单击，最后右击，结果如图4-51（b）所示。

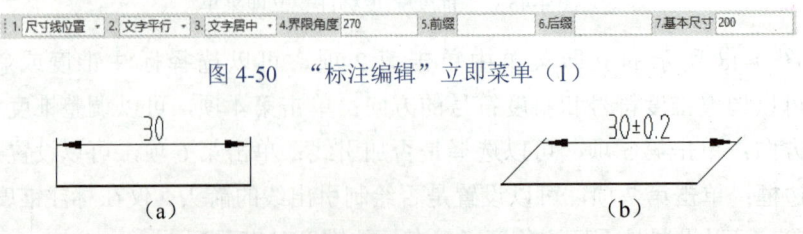

图4-50　"标注编辑"立即菜单（1）

图4-51　编辑尺寸界线和尺寸数字

项目四　工程制图标注

 提　示

尺寸界限的角度是指尺寸界线与水平线在逆时针方向上的夹角。若只需要移动尺寸线，则先选择标注的尺寸，然后单击尺寸数字下方的夹点并移动光标，最后在所需位置单击即可。

（2）"文字位置"选项。选择该选项后，通过设置立即菜单（见图4-52）中的其他几项，可以控制是否为尺寸数字添加引线、修改基本尺寸，修改或添加基本尺寸的前缀或后缀。例如，若要为图4-51（a）中的尺寸数字添加引线，则需要在执行"标注编辑"命令后单击图4-51（a）中的尺寸，然后在立即菜单中单击第1项，选择"文字位置"选项，单击第2项，选择"加引线"选项，其他几项采用默认设置，接着移动光标并在合适位置单击，最后右击，结果如图4-53所示。

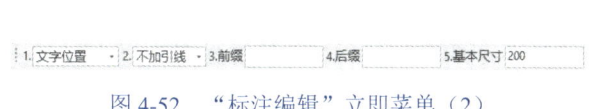

图4-52　"标注编辑"立即菜单（2）

图4-53　为尺寸数字添加引线

（3）"箭头形状"选项。选择该选项时，系统会弹出"箭头形状编辑"对话框（见图4-54），在此对话框中可以设置所选尺寸中左箭头和右箭头的形状。例如，在图4-55（a）中，尺寸之间出现了箭头重叠的现象，此时可以在"箭头形状编辑"对话框中对相关箭头进行修改，结果如图4-55（b）所示。

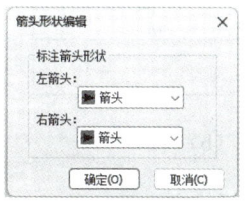 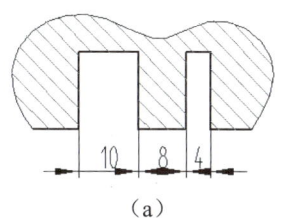 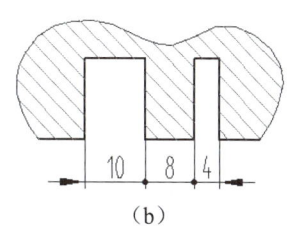

　　　　　　　　　　　　　　　　　　　　　　　　（a）　　　　　　　　（b）

图4-54　"箭头形状编辑"对话框　　　　图4-55　修改箭头形状

课堂互动

为方便用户在修改尺寸时，随之修改相应对象的大小，CAXA CAD电子图板提供了"尺寸驱动"命令。在"标注"选项卡"修改"面板中单击"尺寸驱动"按钮，然后选择要编辑的图线和尺寸并按"Enter"键，接着指定尺寸关联对象变化的基准点，然后拾取驱动尺寸并输入新的数值，即可完成尺寸驱动操作。

打开本书配套素材"素材与实例"→"ch04"→"尺寸驱动.exb"文件，使用"尺寸驱动"命令将图4-56中两圆的中心距变为70 mm，并将大圆的直径变为40 mm。老师随机选择两名学生,请他们分享自己修改尺寸的具体操作步骤或描述遇到的问题,并为其解答。

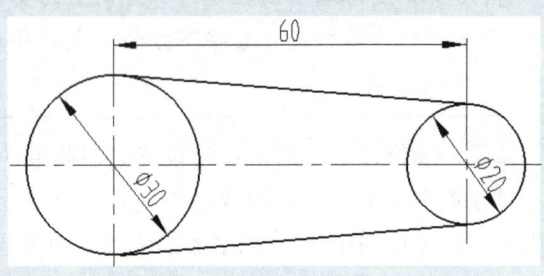

图 4-56 使用"尺寸驱动"命令修改尺寸

任务实施——为套筒图形标注尺寸

下面将通过为如图 4-57(a)所示的套筒图形标注尺寸[结果见图 4-57(b)],进一步学习文本风格和尺寸风格的设置方法和常用尺寸标注命令的使用方法。

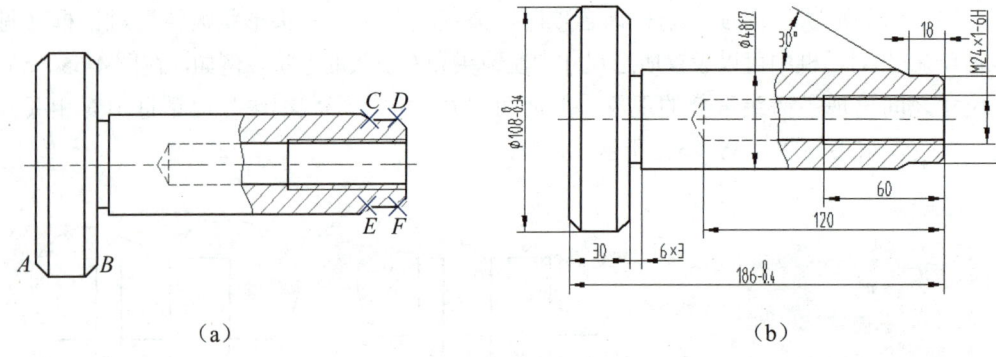

(a)　　　　　　　　　　　　　(b)

图 4-57 为套筒图形标注尺寸

绘图思路

在标注尺寸之前,首先应设置文本风格和尺寸风格,然后按照一定的顺序标注尺寸,避免出现漏标尺寸和多标尺寸的情况。

绘图步骤

步骤 1 打开文件。打开本书配套素材"素材与实例"→"ch04"→"为套筒图形标注尺寸.exb"文件。

为套筒图形标注尺寸

步骤 2 设置尺寸风格。按照以下步骤进行操作:

① 在"标注"选项卡"标注样式"面板中单击"尺寸样式"按钮,然后在弹出的"标注风格设置"对话框中单击"新建"按钮。

② 在弹出的提示"新建风格后将自动保存,确认新建吗?"对话框中单击"是"按

钮，然后在弹出的"新建风格"对话框"风格名称"编辑框中输入"机械"，在"基准风格"列表框中选择"标准"选项，在"用于"列表框中选择"所有标注"选项，接着单击"下一步"按钮。

③ 在"标注风格设置"对话框中选择"直线和箭头"选项卡，在"箭头1""箭头2""引线箭头"列表框中均选择"实心闭合"选项；选择"文本"选项卡，在"文本风格"列表框中选择"机械"选项；选择"调整"选项卡，在"标注总比例"编辑框中输入"2"。最后依次单击"设为当前"和"确定"按钮。

步骤3 标注直径尺寸。在"常用"选项卡"标注"面板中单击"尺寸"按钮，在弹出的立即菜单第1项中选择"基本标注"选项，然后单击图形最上方和最下方的两条直线，在立即菜单第3项中单击，选择"直径"选项，接着移动光标并在合适位置单击，以标注尺寸"φ108"。

步骤4 标注连续尺寸。在立即菜单第1项中选择"连续标注"选项，依次捕捉并单击图4-57（a）中的端点A和端点B，然后移动光标并在合适位置单击，以指定尺寸线的位置；捕捉如图4-58（a）所示的端点并右击，在弹出的"尺寸标注属性设置（请注意各项内容是否正确）"对话框"后缀"编辑框中输入"%x3"，然后单击"确定"按钮，最后按"Esc"键终止执行"连续标注"命令，结果如图4-58（b）所示。

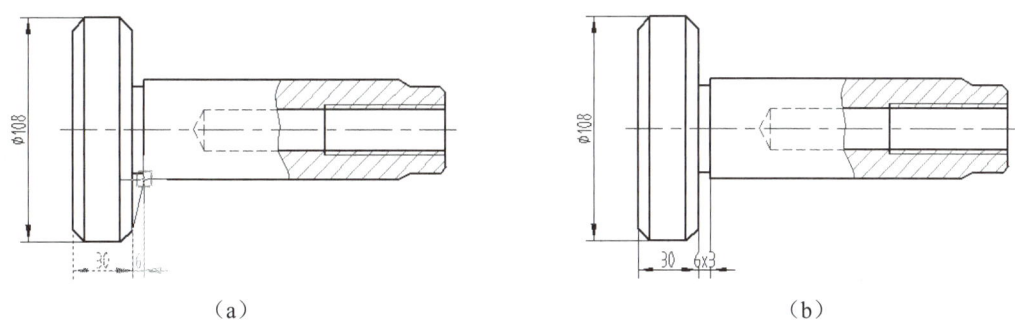

图4-58 标注连续尺寸

步骤5 编辑直径尺寸。在尺寸数字为"φ108"的尺寸上双击，然后在弹出的"尺寸标注属性设置（请注意各项内容是否正确）"对话框"公差与配合"设置区"输入形式"列表框中选择"偏差"选项，在"上偏差"编辑框中输入"0"，在"下偏差"编辑框中输入"-0.34"，最后单击"确定"按钮。

步骤6 编辑连续尺寸。选择尺寸数字为"6×3"的尺寸，然后单击如图4-59（a）所示的尺寸数字下方的夹点，接着水平向右移动光标并在合适位置单击，最后按"Esc"键结束对象的选择状态，结果如图4-59（b）所示。

步骤7 标注线性尺寸和角度尺寸。在"常用"选项卡"标注"面板中单击"尺寸"按钮，在弹出的立即菜单第1项中选择"基本标注"选项，然后标注线性尺寸"18"和角度尺寸"30°"，结果如图4-60所示。

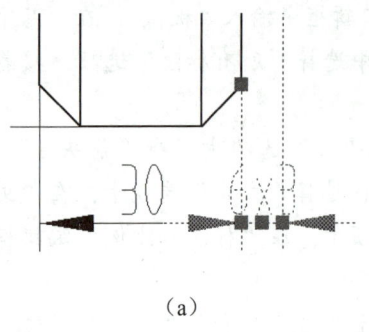
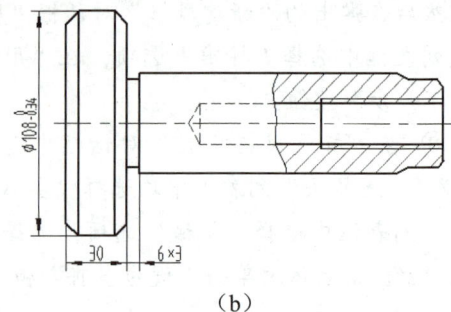

图 4-59 编辑连续尺寸

步骤 8 标注直径尺寸。依次单击最长轴段的上轮廓线和下轮廓线，在第 6 项"后缀"编辑框中输入"f7"，移动光标并在合适位置单击，以标注尺寸"φ48f7"；依次单击螺纹大径处的两条轮廓线，在立即菜单第 5 项"前缀"编辑框中输入"M"，在第 6 项"后缀"编辑框中输入"%x1-6H"，移动光标并在合适位置单击，以标注尺寸"M24×1-6H"；单击图 4-57（a）中的直线 *CD* 和 *EF*，移动光标并在合适位置单击，以标注尺寸"φ42"，最后按"Esc"键终止执行"基本标注"命令，结果如图 4-61 所示。

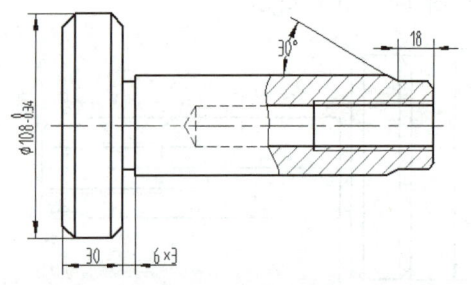
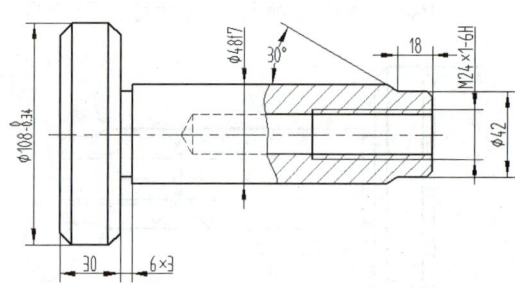

图 4-60 标注线性尺寸和角度尺寸　　　　　　图 4-61 标注直径尺寸

步骤 9 编辑尺寸数字和尺寸线。按照步骤 5 标注尺寸"φ42"的上偏差和下偏差，结果如图 4-62（a）所示。在尺寸数字为"φ48f7"的尺寸上双击，在弹出的"尺寸标注属性设置（请注意各项内容是否正确）"对话框中勾选"箭头反向"复选框，然后单击"确定"按钮。采用同样的方法编辑尺寸"M24×1-6H"的尺寸线，结果如图 4-62（b）所示。

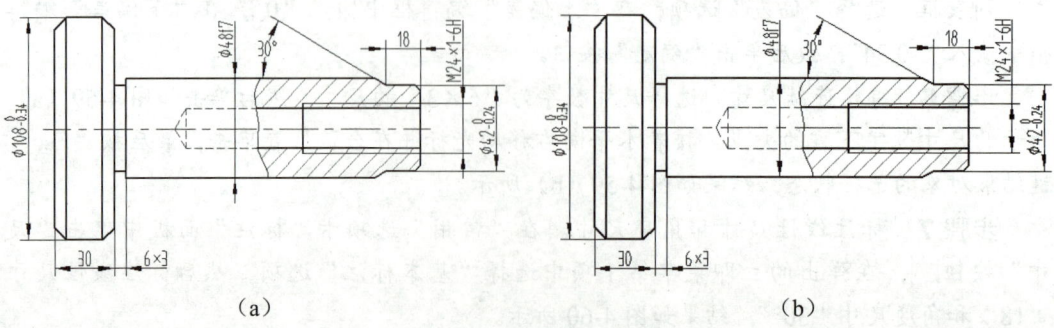

图 4-62 编辑尺寸数字和尺寸线

步骤 10 标注基线尺寸。在"常用"选项卡"标注"面板中单击"尺寸"按钮，在弹出的立即菜单第1项中选择"基线标注"选项，依次捕捉并单击最右侧竖直线和螺纹终止线与下方螺纹大径轮廓线的交点，移动光标并在合适位置单击，以标注尺寸"60"；在立即菜单第3项"尺寸线偏移"编辑框中输入"15"，其他几项采用默认设置，捕捉如图4-63所示的端点并单击，以标注尺寸"120"；按"Esc"键终止执行"基线标注"命令。

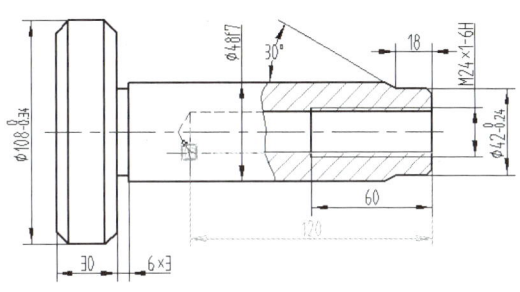

图 4-63　标注基线尺寸

步骤 11 标注线性尺寸。按空格键，在立即菜单第1项中选择"基本标注"选项，依次捕捉并单击中心线与图形最左侧竖直线和最右侧竖直线的交点，然后移动光标并在合适位置单击，以标注尺寸"186"；按"Esc"键终止执行"基本标注"命令。

步骤 12 编辑尺寸数字。按照步骤5标注尺寸"186"的上偏差和下偏差，结果如图4-57（b）所示。

步骤 13 保存文件。按快捷键"Ctrl+S"保存该文件。

提　示

在标注尺寸时，一定要先厘清思路，再进行标注。为避免出现漏标、多标尺寸的情况，在标注尺寸前，应先观察图形，然后按一定顺序（由内而外、从左向右或从上到下等）进行标注。

任务三　标注工程图样中的符号

任务导入

在实际生产中，经过加工的零件不仅会出现尺寸误差，还会出现形状和位置误差，因此需要对零件的几何公差加以限制。老师告诉小王，在绘制工程图样时，应根据零件的性能和用途，为其标注必要的表面粗糙度、几何公差等，如图4-64（a）所示。此外，几个相交的剖切平面的标注必须用带字母的剖切符号表示出剖切平面的起、止和转折位置，并用箭头表示投射方向，同时注写视图名称“×—×”，如图 4-64（b）所示。那么，小王该如何标注这些符号呢？

（a）　　　　（b）

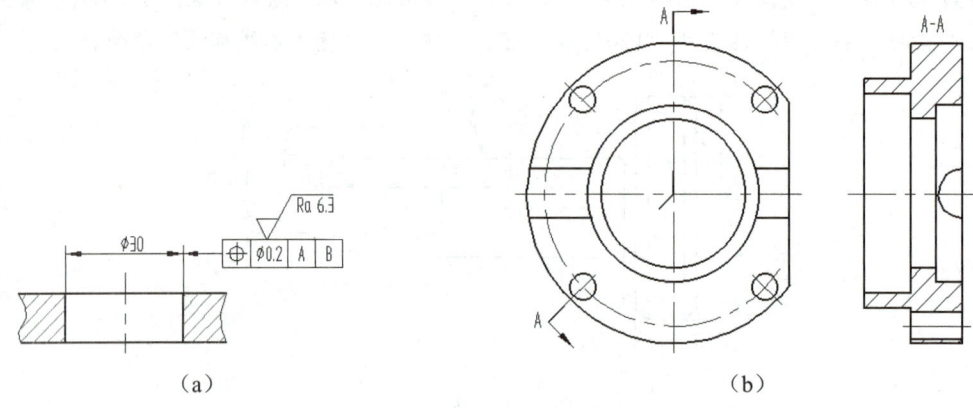

图 4-64　标注工程图样中的符号

学习本任务的相关知识后，请你帮助小王完成上述工程图样中各种符号的标注。

一、标注倒角尺寸

在“标注”选项卡“符号”面板中单击“倒角标注”按钮，系统会弹出“倒角标注”立即菜单。在此立即菜单中单击第 1 项，可选择“默认样式”和“特殊样式”选项。

选择不同的选项时，标注倒角尺寸的具体操作如下：

（1）“默认样式”选项。选择该选项后，对应的立即菜单如图 4-65 所示，在此立即菜单中单击第 2 项，可选择倒角线的轴线方向，如图 4-66 所示；单击第 3 项，可选择尺寸线的方向（如“水平标注”“铅垂标注”“垂直于倒角线”）；单击第 4 项，可设置倒角的标注方式（如“1×1”“1×45°”“45°×1”“C1”）。设置好立即菜单后，拾取倒角线，移动光标至合适位置后单击，即可指定尺寸线的位置并标注倒角尺寸。

图 4-65　“倒角标注”立即菜单

原图　　　　轴线方向为 x 轴方向　　　　轴线方向为 y 轴方向

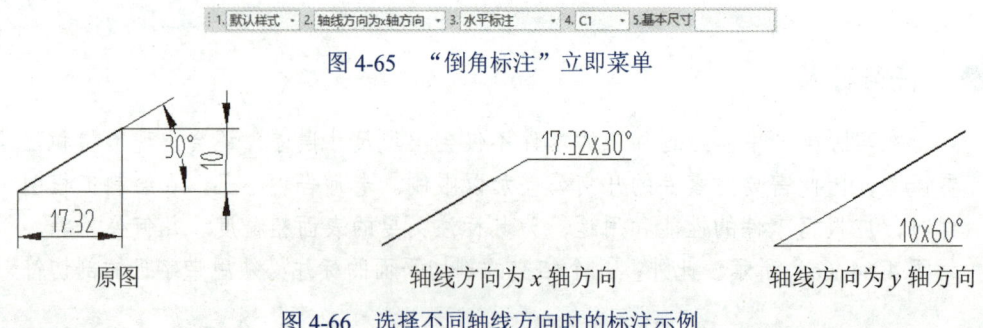

图 4-66　选择不同轴线方向时的标注示例

(2)"特殊样式"选项。选择该选项,然后拾取一对倒角线并指定尺寸线的位置,即可完成倒角标注,如图 4-67 所示。

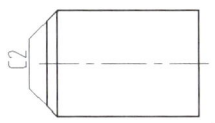

图 4-67 标注示例

二、标注基准代号

基准是一个理论参照,由一个平面、一条直线、一个点或这几种要素的组合所确定,主要用来确定公差带的位置和/或方向。

(一)标注方式

在"标注"选项卡"符号"面板中单击"基准代号"按钮,系统会弹出"基准代号"立即菜单。在该立即菜单中单击第 1 项,可选择"基准标注"和"基准目标"选项。

选择不同的选项时,标注基准代号的具体操作如下:

(1)"基准标注"选项。选择该选项后,在立即菜单第 2 项中若选择"给定基准"选项,则在第 3 项中分别选择"默认方式"(无引出线)或"引出方式"(有引出线)选项后的标注示例如图 4-68(a)和图 4-68(b)所示;若选择"任选基准"选项,基准代号的端部为箭头,标注示例如图 4-68(c)所示。设置好立即菜单后,在绘图区拾取需要标注基准代号的对象,然后根据系统提示进行操作即可。

(2)"基准目标"选项。选择该选项后,在立即菜单第 2 项中若选择"代号标注"选项,则可在第 3 项中设置引出线为直线、折线水平或折线竖直,在"上说明"和"下说明"编辑框中输入所需内容后,即可根据系统提示完成标注,标注示例如图 4-68(d)所示;若选择"目标标注"选项,可通过拾取点、直线或圆弧来指定基准目标的位置,标记为"×",标注示例如图 4-68(e)所示。

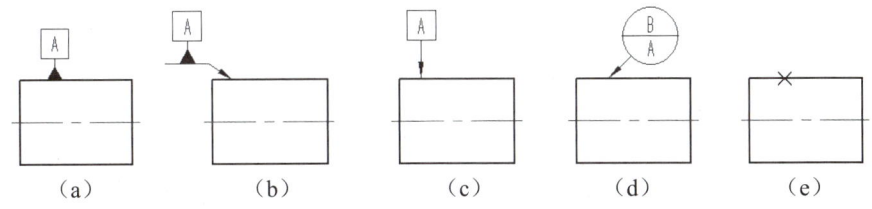

图 4-68 基准代号标注示例

(二)编辑方法

若要编辑基准代号,则可在"标注"选项卡"标注样式"面板中单击"样式管理"按钮,在弹出的"样式管理"对话框左侧单击"基准代号风格"选项前的按钮,在展开的列表中选择"标准"选项,此时对应的"样式管理"对话框如图 4-69 所示。在此对话框中可对基准代号的各组成部分进行设置,在"比例"设置区中可设置基准代号的标注总比例。此外,在标注的基准代号上双击,即可编辑标注点的位置,并可在弹出的立即菜单中修改基准名称[图 4-68(e)中的情况除外]。

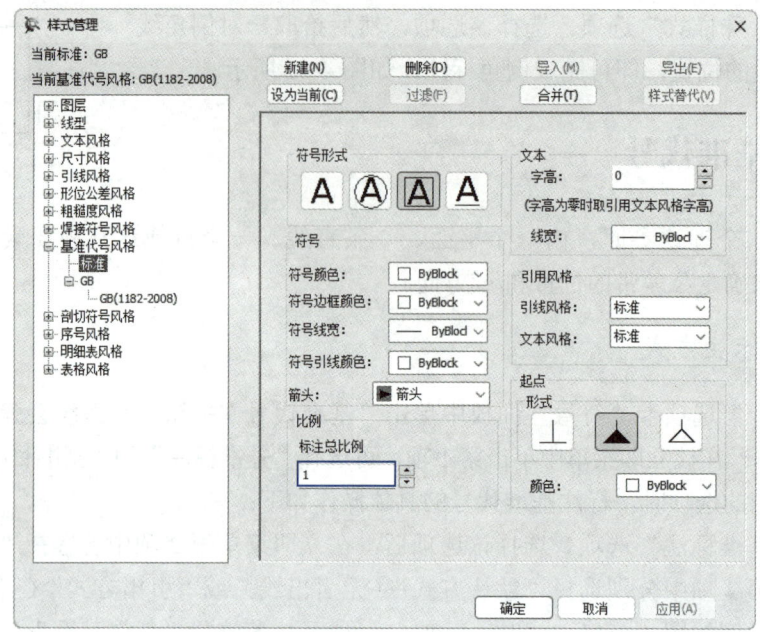

图 4-69 "样式管理"对话框（1）

三、标注表面粗糙度

零件经过机械加工后，表面会留下许多高低不平的凸峰和凹谷，这种微观几何形状特性称为表面粗糙度。表面粗糙度是评定零件表面质量的一项重要技术指标，对于零件的耐磨性、抗腐蚀性和密封性等都有显著影响，是工程图样中必不可少的一项技术要求。

（一）标注方式

在"标注"选项卡"符号"面板中单击"粗糙度"按钮√，在弹出的"粗糙度"立即菜单中单击第 1 项，可选择标注表面粗糙度的方式，即"简单标注"和"标准标注"。

选择不同的选项时，标注表面粗糙度的具体操作如下：

（1）"简单标注"选项。选择该选项后，在立即菜单中单击第 2 项，可选择"默认方式"或"引出方式"选项；单击第 3 项，可选择表面粗糙度符号的类型（如"去除材料""不去除材料"和"基本符号"）；在第 4 项"数值"编辑框中可输入表面粗糙度参数代号和数值；单击第 5 项，可选择是否在表面粗糙度符号前加上"其余""全部"或"下料切边"字样。设置好立即菜单后，拾取定位点、直线、圆弧或圆，然后指定标注符号的旋转角度或位置点，即可完成标注。

（2）"标准标注"选项。选择该选项后，系统会弹出"表面粗糙度（GB）"对话框，在此对话框中选择表面粗糙度符号的基本类型、纹理的方向（通过单击"无"按钮来选择），输入表面粗糙度参数代号和数值等（见图 4-70），最后单击"确定"按钮并在绘图区中的合适位置单击，即可完成标注。表面粗糙度标注示例如图 4-71 所示。

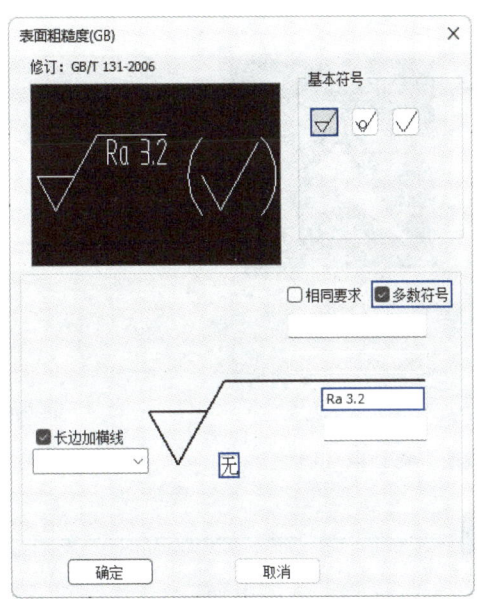

图 4-70 "表面粗糙度（GB）"对话框

图 4-71 表面粗糙度标注示例

（二）编辑方法

在"标注"选项卡"标注样式"面板中单击"标注管理"按钮，在弹出的"样式管理"对话框左侧单击"粗糙度风格"前的按钮，在展开的列表中选择"标准"选项，然后在"样式管理"对话框各设置区中设置表面粗糙度各组成部分，在"比例"设置区中可以设置表面粗糙度的标注总比例。

此外，选中标注的表面粗糙度符号后右击，在弹出的快捷菜单中选择"标注编辑"菜单项，或者双击标注的表面粗糙度符号，均可在弹出的"表面粗糙度（GB）"对话框中修改表面粗糙度符号的类型等。

四、标注引出说明

在"标注"选项卡"符号"面板中单击"引出说明"按钮，系统会弹出"引出说明"对话框（见图4-72），在此对话框中输入说明性文字、选择插入的特殊符号、设置多行文字的形式，然后单击"确定"按钮，系统会弹出"引出说明"立即菜单（见图4-73）。在此立即菜单中设置文字的方向、引线的绘制方式及是否绘制基线，然后在绘图区指定引线转折点，最后水平移动光标并单击即可完成引出说明的标注。

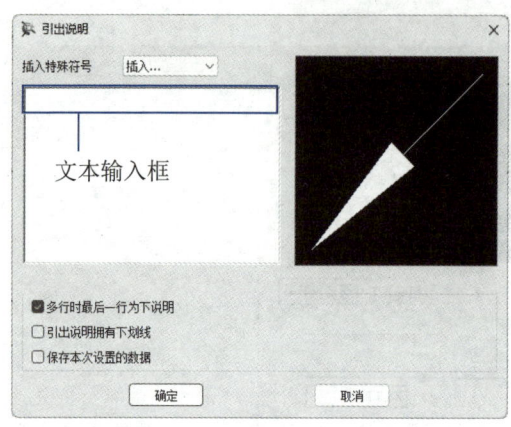

图 4-72 "引出说明"对话框（1）　　图 4-73 "引出说明"立即菜单

课堂实例 4-4

标注如图 4-74 所示的引出说明，操作步骤如下。

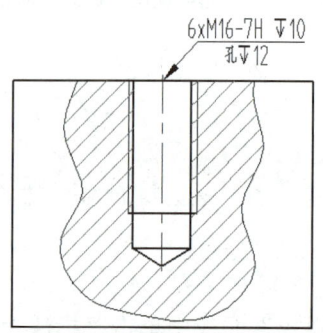

图 4-74 标注引出说明

步骤 1 打开本书配套素材"素材与实例"→"ch04"→"引出说明标注.exb"文件。

步骤 2 在"标注"选项卡"符号"面板中单击"引出说明"按钮，在弹出的"引出说明"对话框中勾选"多行时最后一行为下说明"复选框，在文本输入框中输入说明文字。图 4-75 中红色方框内的文字表示的是深度符号，其输入方法如下：在"插入特殊符号"列表框中选择"尺寸特殊符号"选项，然后在弹出的"尺寸特殊符号"对话框（见图 4-76）中选择符号并单击"确定"按钮。最后在"引出说明"对话框中单击"确定"按钮。

步骤 3 按照操作信息提示区中的提示进行操作：

① 提示"拾取定位点或直线或圆弧"，捕捉中心线与最上方一条水平线的交点并单击。

② 提示"引线转折点"，移动光标并在合适位置单击。

③ 提示"拖动确定定位点:"，水平向右移动光标至合适位置后单击，以放置文字。

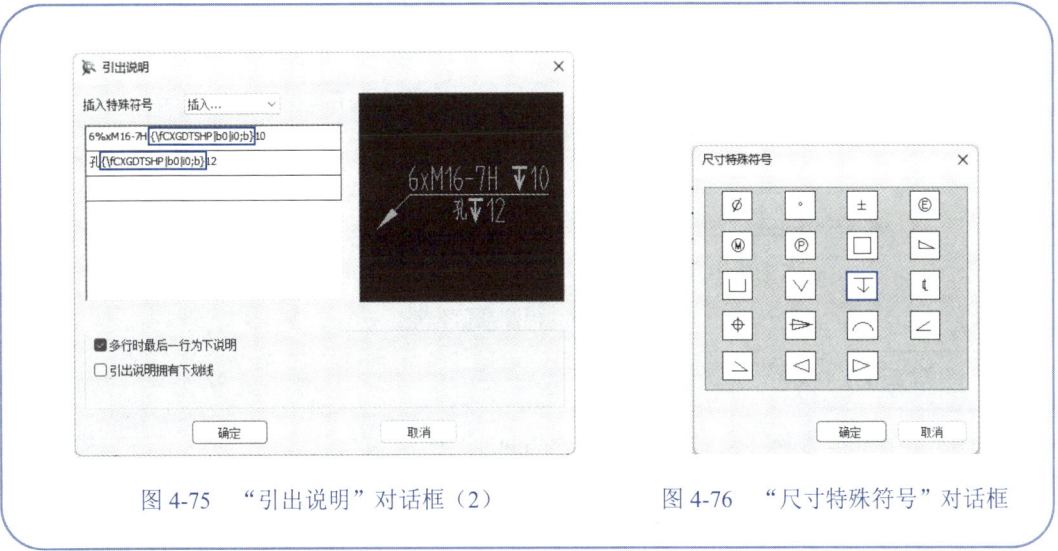

图 4-75 "引出说明"对话框（2）　　图 4-76 "尺寸特殊符号"对话框

五、标注几何公差

（一）标注方式

几何公差包括形状公差、方向公差、位置公差和跳动公差。用户可使用 CAXA CAD 电子图板中的"形位公差"命令标注几何公差。在"标注"选项卡"符号"面板中单击"形位公差"按钮 ，系统会弹出"形位公差（GB）"对话框（见图 4-77）。

在"形位公差（GB）"对话框"公差代号"设置区中选择几何公差符号，在"公差1"和"公差2"设置区设置公差的前缀、数值、后缀，在"基准一""基准二""基准三"设置区中输入基准代号、选择附加符号，核对预览区中的内容无误后，单击"确定"按钮，系统会弹出"形位公差"立即菜单。

在"形位公差"立即菜单中单击第1项，可选择几何公差的标注方式（如"水平标注"

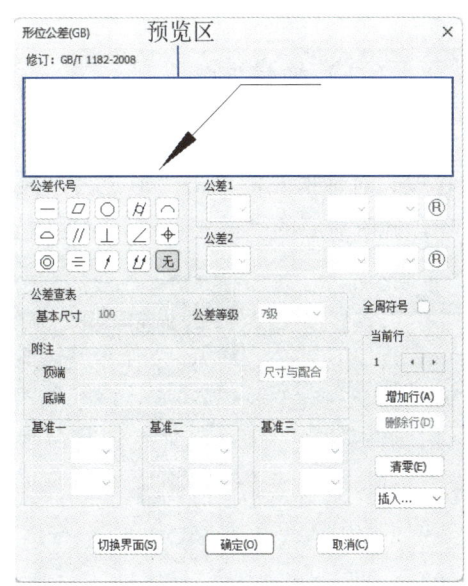

图 4-77 "形位公差"对话框

或"铅垂标注"，标注示例见图 4-78），然后拾取定位点、直线、圆弧或圆，移动光标并在合适位置单击，以指定引线的引出位置和引线转折点，最后水平或竖直移动光标并在合适位置单击，即可完成几何公差的标注。

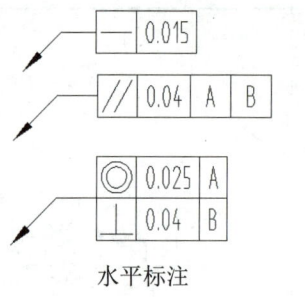

图 4-78 标注几何公差

课堂互动

打开本书配套素材"素材与实例"→"ch04"→"几何公差标注.exb"文件,然后标注图 4-79 中的几何公差和基准代号。老师随机选择两名学生,请他们分享自己的操作步骤。

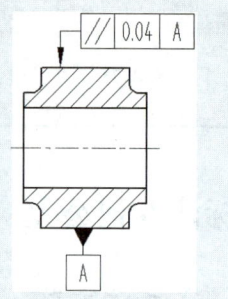

图 4-79 标注几何公差和基准代号

(二)编辑方法

在"标注"选项卡"标注样式"面板中单击"标注管理"按钮,在弹出的"样式管理"对话框左侧单击"形位公差风格"前的按钮,在展开的列表中选择"标准"选项,此时对应的"样式管理"对话框如图 4-80 所示。

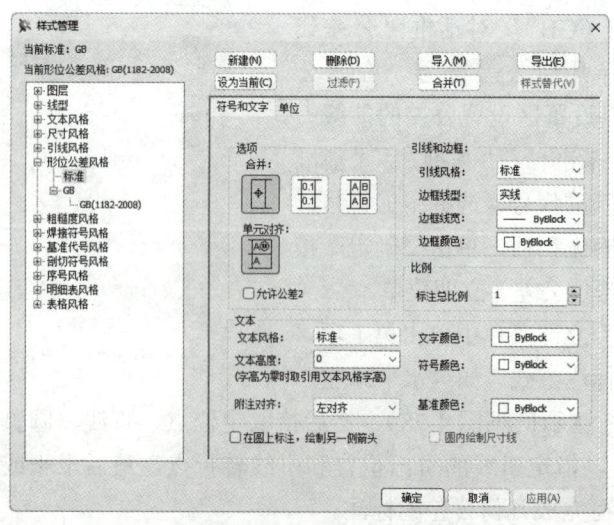

图 4-80 "样式管理"对话框(2)

项目四 工程制图标注

选择"符号和文字"选项卡,在"选项"设置区可以设置当几何公差有多行时,是否将符号、数值或基准参数相同的几何公差合并,是否将公差框格对齐等;在"引线和边框"设置区和"文本"设置区可以设置引线、框格和文本的风格;在"比例"设置区可以设置几何公差的标注总比例。

选择"单位"选项卡,可以设置几何公差基本单位的格式、精度、小数点形式,也可以设置是否省略小数点前的零和小数点后数字末尾的零、是否显示换算单位等。

六、标注剖切符号

在标注剖切符号之前,应先设置剖切符号风格。在"标注"选项卡"标注样式"面板中单击"标注管理"按钮,在弹出的"样式管理"对话框左侧单击"剖切符号风格"前的按钮,在展开的列表中选择"标准"选项,然后在"样式管理"对话框各设置区中设置剖切符号平面线的形状,箭头的形式、大小和颜色,剖切基线的颜色、线宽,等等。

在"标注"选项卡"符号"面板中单击"剖切符号"按钮,系统会弹出"剖切符号"立即菜单(见图4-81)。在此立即菜单中单击第1项,可设置存在多条剖切轨迹线时,后一条剖切轨迹线与其前一条剖切轨迹线是否垂直;单击第2项,可设置剖切符号名的放置方式。

图 4-81 "剖切符号"立即菜单

执行"剖切符号"命令并设置好立即菜单后,指定剖切轨迹线,然后右击进行确认,接着在剖切轨迹线的一侧单击,以指定投射方向,或者右击,不标注投射方向,最后在相应剖视图或断面图的上方单击,以指定剖视图或断面图的名称的标注点。

课堂实例 4-5

在图4-82(a)的基础上标注剖切符号和剖视图的名称,标注结果如图4-82(b)所示,操作步骤如下。

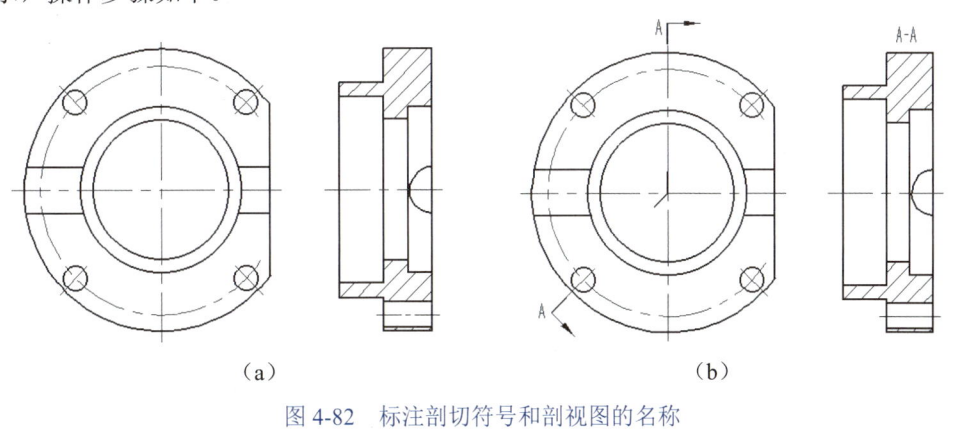

图 4-82 标注剖切符号和剖视图的名称

步骤1 打开本书配套素材"素材与实例"→"ch04"→"剖切符号标注.exb"文件。

步骤2 在"标注"选项卡"标注样式"面板中单击"标注管理"按钮，在弹出的"样式管理"对话框左侧单击"剖切符号风格"前的按钮⊞，在展开的列表中选择"标准"选项，然后按图4-83设置剖切符号风格，最后依次单击"设为当前""确定"按钮。

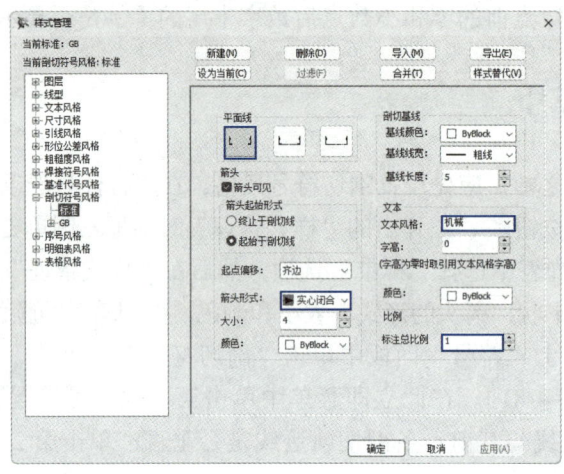

图4-83 设置剖切符号风格

步骤3 按"F6"键，将捕捉方式设为"导航"，并设置增量角为45°。在"标注"选项卡"符号"面板中单击"剖切符号"按钮，在弹出的立即菜单中单击第1项，选择"不垂直导航"选项；单击第2项，选择"手动放置剖切符号名"选项。然后按照操作信息提示区中的提示进行操作：

① 提示"画剖切轨迹（画线）：指定第一点"，捕捉主视图中竖直中心线的上端点，然后竖直向上移动光标并在合适位置单击。

② 提示"指定下一点"，竖直向下移动光标，捕捉同心圆的圆心并单击。

③ 提示"指定下一点，或右键单击选择剖切方向"，捕捉如图4-84所示的小圆的中心线（直线）的端点，然后沿着45°导航线移动光标并在合适位置单击。

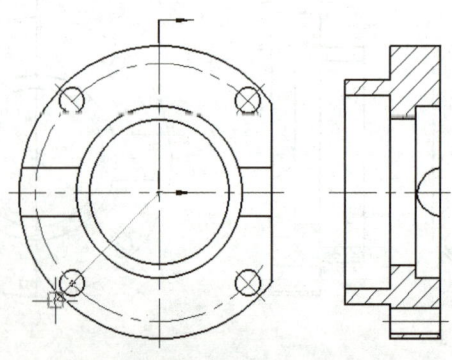

图4-84 选择剖切方向

④ 提示"指定下一点，或右键单击选择剖切方向"，右击。

⑤ 提示"请单击箭头选择剖切方向："，在主视图右侧任意位置单击。

⑥ 提示"指定剖面名称标注点："，在立即菜单第1项"剖面名称"编辑框中输入"A"，然后分别在合适位置单击，以标注剖切符号名，最后右击。

⑦ 提示"指定剖面名称标注点："，在合适位置单击以放置剖视图的名称。

课堂互动

完成下列操作并和周围的同学分享具体的操作步骤：

（1）双击剖切符号，在弹出的立即菜单第1项中选择"修改标签"选项，然后将图4-82（b）中剖切符号名改为"B"，将剖视图的名称改为"B—B"；选择"删除标签"选项，然后删除图4-82（b）中剖切符号名。

（2）在"标注"选项卡"符号"面板中单击"焊接符号"按钮和"向视符号"按钮，然后探索焊接符号和向视符号的标注方法。

任务实施——为套筒图形标注符号

下面将通过在如图4-85（a）所示的套筒图形的基础上标注倒角尺寸、基准代号、表面粗糙度和几何公差 [结果见图4-85（b）]，进一步学习工程图样中符号的标注方法。

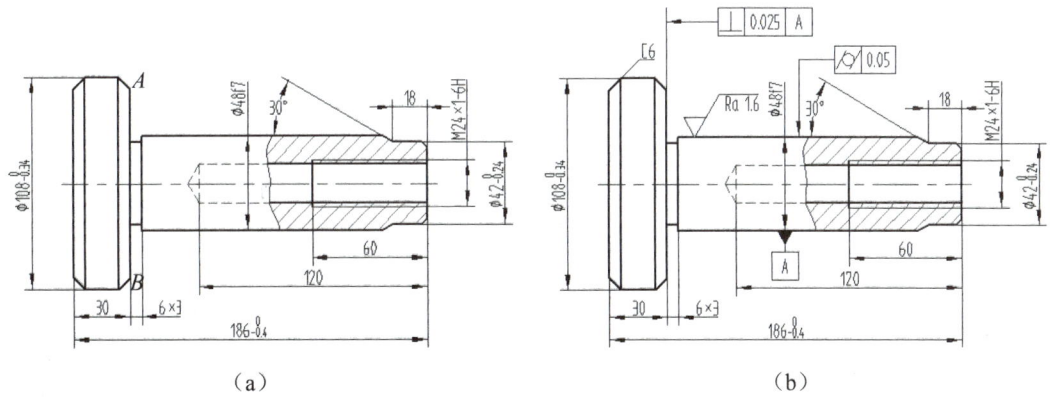

图4-85 为套筒图形标注符号

绘图思路

为使图中所有字母和尺寸数字的字体一致，在标注倒角尺寸前，需要先将当前尺寸风格设为"机械"。在"机械"尺寸风格中，尺寸数字的大小为3.5 mm，文本风格为"机械"，箭头的大小为4 mm，标注总比例为2。为使图中所有箭头、字母和尺寸数字的大小和风格一

为套筒图形标注符号

致,在标注基准代号、表面粗糙度和几何公差前,需要将相应的标注样式中尺寸数字的大小、文本风格、箭头的大小、标注总比例与"机械"尺寸风格中的大小和风格设置得一致。

绘图步骤

步骤1 打开文件。打开本书配套素材"素材与实例"→"ch04"→"为套筒图形标注符号.exb"文件。

步骤2 标注倒角尺寸。将当前文本风格和尺寸风格设为"机械"。在"标注"选项卡"符号"面板中单击"倒角标注"按钮,然后按图4-86设置立即菜单。单击图形左上角的倒角线,向上移动光标并在合适位置单击,以指定尺寸线的位置;右击,结果如图4-87所示。

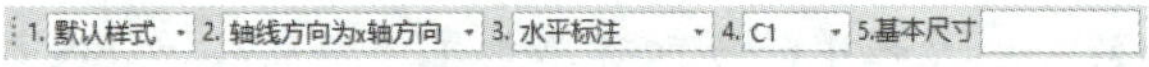

图4-86 "倒角标注"立即菜单

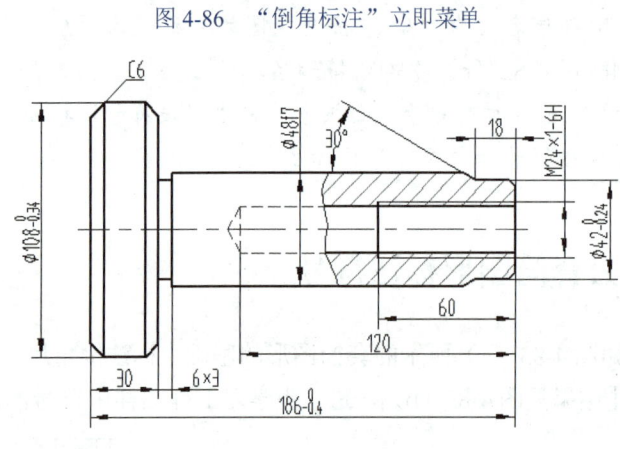

图4-87 标注倒角尺寸

步骤3 设置引线风格和基准代号风格。在"标注"选项卡"标注样式"面板中单击"样式管理"按钮,在弹出的"样式管理"对话框左侧选择"引线风格"选项组中的"标准"选项,并在"引出端点"设置区"箭头形式"列表框中选择"实心闭合"选项。在"样式管理"对话框左侧选择"基准代号风格"选项组中的"标准"选项,然后按图4-88设置相关内容,最后依次单击"设为当前"和"确定"按钮。

步骤4 标注基准代号。在"标注"选项卡"符号"面板中单击"基准代号"按钮,在弹出的立即菜单中单击第1项,选择"基准标注"选项;单击第2项,选择"给定基准"选项;单击第3项,选择"默认方式"选项;在第4项"基准名称"编辑框中输入"A"。单击最长轴段的下轮廓线,然后移动光标并在合适位置单击,以指定基准三角形的位置;向下移动光标并在合适位置单击,以指定引线的长度;右击,结果如图4-89所示。

步骤5 设置表面粗糙度风格。在"标注"选项卡"标注样式"面板中单击"样式管理"按钮,在弹出的"样式管理"对话框左侧选择"粗糙度风格"选项组中的"标准"选项,然后按图4-90设置相关内容,最后依次单击"设为当前"和"确定"按钮。

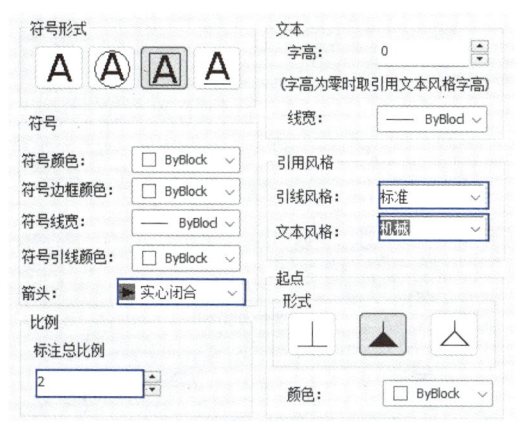

图 4-88 设置基准代号风格

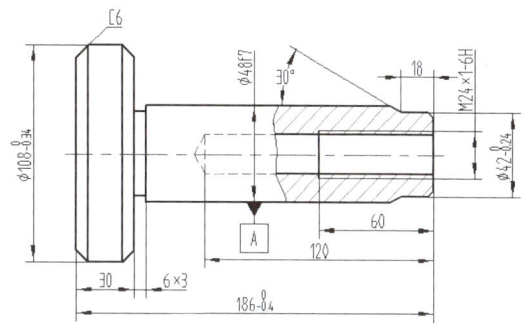

图 4-89 标注基准代号

步骤 6 标注表面粗糙度。在"标注"选项卡"符号"面板中单击"粗糙度"按钮√，在弹出的立即菜单中单击第 1 项，选择"简单标注"选项；单击第 2 项，选择"默认方式"选项；单击第 3 项，选择"去除材料"选项；在第 4 项"数值"编辑框中输入"Ra 1.6"。单击最长轴段的上轮廓线，然后移动光标并在合适位置单击，以指定标注位置；右击，结果如图 4-91 所示。

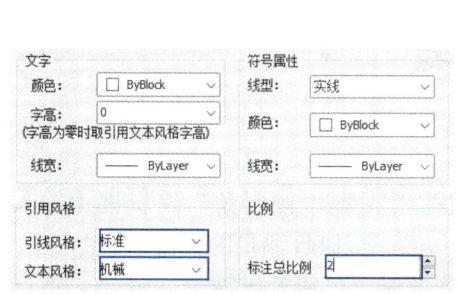

图 4-90 设置表面粗糙度风格

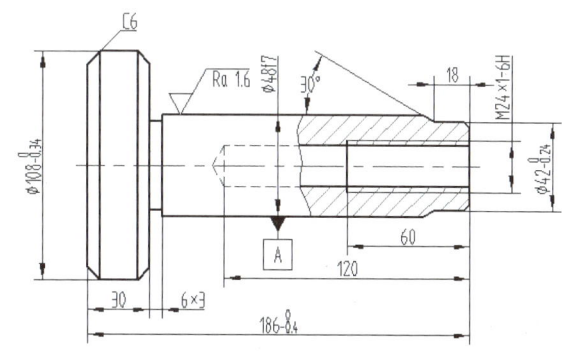

图 4-91 标注表面粗糙度

步骤 7 设置几何公差风格。在"标注"选项卡"标注样式"面板中单击"样式管理"按钮，在弹出的"样式管理"对话框左侧选择"形位公差风格"选项组中的"标准"选项，然后按图 4-92 设置相关内容，最后依次单击"设为当前"和"确定"按钮。

步骤 8 标注几何公差。在"标注"选项卡"符号"面板中单击"形位公差"按钮，在弹出的"形位公差（GB）"对话框中按图 4-93 设置相关内容，然后单击"确定"按钮。在弹出的立即菜单中单击第 1 项，选择"水平标注"选项；单击第 2 项，选择"取消智能结束"选项。单击图 4-85（a）中的直线 *AB*，然后向上移动光标并在合适位置单击，以指定引线的转折点；向右移动光标并在合适位置单击，以指定标注位置；右击，结束"形位公差"命令。采用同样的方法标注另一处的几何公差，结果如图 4-85（b）所示。

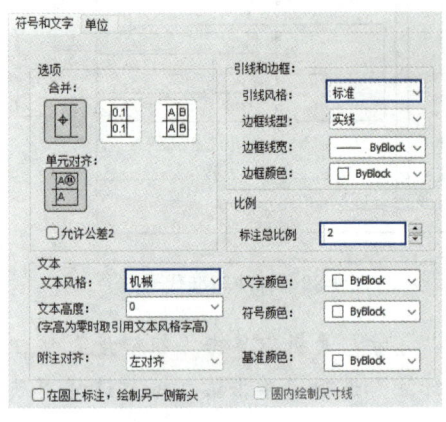

图 4-92 设置几何公差风格

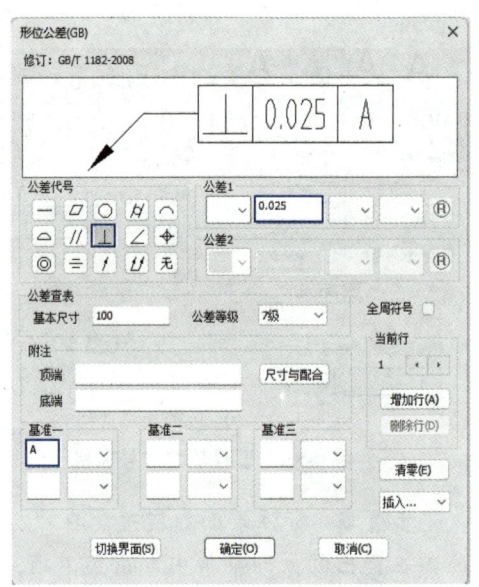

图 4-93 "形位公差（GB）"对话框

步骤 9 保存文件。按快捷键"Ctrl+S"保存该文件。

学习成果检验

1. 填空题

（1）在文字横向排列时，在"文本风格设置"对话框"倾斜角"编辑框中输入"30"，表示一行文字的延伸方向与 X 轴_____方向按_____时针测量的夹角为_____。

（2）在 CAXA CAD 电子图板中，要标注直径符号时，可输入代码_____；要标注度数符号时，可输入代码_____。

（3）在同一张图纸中，所有尺寸文本的高度和箭头的大小应_____，且相互平行的尺寸线的间距应_____。尺寸线的排列应遵循"小尺寸在_____，大尺寸在_____"的原则。

（4）使用_____命令可以指定的尺寸界线为基准，标注多个相互平行且间距相等的线性尺寸或角度尺寸。

（5）几何公差包括_____、_____、_____和跳动公差。

2. 单选题

（1）在 CAXA CAD 电子图板中，借助"标注风格设置"对话框"文本"选项卡不可以设置（　　）。

  A. 尺寸数字的外观　　　　　　　　B. 尺寸数字相对于尺寸线的位置
  C. 尺寸界线超出尺寸线的长度　　　D. 尺寸数字的方向

（2）执行"文字"命令后，在"文字"立即菜单第 1 项中选择（   ）选项，可沿曲线标注文字。

  A．指定两点 B．搜索边界 C．曲线文字 D．递增文字

（3）设置尺寸风格时，在"文本"选项卡"文本对齐方式"设置区"角度文本"列表框中选择（   ）选项，才能标注如图 4-94 所示的角度尺寸。

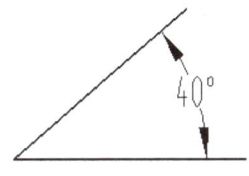

图 4-94 角度尺寸

  A．平行于尺寸线   B．保持水平
  C．ISO 标准   D．以上说法都不对

（4）在对小于或等于 180°的圆弧标注尺寸时，其尺寸数字前应加上（   ）符号。

  A．R B．φ C．P D．S

（5）下列尺寸标注正确的是（   ）。

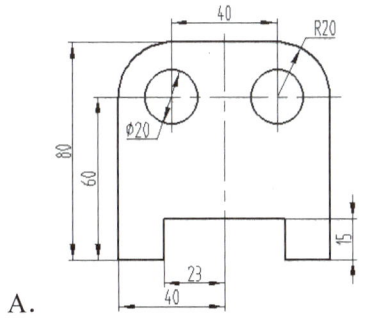
A．

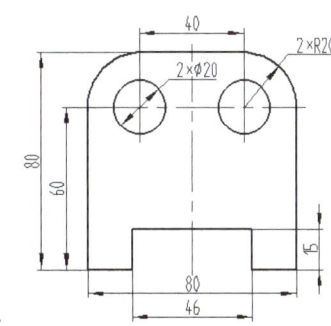
B．

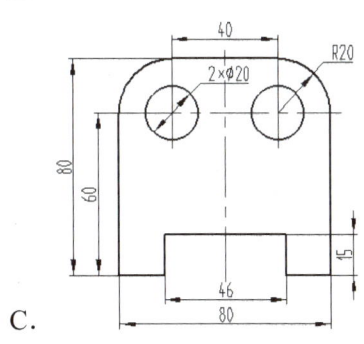
C．

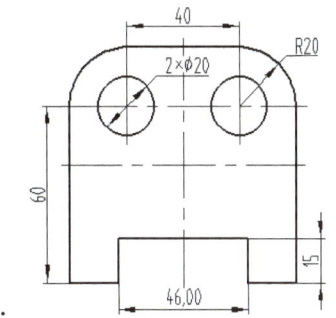
D．

3．**判断题**

（1）在"标注风格设置"对话框的"调整"选项卡中可以通过设置尺寸数字和箭头的位置，使标注的尺寸效果最佳。（　　）

（2）若要编辑多行文字，只能通过在"标注"选项卡"修改"面板中单击"标注编辑"按钮，然后拾取标注的文字来编辑。（　　）

(3) 使用"对齐标注"命令可标注两点之间的直线距离,且所标注的尺寸线始终与标注点之间的连线平行。   (   )

(4) 锥度符号和斜度符号的方向可以与锥度和斜度的方向不一致。   (   )

(5) 倒角尺寸中文字的字体取决于倒角风格。   (   )

(6) 修改引线风格并不会影响使用"形位公差"命令标注的几何公差中的引线。

(   )

4. 操作题

(1) 打开本书配套素材中的"素材与实例"→"ch04"→"扳手.exb"文件,使用"基本标注""大圆弧标注"命令标注扳手的尺寸,尺寸标注效果如图 4-95 所示。(要求:所有尺寸数字的大小均为 3.5 mm,箭头大小为 4 mm,标注总比例为 3。)

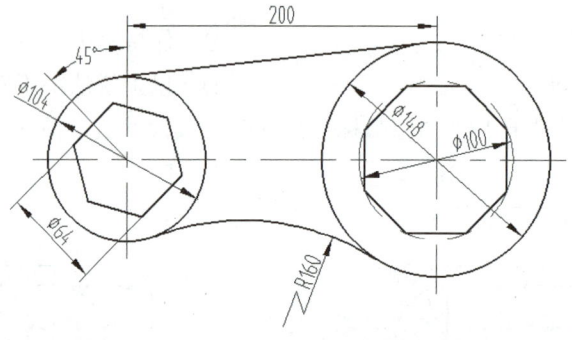

图 4-95 扳手

(2) 打开本书配套素材中的"素材与实例"→"ch04"→"定位件.exb"文件,使用"基本标注""基线标注""引出说明""粗糙度""倒角标注"命令标注定位件的尺寸,尺寸标注效果如图 4-96 所示。(要求:所有尺寸数字的大小均为 3.5 mm,箭头大小为 4 mm,标注总比例为 1.2。)

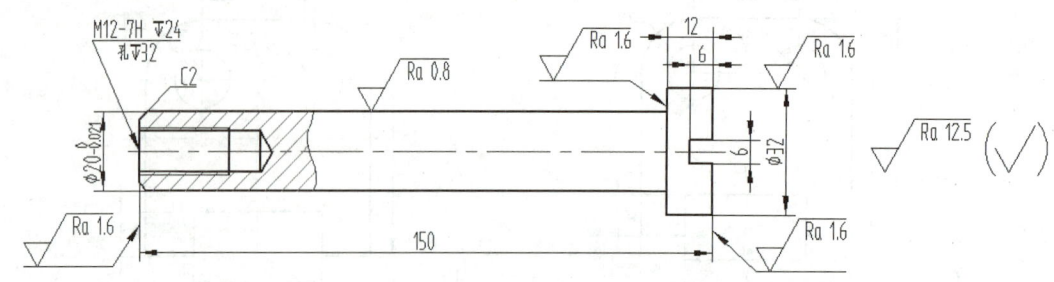

图 4-96 定位件

学习成果评价

请进行学习成果评价，并将评价结果填入表 4-2 中。

表 4-2　学习成果评价表

班级		姓名		学号	
评价项目	评价内容		分值	自我评分	老师评分
知识（40%）	设置文本风格和尺寸风格的方法		10		
	标注和编辑文字的方法		10		
	"基本标注""基线标注""连续标注""锥度/斜度标注"等命令的使用方法和编辑尺寸的方法		10		
	"倒角标注""基准代号""粗糙度""引出说明""形位公差""剖切符号"等命令的使用方法和编辑各种符号的方法		10		
技能（40%）	能够在所绘图形上注写所需文字		10		
	能够根据需要为图形合理、正确、规范地标注各种尺寸		10		
	能够根据需要为图形合理、正确、规范地标注各种符号		10		
	能够根据绘图需要编辑图形中的文字、尺寸和符号		10		
素养（20%）	积极参加课堂活动		5		
	保持良好的学习态度，认真完成实践任务		5		
	增强民族自信心和自豪感		5		
	增强标准化意识和规范意识		5		
合　计			100		
总分（自我评分×40%+老师评分×60%）					
自我评价					
老师评价					

项目五

块操作和库操作

项目导读

在实际绘图过程中，经常需要用到各种形状相同而尺寸不同的图形，如各种规格的螺栓、螺母等。对于这些图形，如果每次都重新绘制，无疑会浪费大量时间。为了减少重复工作，提高工作效率，CAXA CAD 电子图板提供了"块"功能和"库"功能。用户不仅可以将一些经常使用的图形定义为块，绘图时直接将其插入合适位置，也可以直接调用系统自带的图库中的图符。本项目将主要介绍创建块、插入块等块操作，以及插入图符、定义图符等库操作。

知识目标

（1）掌握创建块和插入块的方法。
（2）掌握编辑组成块的对象的方法。
（3）掌握块打散操作和块消隐操作。
（4）掌握插入图符和定义图符的方法。
（5）掌握图符编辑、数据编辑、属性编辑、导出图符、并入图符等图库管理方法。
（6）掌握构件库的使用方法。

素质目标

（1）通过学习块操作的相关知识，强化时间观念和效率意识。
（2）通过学习库操作的相关知识，培养科学思维能力和主动探索精神。

项目五 　块操作和库操作

任务一　掌握块操作

任务导入

小王选中标注的表面粗糙度符号后，发现该符号是一个整体，如图 5-1 所示。原来，为方便用户绘图，CAXA CAD 电子图板已经将一些图符制作成块，用户执行相应的命令便可直接调用这些图符，并且可根据需要修改相关参数。看着绘图区中的表面粗糙度符号，小王陷入了沉思：我能否将自己常用的图形创建为块？如果能，怎样操作才能很方便地修改创建的块中的文字？该文字与使用"文字"命令注写的文字有何不同？

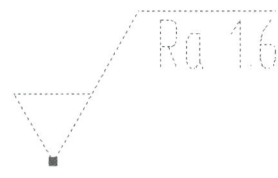

图 5-1　表面粗糙度符号

学习本任务的相关知识后，请你帮助小王解开疑惑。

一、创建块

块由一个或多个对象组成，可以作为一个独立、完整的对象来使用。通常情况下，用户可以将一些常用的图形制作成块，然后将其存储在合适的文件夹中，以便在绘图过程中随时使用。

（一）创建不带属性的块

在"插入"选项卡"块"面板中单击"创建"按钮，然后选择构成块的图形元素，右击以确认选择结果，接着指定块的基准点，系统会弹出"块定义"对话框（见图 5-2），在此对话框"名称"编辑框中输入块的名称后单击"确定"按钮，便可创建不带属性的块。

图 5-2　"块定义"对话框

课堂实例 5-1

使用如图 5-3（a）所示的图形创建不带属性的块，操作步骤如下。

步骤 1 打开本书配套素材中的"素材与实例"→"ch05"→"创建块.exb"文件。

步骤 2 在"插入"选项卡"块"面板中单击"创建"按钮，然后按照操作信息提示区中的提示进行操作：

① 提示"拾取元素："，选择绘图区中的所有图形并右击。

② 提示"基准点："，捕捉两条中心线的交点并单击，在弹出的"块定义"对话框"名称"编辑框中输入"六角螺母"，然后单击"确定"按钮。此时单击图形，会发现选中的是整个块图形，如图 5-3（b）所示。

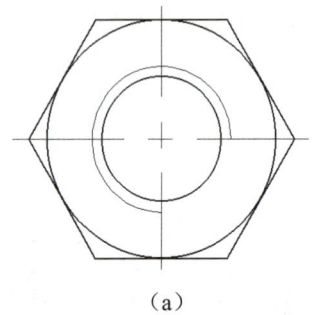
（a）

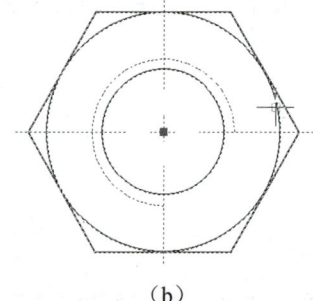
（b）

图 5-3 创建不带属性的块

（二）创建带有属性的块

带有属性的块由属性文字和图形元素两部分构成。在使用带有属性的块时，可更改属性文字。为了提高绘图效率，用户可将标题栏、齿轮参数表等制作成带有属性的块。

要创建带有属性的块，首先必须注写属性文字，然后执行"创建块"命令，将属性文字和图形元素作为块的对象来创建块。

在"插入"选项卡"块"面板中单击"定义"按钮，系统会弹出"属性定义"对话框（见图 5-4），在此对话框中可定义属性文字。

图 5-4 "属性定义"对话框

项目五 块操作和库操作

下面简单介绍"属性定义"对话框中各个设置区的功能：

（1）"模式"设置区。若勾选"不可见"复选框，则在插入块时，绘图区不显示属性值；若勾选"锁定位置"复选框，则在插入块时，属性值的位置将被锁定。

（2）"定位方式"设置区。在该设置区中可以指定属性文字的定位方式，包括"单点定位""指定两点""搜索边界"。

（3）"定位点"设置区。采用"单点定位"方式时，可通过在该设置区"X""Y"编辑框中输入坐标值来指定属性文字的位置，或者勾选"屏幕选择"复选框，然后通过在绘图区单击来指定属性文字的位置。

（4）"属性"设置区。在"名称"编辑框中可以输入由任何字符（空格除外）构成的属性名称，在"描述"编辑框中可以输入用于提示用户输入何种属性值的文字，在"缺省值"编辑框中可以输入默认的属性值。

（5）"文本设置"设置区。在该设置区可以指定属性文字的对齐方式、文本风格、字高和旋转角度等。

设置好相关内容后单击"确定"按钮，系统将根据选择的定位方式给出不同的提示，用户按照所给提示进行操作即可。

课堂实例 5-2

创建带有属性的块，操作步骤如下。

步骤 1　打开本书配套素材中的"素材与实例"→"ch05"→"创建带有属性的块.exb"文件，绘图区显示如图5-5（a）所示的图形。

步骤 2　在"插入"选项卡"块"面板中单击"定义"按钮，在弹出的"属性定义"对话框"定位方式"设置区中勾选"指定两点"单选钮；在"属性"设置区"名称"编辑框中输入"法向模数"，在"描述"编辑框中输入"请输入法向模数"；在"文本设置"设置区"对齐方式"列表框中选择"中间对齐"选项，在"文本风格"列表框中选择"机械"选项；其他采用默认设置。然后单击"确定"按钮。

步骤 3　按照操作信息提示区中的提示进行操作：

① 提示"定位点或矩形区域的第一角点："，捕捉图5-5（a）中的交点 A 并单击。

② 提示"矩形区域的第二角点："，捕捉图5-5（a）中的交点 B 并单击。

步骤 4　按照步骤2和步骤3中的操作注写其他属性文字或者将在步骤3中注写的属性文字复制到其他单元格中，然后双击复制得到的属性文字，在"属性定义"对话框中修改相应的内容，结果如图5-5（b）所示。

步骤 5　在"插入"选项卡"块"面板中单击"创建"按钮，然后按照操作信息提示区中的提示进行操作：

① 提示"拾取元素："，选择绘图区中的所有图形并右击。

② 提示"基准点："，捕捉图形的右上角点并单击，在弹出的"块定义"对话框"名称"编辑框中输入"齿轮参数简易表"，然后单击"确定"按钮，在弹出的"属性

编辑”对话框中输入属性值（见图 5-6，其中，“′”“″”可借助软键盘输入），然后单击“确定”按钮，结果如图 5-7 所示。

法向模数	m_n	
齿数	z	
法面压力角	α_n	
齿顶高系数	h_a^*	
顶隙系数	c_n^*	
螺旋角	β	
螺旋方向		
精度等级		

A B

（a）

法向模数	m_n	法向模数
齿数	z	齿数
法面压力角	α_n	法面压力角
齿顶高系数	h_a^*	齿顶高系数
顶隙系数	c_n^*	顶隙系数
螺旋角	β	螺旋角
螺旋方向	螺旋方向	
精度等级	精度等级	

（b）

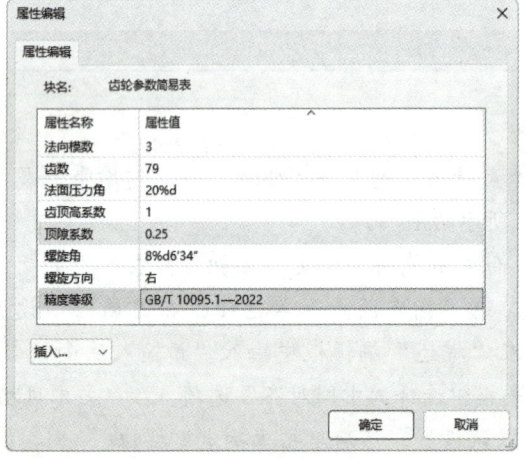

图 5-5　注写属性文字

图 5-6　输入属性值

法向模数	m_n	3
齿数	z	79
法面压力角	α_n	20°
齿顶高系数	h_a^*	1
顶隙系数	c_n^*	0.25
螺旋角	β	8°6′34″
螺旋方向	右	
精度等级	GB/T 10095.1—2022	

图 5-7　创建带有属性的块

二、插入块

在“插入”选项卡“块”面板中单击“插入”按钮，系统会弹出“块插入”对话框（见图 5-8），且此对话框“名称”列表框中显示了当前文件中块的名称。在“名称”列表框中选择要插入的块的名称，在“设置”设置区设置块的缩放比例、旋转角度，并选择是否打散块，最后单击“确定”按钮，在绘图区指定插入点，即可完成插入块的操作。

若插入的是带有属性的块，则在指定插入点后，系统会弹出“属性编辑”对话框（见图 5-9），在该对话框中设置好属性值，然后单击“确定”按钮，即可将带有属性的块插入绘图区。插入带有属性的块后，若要修改属性文字，可双击该块，然后在弹出的"属性编辑"对话框中进行操作。

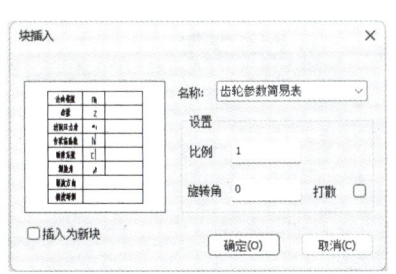

图 5-8 "块插入"对话框

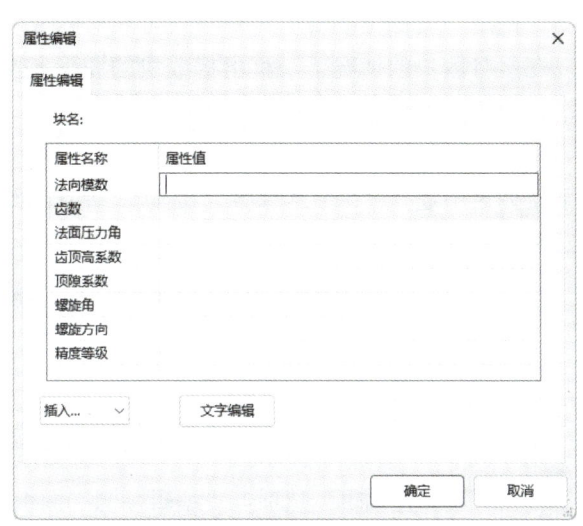

图 5-9 "属性编辑"对话框

三、编辑组成块的对象

（一）块编辑

使用"块编辑"命令可以在只显示所编辑的块的模式下对构成块的图形元素及属性文字进行编辑。在"插入"选项卡"块"面板中单击"块编辑"按钮，然后在绘图区单击要编辑的块，功能区会出现"块编辑器"选项卡（见图 5-10），并且绘图区只显示要编辑的块。双击不带属性的块，也会产生同样的效果。

图 5-10 "块编辑器"选项卡

在"块编辑器"选项卡"块编辑器"面板中单击"属性定义"按钮，可添加属性文字；执行绘图命令（如"直线""圆"等）或修改命令（如"裁剪""平移"等），可以编辑（添加或修改）构成块的图形元素。完成编辑操作后，在"块编辑器"面板中单击"退出块编辑"按钮，系统会弹出提示"是否保存修改？"的对话框。若单击"是"按钮，则保存编辑后的块；若单击"否"按钮，则取消本次对块的编辑操作。

（二）块在位编辑

使用"块在位编辑"命令不仅可以对构成块的图形元素和属性文字进行编辑，还可以在不打散块的情况下，移出构成块的图形元素和属性文字，或者将绘图区中的其他图形元素和属性文字添加到该块中。

在"插入"选项卡"块"面板中单击"块编辑"按钮右侧的按钮，然后在弹出的下拉列表中选择"块在位编辑"选项，接着在绘图区单击要编辑的块，此时，功能区会出现"块在位编辑"选项卡（见图5-11）。

图 5-11 "块在位编辑"选项卡

在"块在位编辑"选项卡"编辑参照"面板中有4个按钮：

（1）"保存退出"按钮。单击该按钮，可保存编辑后的块并结束"块在位编辑"命令。

（2）"不保存退出"按钮。单击该按钮，可取消此次对块的编辑操作。

（3）"从块内移出"按钮。单击该按钮，选择要移出的图形元素，即可将其从块中移出。

（4）"添加到块内"按钮。单击该按钮，在绘图区中选择其他图形元素，即可将其添加到正在编辑的块中。

课堂实例 5-3

使用"从块内移出"命令将大圆从"六角螺母"块中移出，操作步骤如下。

步骤 1 打开本书配套素材中的"素材与实例"→"ch05"→"块在位编辑.exb"文件，绘图区将显示如图5-12（a）所示的图形。

步骤 2 在"插入"选项卡"块"面板中单击"块编辑"按钮右侧的按钮，在弹出的下拉列表中选择"块在位编辑"选项，单击任意一个六角螺母（如左上方的六角螺母），此时，功能区会出现"块在位编辑"选项卡，绘图区显示的图形如图5-12（b）所示。

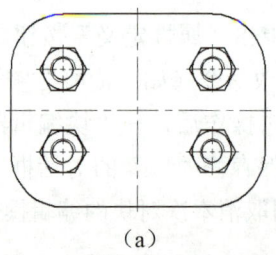
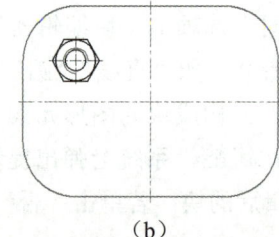

(a)　　　　　　　　(b)

图 5-12 绘图区显示的图形

项目五 块操作和库操作

> **提　示**
>
> 使用"块在位编辑"命令编辑某个块时，绘图区除了显示构成此块的图形元素和属性文字外，还可显示其他非块对象。图 5-12（a）中的六角螺母图形均为块，故其他几个"六角螺母"块不会显示在图 5-12（b）中。

步骤 3　在"块在位编辑"选项卡"编辑参照"面板中单击"从块内移出"按钮 ，选择大圆后右击，此时大圆呈灰色，说明已将大圆从"六角螺母"块中移出。

步骤 4　在"块在位编辑"选项卡"编辑参照"面板中单击"保存退出"按钮，此时绘图区中被编辑的"六角螺母"块中仍显示大圆（大圆已不属于块的组成部分），其他未被编辑的"六角螺母"块中已不显示大圆，如图 5-13 所示。

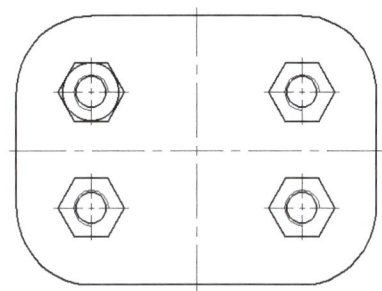

图 5-13　块在位编辑结果

> **课堂互动**
>
> 打开本书配套素材中的"素材与实例"→"ch05"→"将图形元素添加到块中.exb"文件，绘图区显示如图 5-14 所示的图形，其中，大圆和中心线均不属于构成"六角螺母"块的图形元素。请使用"块在位编辑"选项卡"编辑参照"面板中的"添加到块内"按钮，将大圆和中心线添加到"六角螺母"块中，并和周围的同学分享具体的操作步骤。

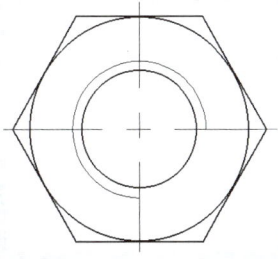

图 5-14　将图形元素添加到块中

四、块的其他操作

（一）块打散操作

在"插入"选项卡"块"面板中单击"块编辑"按钮 右侧的按钮，在弹出的下拉列表中选择"块打散"选项，然后在绘图区选择要打散的块并右击，该块即被打散为组成块的各个对象，如图5-15所示。

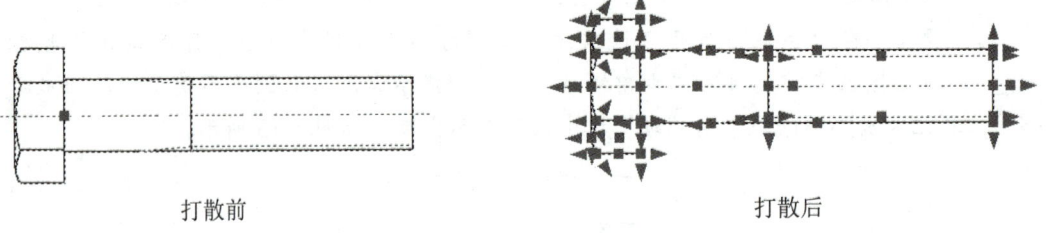

打散前　　　　　　　　　　　　　　打散后

图 5-15　块打散操作

（二）块消隐操作

在绘制装配图的过程中，使用"块消隐"命令可以快速处理零件图线重叠问题与零件间的遮挡关系。在"插入"选项卡"块"面板中单击"消隐"按钮 ，在弹出的"块消隐"立即菜单中单击第1项，选择"消隐"选项，然后单击插入的块（如图5-16中的圆柱销），则其余与之重叠的图线会被隐藏。

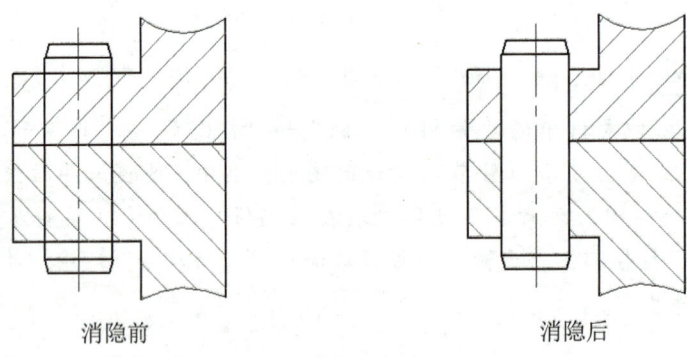

消隐前　　　　　　　　　　　　　　消隐后

图 5-16　块消隐操作

> **提示**
>
> CAXA CAD 电子图板不能对不具有封闭外轮廓的块进行消隐操作。此外，块作为一个独立的对象，用户可以对其进行平移、旋转、镜像等编辑操作，也可以通过"特性"工具选项板来查看和修改块的层、线型、线宽等。

任务实施——将螺钉定义为块并绘制装配图

下面通过将如图 5-17（a）所示的螺钉定义为块，并将其插入图 5-17（b）中，然后通过编辑块绘制如图 5-17（c）所示的图形，来继续学习块操作的方法。

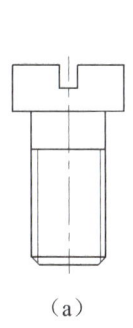
（a）

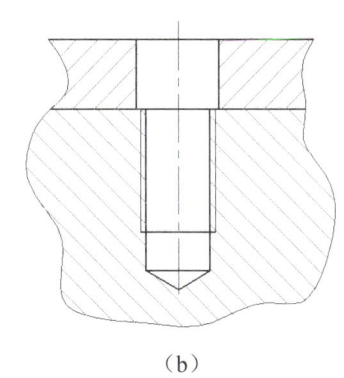
（b）

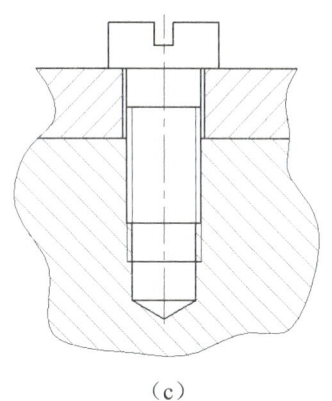
（c）

图 5-17　将螺钉定义为块并绘制装配图

绘图思路

通过观察可知，图 5-17（a）中的螺钉带有倒角线，而图 5-17（c）中的螺钉没有倒角线，因此在插入块后，应对其进行编辑，以去掉倒角线，最后使用"块消隐"命令隐藏其余与之重叠的图线。

绘图步骤

步骤 1　打开文件。打开本书配套素材"素材与实例"→"ch05"→"将螺钉定义为块并绘制装配图.exb"文件。

步骤 2　创建块。在"插入"选项卡"块"面板中单击"创建"按钮，然后选择螺钉，右击，接着指定块的基准点（见图 5-18），在弹出的"块定义"对话框"名称"编辑框中输入块的名称"螺钉"，最后单击"确定"按钮，完成块的创建。

步骤 3　插入块。在"插入"选项卡"块"面板中单击"插入"按钮，在弹出的"块插入"对话框"名称"列表框中选择"螺钉"选项，其他设置不变，单击"确定"按钮后，捕捉插入点（见图 5-19）并单击，结果如图 5-20 所示。

步骤 4　编辑块。双击插入的块，绘图区只显示该块，使用"尖角""延伸"和"Delete"键编辑该块，结果如图 5-21 所示。在"块编辑器"选项卡"块编辑器"面板中单击"退出块编辑"按钮，在弹出的提示"是否保存修改？"对话框中单击"是"按钮，结果如图 5-22 所示。选中绘图区左侧的螺钉图形，按"Delete"键将其删除。

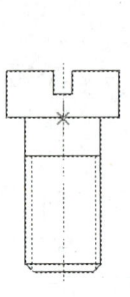 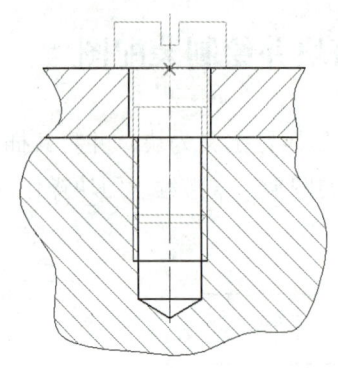 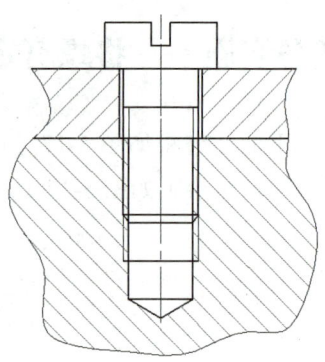

图 5-18　指定基准点　　　　图 5-19　捕捉插入点　　　　图 5-20　插入块

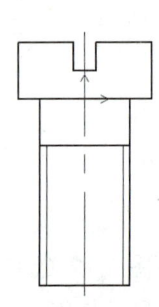 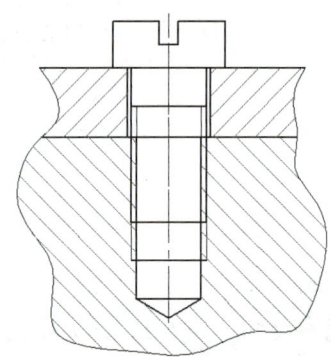

图 5-21　编辑块　　　　　　　　　图 5-22　编辑块的结果

步骤 5　块消隐操作。在"插入"选项卡"块"面板中单击"消隐"按钮，在弹出的"块消隐"立即菜单中单击第 1 项，选择"消隐"选项，然后单击插入的块，结果如图 5-17（c）所示。

步骤 6　保存文件。按快捷键"Ctrl+S"保存该文件。

任务二　掌握库操作

任务导入

在讲授块操作的相关知识时，老师告诉小王，CAXA CAD 电子图板将机械领域常用的零件（如螺栓、螺钉、螺母、垫圈、键、销、齿轮、滚动轴承和弹簧等）定义为块，并且存储在图库中，用户在绘图时可以直接从图库中提取相关图符。小王在想：在将从图库中提取的图符插入绘图区中时，能否修改图符

项目五 块操作和库操作

各部分的尺寸？能否将其他常用的、系统中没有的图形定义为图符并添加到图库中？若能，应怎样定义图符？

学习本任务的相关知识后，请你帮助小王解开疑惑。

一、插入图符

图符是图库的基本组成单元，由基本图形元素组合而成，具有参数、尺寸等。图符可分为参数化图符和固定图符。其中，参数化图符是指需要设置参数来定义其尺寸规格的图符，固定图符是指不需要设置参数就可以直接提取的图符。

插入图符就是从图库中选择合适的图符，并将其插入绘图区中的操作。在"插入"选项卡"图库"面板中单击"插入"按钮，系统会弹出"插入图符"对话框［见图5-23（a）］。在该对话框左侧选择所需图符，在右侧选择"图形"选项卡，可以预览所选图符，然后将光标移至预览窗口中并向前滚动鼠标滚轮，可以放大图符；向后滚动鼠标滚轮，可以缩小图符；双击，可以将图符恢复至原来的大小。选择图5-23（a）中的"属性"选项卡，可以看到所选图符的属性［见图5-23（b）］。

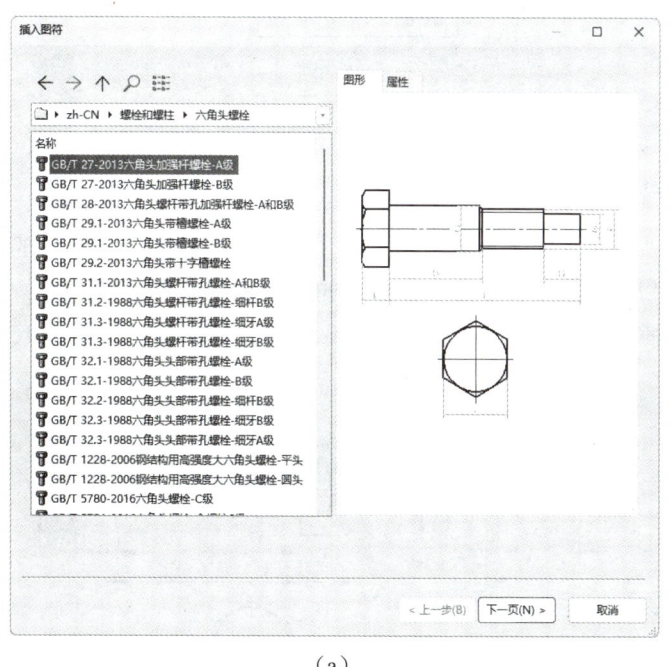

(a)

(b)

图5-23 "插入图符"对话框和所选图符的属性

如果选择的是参数化图符，单击"下一页"按钮，系统会弹出"图符预处理"对话框，用户在该对话框中可以对选定的参数化图符进行如下设置：

(1) 选择尺寸规格。在"尺寸规格选择"列表框中可以选择尺寸规格。若尺寸变量名后带有"*",则说明该尺寸变量为系列变量,单击该尺寸变量名所在列的单元格右侧的按钮,可从弹出的下拉列表(见图 5-24)中选择所需数值,或者直接在单元格中输入所需数值。若尺寸变量名后带有"?",则说明该尺寸变量可设为动态变量,在提取图符时,用户可通过在该尺寸变量名所在列的单元格中输入新的数值来改变其大小。输入新的数值后按"Enter"键,接着右击该单元格,其内的尺寸值后面出现"?",表明该尺寸变量为动态变量;再次右击,"?"消失,表明该尺寸变量不是动态变量。

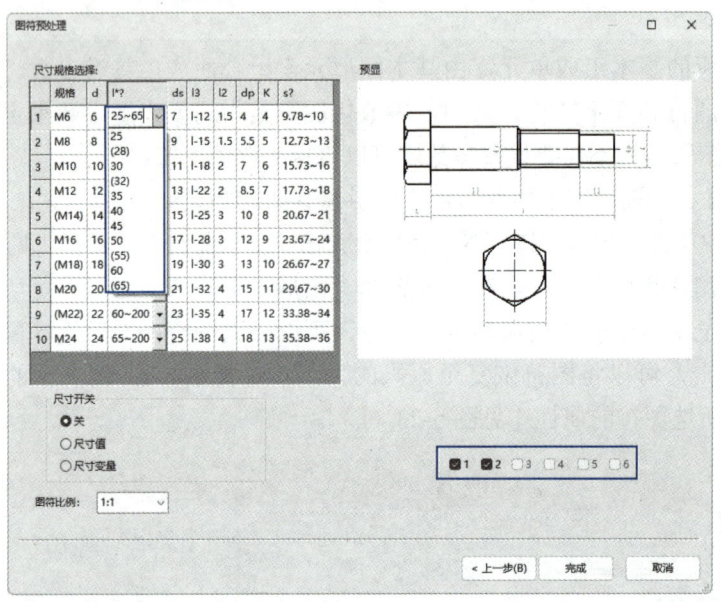

图 5-24 "图符预处理"对话框

(2) 控制尺寸标注情况。在"尺寸开关"设置区中若单击"关"单选钮,则插入的图符中不标注任何尺寸;若单击"尺寸值"单选钮,则插入的图符中标注其实际尺寸;若单击"尺寸变量"单选钮,则插入的图符中标注的是其尺寸变量名,而不是实际尺寸,如图 5-25 所示。

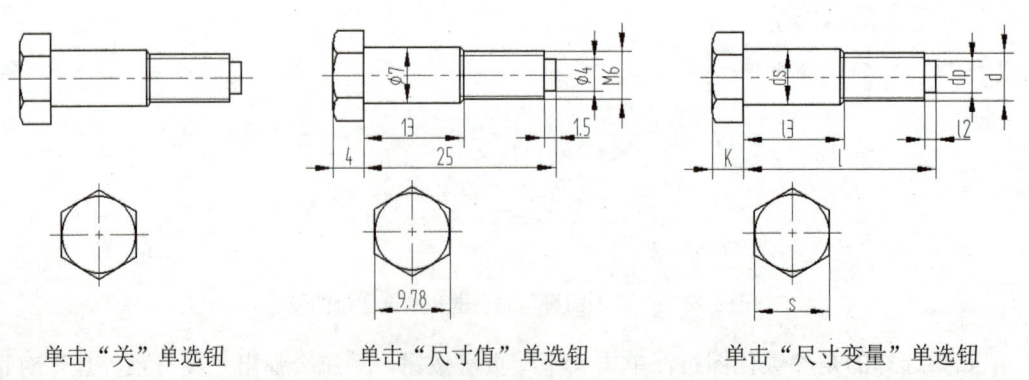

单击"关"单选钮　　　　单击"尺寸值"单选钮　　　　单击"尺寸变量"单选钮

图 5-25 单击不同单选钮后的标注示例

项目五　块操作和库操作

（3）控制视图显示情况。在"图符预处理"对话框右下方有6个视图显示控制开关，勾选某个数字前的复选框，则可提取与其对应的视图。在默认情况下，图符中的每个视图将作为一个块被插入绘图区。

设置好图符的相关参数后，在"图符预处理"对话框中单击"完成"按钮，系统会弹出"插入图符"立即菜单（见图5-26）。在此立即菜单中可以设置是否打散图符，以及在不打散图符时是否允许对插入的图符进行消隐操作。在系统提示下指定图符的定位点和旋转角度，即可插入图符中的一个视图。若要插入图符中的多个视图，则继续指定图符的定位点和旋转角度，至所有视图被插入后右击，结束"插入图符"命令。

图5-26　"插入图符"立即菜单

　提　示

除"插入图符"命令外，使用"图库"工具选项板也可以提取图符，具体操作如下：将光标放在工具选项板中的"图库"按钮上，在弹出的"图库"工具选项板（见图5-27）中选择要提取的图符，按住鼠标左键将其拖到绘图区中后松开鼠标左键，在弹出的"图符预处理"对话框中设置相关参数，并在立即菜单中设置是否打散图符和对其进行消隐操作，最后指定图符的定位点和旋转角度即可。

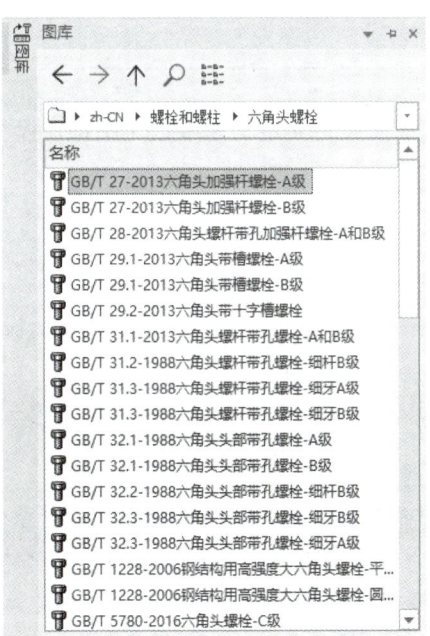

图5-27　使用"图库"工具选项板提取图符

插入图符后，若要修改相关参数，可在该图符上双击，或者选中该图符并在"插入"选项卡"图库"面板中单击"驱动"按钮，然后在弹出的"图符预处理"对话框中进行修改。

二、定义图符

用户可将图库中没有而自己常用的图形定义为图符并将其存储在图库中，在需要时直接调用。在"插入"选项卡"图库"面板中单击"定义"按钮，然后在弹出的立即菜单中选择图符的类型，接着分别选择每个视图包含的图形元素并指定视图的基点等，最后在"图符入库"对话框中设置图符的类别、名称等，即可完成定义图符操作。因参数化图符的应用范围较广，故下面仅介绍定义参数化图符的有关操作。

定义参数化图符前，应在绘图区按实际尺寸准确绘制要定义为图符的图形并标注尺寸，在此期间应注意以下几点：

（1）使用"剖面线"命令能够通过单击多个定位点一次画出多个封闭环内的剖面线，而在绘制要定义为图符的图形时，必须使用"剖面线"命令单独绘制每个封闭环内的剖面线。

（2）在不影响定义和提取图符的前提下，应在定义为图符的图形上少标尺寸，以减轻输入数据的负担。例如，螺纹小径通常为螺纹大径的 0.85 倍，可以只标注螺纹大径 D，将螺纹小径定义为 $0.85 \times D$。

（3）尺寸线应尽量从图形元素的特征点处引出，以便系统进行尺寸的定位吸附。

课堂实例 5-4

绘制如图 5-28 所示的垫圈并将其定义为参数化图符，操作步骤如下。

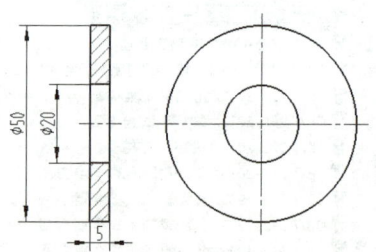

图 5-28　垫圈

步骤 1　使用"直线""圆""剖面线""尺寸标注"等命令绘制图 5-28 中的图形。在绘制过程中，应注意两个封闭区域内的剖面线应单独绘制。

步骤 2　在"插入"选项卡"图库"面板中单击"定义"按钮，在弹出的立即菜单中单击第 1 项，选择"定义图符"选项。然后按照操作信息提示区中的提示进行操作：

① 提示"请选择第 1 视图"，选择主视图中的图形元素（包括尺寸）并右击，将其作为第 1 视图。

② 提示"请单击或输入视图的基点："，捕捉主视图左侧轮廓线的中点（见图 5-29）并单击，将其作为第 1 视图的基点。

项目五 块操作和库操作

> **提示**
>
> 基点的选择不仅影响图形元素表达式的复杂程度,还影响在插入图符时定位操作的便利性,因此应予以重视。

③ 提示"请为该视图的各个尺寸指定一个变量名",单击第 1 视图中的直径尺寸"φ50",在弹出的对话框"请输入变量名称"编辑框中输入"D"(见图 5-30)并单击"确定"按钮。按照同样的操作,将直径尺寸"φ20"对应的变量名称定义为"d",将厚度尺寸"5"对应的变量名称定义为"h",最后右击,结果如图 5-31 所示。

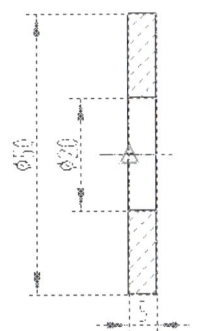
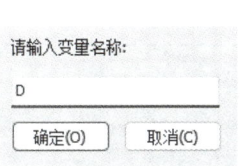
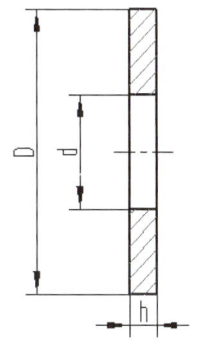

图 5-29　指定第 1 视图的基点　　图 5-30　输入变量名称　　图 5-31　指定尺寸变量名称

④ 提示"请选择第 2 视图",选择左视图并右击,将其作为第 2 视图。

⑤ 提示"请单击或输入视图的基点:",捕捉同心圆的圆心并单击,将其作为第 2 视图的基点。

⑥ 提示"请选择第 3 视图",右击。

步骤 3　在弹出的"元素定义"对话框(见图 5-32)中,通过单击"上一元素"按钮和"下一元素"按钮(或直接在左侧预览区中拾取图形元素),可查询和修改每个图形元素的表达式。例如,将第 1 视图中的水平中心线的起点设为"-3,0"、终点设为"h+3,0",将上方和下方剖面线的定位点分别设为"h/2,(D+d)/4"和"h/2,-(D+d)/4"。定义完图形元素后,单击"下一页"按钮。

步骤 4　在弹出的"变量属性定义"对话框(见图 5-33)中定义变量的属性。在此课堂实例中,不将直径尺寸和厚度尺寸作为系列变量或动态变量,故可采用默认设置,直接单击"下一页"按钮。

步骤 5　在弹出的"图符入库"对话框(见图 5-34)中的"新建类别"编辑框中输入"垫圈",在"图符名称"编辑框中输入"平垫圈",然后单击"数据编辑"按钮,系统会弹出"标准数据录入与编辑"对话框。在该对话框中输入若干组常用数据(见图 5-35),然后单击"确定"按钮。

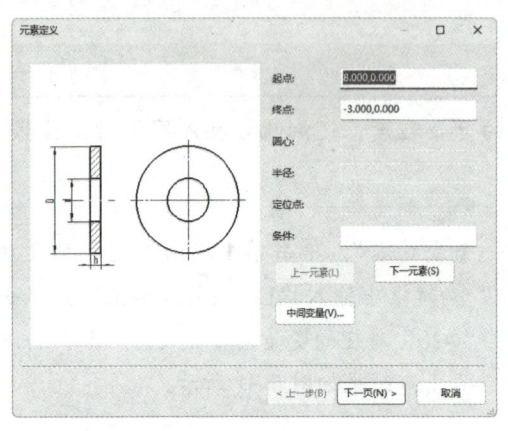

图 5-32 "元素定义"对话框

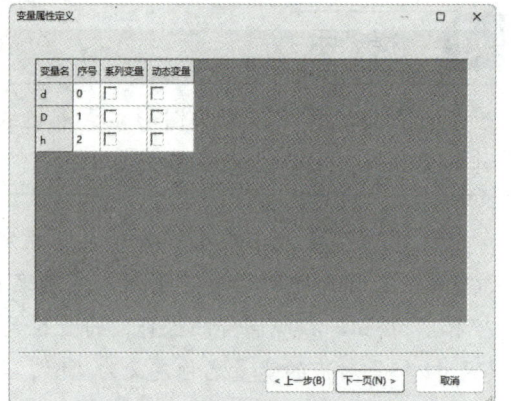

图 5-33 "变量属性定义"对话框

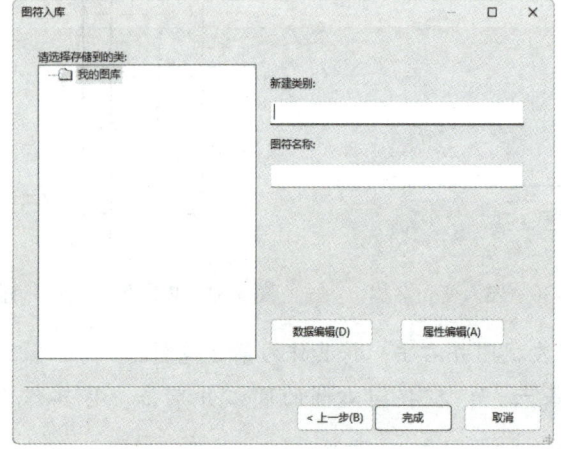

图 5-34 "图符入库"对话框

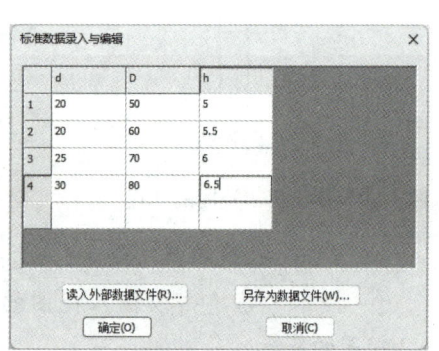

图 5-35 "标准数据录入与编辑"对话框（1）

步骤 6 在"图符入库"对话框中单击"完成"按钮，完成该参数化图符的定义。之后，若用户执行"插入图符"命令，在弹出的"插入图符"对话框中即可看到定义的"平垫圈"图符。

课堂互动

打开本书配套素材"素材与实例"→"ch05"→"定义图符并插入图符.exb"文件，绘图区显示如图5-36（a）所示的图形，将其定义为图符，然后从图库中调取该图符并按照图5-36（b）设置相关尺寸，最后将其插入绘图区中的适当位置。老师随机选择两名学生，让他们讲解自己在操作过程中遇到的问题，并为其解答。

项目五 块操作和库操作

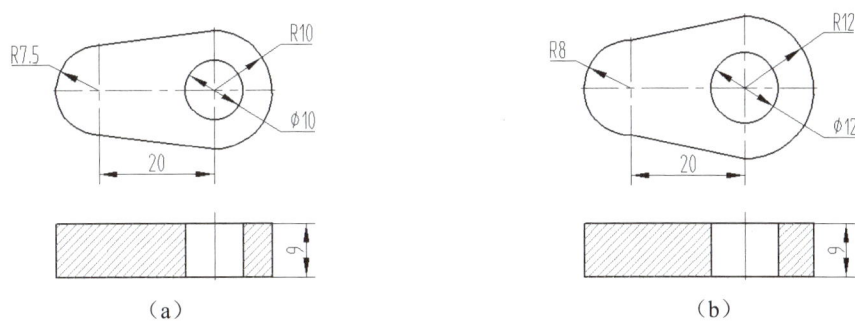

图 5-36 定义图符并插入图符

三、管理图库

在"插入"选项卡"图库"面板中单击"管理"按钮，借助弹出的"图库管理"对话框（见图 5-37）中的工具可以对自定义的图符进行管理，包括图符编辑、数据编辑、属性编辑、导出图符、并入图符、图符改名、删除图符等。

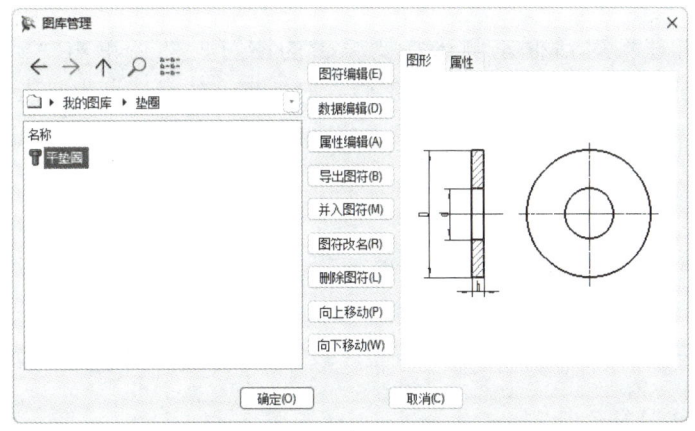

图 5-37 "图库管理"对话框

（一）图符编辑

在"图库管理"对话框左侧选择要编辑的图符，然后单击"图符编辑"按钮 ，系统会弹出如图 5-38 所示的下拉列表。在此下拉列表中选择不同选项，可进行不同的编辑操作：

（1）选择"进入元素定义"选项，系统会弹出"元素定义"对话框，用户可借助该对话框修改图符中图形元素的尺寸或尺寸变量。

（2）选择"进入编辑图形"选项，要编辑的图符将单独显示在绘图区，此时可以对绘图区中的图形元素、尺寸等进行修改。修改完成后，执行"定义图符"命令，可将修改后的图形重新定义为图符。

（3）选择"进入编辑属性"选项，功能区会出现"图符编辑"选项卡，在此选项卡"图符属性编辑"面板中单击"编辑图符属性"按钮，然后选择要编辑的图形元素并右击，系统会弹出"编辑元素属性"对话框（见图 5-39），在该对话框中可以修改该图形元素的图层、线型、线宽、颜色、标注风格和文字风格。

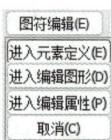

图 5-38 "图符编辑"下拉列表

图 5-39 "编辑元素属性"对话框

（二）数据编辑

在"图库管理"对话框左侧选择要编辑的图符，然后单击"数据编辑"按钮 [数据编辑(D)]，系统会弹出"标准数据录入与编辑"对话框，该对话框中显示了该图符已有的尺寸数据。根据需要修改相关数据后，单击"确定"按钮，即可保存编辑后的数据。

（三）属性编辑

在"图库管理"对话框左侧选择要编辑的图符，然后单击"属性编辑"按钮 [属性编辑(A)]，系统会弹出"属性编辑"对话框，该对话框中显示了该图符中已定义的属性信息。根据需要编辑相关属性后，单击"确定"按钮，即可完成属性编辑操作。

（四）导出图符

在"图库管理"对话框左侧选择要导出的图符，然后单击"导出图符"按钮 [导出图符(B)]，系统会弹出"浏览文件夹"对话框。在该对话框中指定要导出的图符的存储位置，然后单击"确定"按钮，即可完成图符的导出操作。

（五）并入图符

在"图库管理"对话框中单击"并入图符"按钮 [并入图符(M)]，系统会弹出"并入图符"对话框。在该对话框左侧选择要并入的图符，然后在右侧选择并入图符后该图符的存储位置，接着单击"并入"按钮，即可完成图符的并入操作。

（六）图符改名

在"图库管理"对话框左侧选择要改名的图符，然后单击"图符改名"按钮 [图符改名(R)]，系统会弹出"图符改名"对话框（见图5-40）。在此对话框中的"请输入新的名称"编辑框中输入新的图符名称，然后单击"确定"按钮，即可完成图符的改名操作。

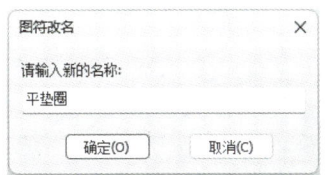

图 5-40　"图符改名"对话框

（七）删除图符

在"图库管理"对话框左侧选择要删除的图符，然后单击"删除图符"按钮，系统会弹出"确认文件删除"对话框（见图5-41）。单击"确定"按钮，即可完成删除图符的操作。

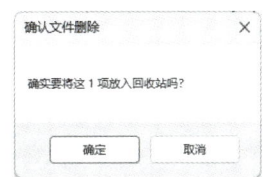

图 5-41　"确认文件删除"对话框

（八）移动图符

在"图库管理"对话框左侧选择要移动的图符，然后单击"向上移动"按钮或"向下移动"按钮，即可调整所选图符在当前目录中的排序。

四、使用构件库

在"插入"选项卡"图库"面板中单击"构件库"按钮，系统会弹出"构件库"对话框（见图5-42）。在"选择构件库"设置区"构件库"列表框中选择所需选项，然后在"选择构件"设置区中选择所需构件，"功能说明"设置区即会显示所选构件的功能说明。单击"确定"按钮后，系统会根据选择的构件弹出相应的立即菜单，用户设置好立即菜单，并按照操作信息提示区中的提示进行操作即可。

例如，在"构件库"对话框"选择构件库"设置区"构件库"下拉列表中选择"构件库实例（洁角、止锁孔、退刀槽）"选项，然后在"选择构件"设置区选择"两边洁角"选项，最后单击"确定"按钮，系统会弹出如图5-43所示的立即菜单。在立即菜单第1项"槽深度D"编辑框和第2项"槽宽度W"编辑框中输入数值，然后根据操作信息提示区中的提示分别拾取两条不平行的直线，即可绘制出清根槽。

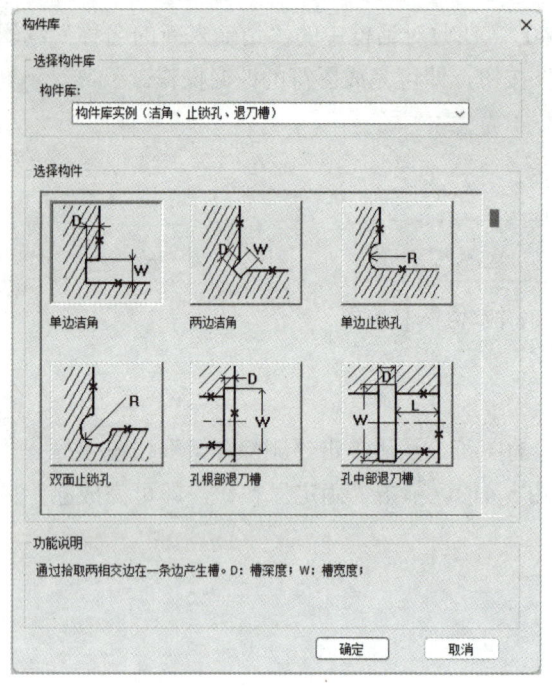

图 5-42 "构件库"对话框

图 5-43 "两边洁角"立即菜单

任务实施——绘制螺栓连接图并编辑图符

下面将通过绘制如图 5-44 所示的螺栓连接图（不要求标注文字和尺寸），进一步学习插入图符和编辑图符的操作方法。

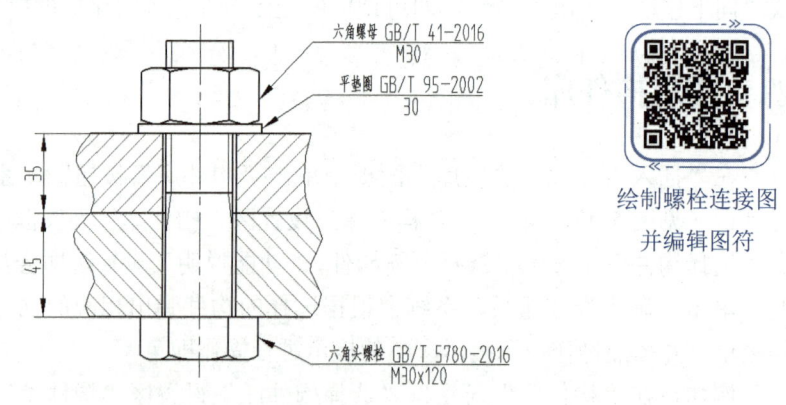

图 5-44 螺栓连接图

绘制螺栓连接图
并编辑图符

绘图思路

螺栓连接图中的螺栓、螺母和垫圈均为标准件，因此在绘图时可以直接从 CAXA CAD 电子图板的图库中提取这些标准件的图符，从而大大简化绘图过程。此外，在绘制装配图时，应注意合理使用"块消隐"命令。

绘图步骤

步骤1 绘制平行线。打开CAXA CAD电子图板,新建文件。然后按照下列步骤进行操作:

① 在"常用"选项卡"绘图"面板中单击"直线"按钮,在弹出的立即菜单中单击第1项,选择"两点线"选项;单击第2项,选择"单根"选项,在绘图区绘制一条长度为100 mm的水平直线。

② 在"常用"选项卡"绘图"面板中单击"平行线"按钮,在弹出的立即菜单中单击第1项,选择"偏移方式"选项;单击第2项,选择"单向"选项。然后选择在步骤①中绘制的直线,将光标移至所选直线的上方,输入"35"并按"Enter"键;将光标移至所选直线的下方,输入"45"并按两次"Enter"键,结果如图5-45所示。

图 5-45 绘制平行线

步骤2 绘制通孔。在"常用"选项卡"绘图"面板中单击"孔/轴"按钮,在弹出的立即菜单中单击第1项,选择"孔"选项;单击第2项,选择"两点确定角度"选项。捕捉图5-45中最上方一条直线的中点并单击,然后在立即菜单第2项"起始直径"编辑框和第3项"终止直径"编辑框中均输入"33";单击第4项,选择"有中心线"选项;在第5项"中心线延伸长度"编辑框中输入"3"。竖直向下移动光标,捕捉最下方一条直线的中点并单击,最后右击,结果如图5-46所示。

  提 示

在螺栓连接中,被连接件的孔径约为螺栓大径的1.1倍,故本任务实施中的孔径取 $30 \times 1.1 = 33$ (mm)。

步骤3 绘制边界线。在"常用"选项卡"特性"面板"图层"列表框中选择"细实线层"选项。在"常用"选项卡"绘图"面板中单击"曲线"按钮,在弹出的立即菜单中单击第2项,选择"缺省切矢"选项;单击第3项,选择"开曲线"选项;在第4项"拟合公差"编辑框中输入"0"。然后绘制两条边界线,结果如图5-47所示。

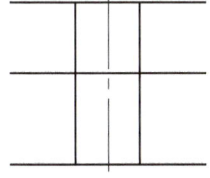 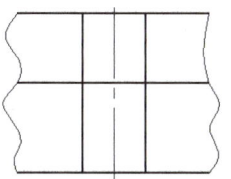

图 5-46 绘制通孔   图 5-47 绘制边界线

步骤 4 绘制剖面线。在"常用"选项卡"绘图"面板中单击"剖面线"按钮，在弹出的"剖面线"立即菜单中单击第 1 项，选择"拾取点"选项；在第 4 项"比例"编辑框中输入"5"；其他几项采用默认设置。在要绘制剖面线的封闭环内任意位置单击，最后右击。按"Enter"键，在立即菜单第 5 项"角度"编辑框中输入"-45"，然后在其他要绘制剖面线的封闭环内任意位置单击，最后右击，结果如图 5-48 所示。

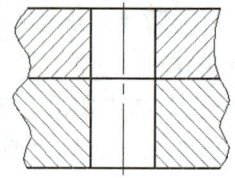

图 5-48　绘制剖面线

步骤 5 插入螺栓。按照下列步骤进行操作：

① 在"插入"选项卡"图库"面板中单击"插入"按钮，在弹出的"插入图符"对话框左侧选择"zh-CN"→"螺栓和螺柱"→"六角头螺栓"→"GB/T 5780-2016 六角头螺栓-C 级"选项。

② 单击"下一页"按钮，在弹出的"图符预处理"对话框中选择规格为"M30"、长度为"120"的螺栓，其他设置如图 5-49 所示。

③ 单击"完成"按钮，在弹出的立即菜单中单击第 1 项，选择"不打散"选项；单击第 2 项，选择"消隐"选项，然后捕捉绘图区最下方水平直线与中心线的交点并单击，输入图符的旋转角度"90"并按"Enter"键，最后右击，结果如图 5-50 所示。

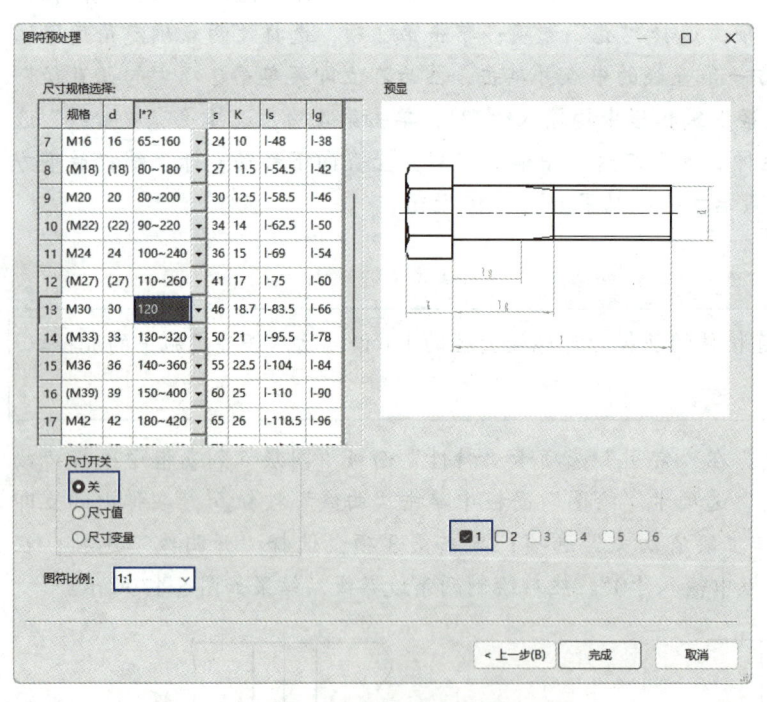

图 5-49　选择螺栓尺寸规格

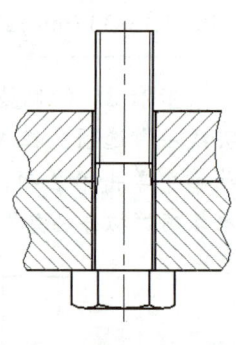

图 5-50　插入螺栓

步骤 6 插入垫圈。按照下列步骤进行操作：

① 在"插入"选项卡"图库"面板中单击"插入"按钮，在弹出的"插入图符"

对话框左侧选择"zh-CN"→"垫圈和挡圈"→"圆形垫圈"→"GB/T 95-2002 平垫圈-C 级"选项。

② 单击"下一页"按钮,在弹出的"图符预处理"对话框中选择规格为"30"的垫圈,采用系统默认的数值,并且仅勾选"3"复选框,其他设置保持不变。

③ 单击"完成"按钮,然后捕捉垫圈定位点(见图 5-51)并单击,右击两次,结果如图 5-52 所示。

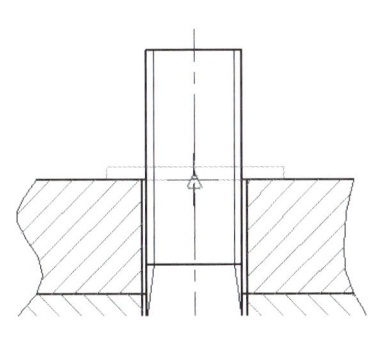

图 5-51　捕捉垫圈定位点

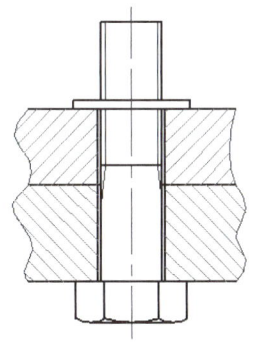

图 5-52　插入垫圈

步骤 7　插入螺母。按照下列步骤进行操作:

① 在"插入"选项卡"图库"面板中单击"插入"按钮,在弹出的"插入图符"对话框左侧选择"zh-CN"→"螺母"→"六角螺母"→"GB/T 41-2016-1 型六角螺母-C 级"选项。

② 单击"下一页"按钮,在弹出的"图符预处理"对话框中选择规格为"M30"的螺母,采用系统默认的数值,并且仅勾选"1"复选框,其他设置保持不变。

③ 单击"完成"按钮,然后捕捉螺母定位点(见图 5-53)并单击,右击两次,结果如图 5-44 所示。

步骤 8　保存文件。按快捷键"Ctrl+S"保存该文件。

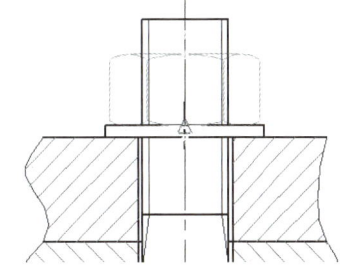

图 5-53　捕捉螺母定位点

素养提升

在 CAXA CAD 中,用户无论是创建块,还是提取图符,都是为了快速绘制出形状相同的图形,从而提高绘图效率。在实际工作中,每个人都有可能做一些重复性的工作,若仅机械地执行任务,而缺乏深入思考,则很难提高工作效率。工作期间,每个人都应该开动脑筋,发挥主观能动性,尝试各种办法来改善现状,从而获得更好的发展。

学习成果检验

1. 填空题

(1) _____ 由一个或多个对象组成,可以作为一个独立、完整的对象来使用。

(2) 使用_____命令可以在只显示所编辑的块的模式下对构成块的图形元素及属性文字进行编辑。

(3) _____是图库的基本组成单元,由基本图形元素组合而成,具有参数、尺寸等。

(4) _____是指需要设置参数来定义其尺寸规格的图符,_____是指不需要设置参数就可以直接提取的图符。

(5) 用户使用_____命令可将图库中没有而自己常用的图形定义为图符并将其存储在图库中,在需要时直接调用。

2. 单选题

(1) 若要将某个块插入图中,应执行(　　)命令。
  A. 创建块　　　　　　　　　B. 块插入
  C. 块编辑　　　　　　　　　D. 块打散

(2) 在"块在位编辑"选项卡"编辑参照"面板中单击(　　)按钮,可将正在编辑的构成块的图形元素从块中移出。
  A. 　　　　B. 　　　　C. 　　　　D.

(3) 在绘制装配图的过程中,使用(　　)命令可以快速处理零件图线重叠问题与零件间的遮挡关系。
  A. 块插入　　　　　　　　　B. 块编辑
  C. 块打散　　　　　　　　　D. 块消隐

(4) 执行"构件库"命令后,在"构件库"对话框"选择构件"设置区中选择(　　)选项,可在图5-54(a)的基础上快速绘制如图5-54(b)所示的图形。

(a)　　　　　　　　　　　(b)

图5-54 使用"构件库"命令绘制图形

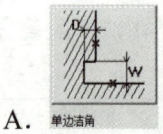　　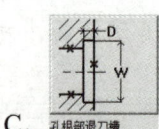　

A. 单边清角　　B. 两边清角　　C. 孔根部退刀槽　　D. 孔中部退刀槽

3．判断题

（1）双击带属性的块，可对构成该块的图形元素进行编辑。（　　）

（2）执行"块在位编辑"命令后，可将绘图区中的其他图形元素添加到当前所选的块中。（　　）

（3）CAXA CAD 电子图板可以对不具有封闭外轮廓的块进行消隐操作。（　　）

（4）执行"图库管理"命令后，若需要编辑所选图符的相关属性，则应在"图库管理"对话框中单击"数据编辑"按钮。（　　）

（5）若要删除自定义的图符，则在"图库管理"对话框左侧选择要删除的图符后，单击"删除图符"按钮，接着在弹出的"确认文件删除"对话框中单击"确定"按钮即可。（　　）

4．操作题

（1）打开本书配套素材中的"素材与实例"→"ch05"→"插入定位销.exb"文件，将图 5-55（a）中的定位销定义为块，并将其插入底座的孔中，效果如图 5-55（b）所示。

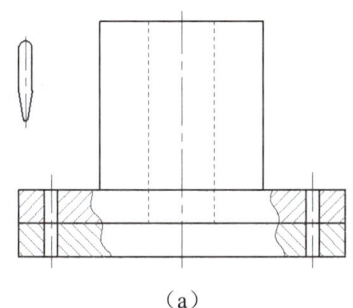
（a）

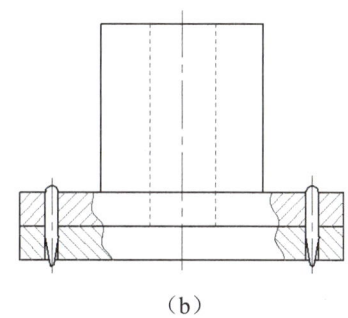
（b）

图 5-55　插入定位销

（2）绘制如图 5-56 所示的螺钉连接图（要求按 1∶1 绘制，不要求标注尺寸）。

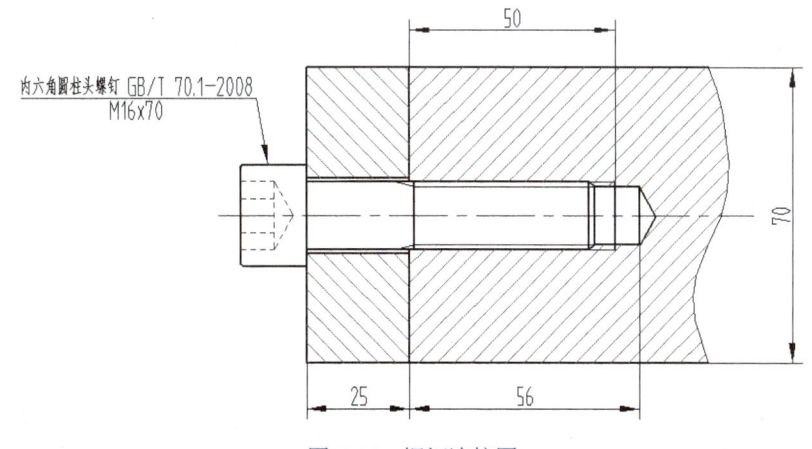

图 5-56　螺钉连接图

学习成果评价

请进行学习成果评价,并将评价结果填入表 5-1 中。

表 5-1 学习成果评价表

班级		姓名		学号		
评价项目	评价内容			分值	自我评分	老师评分
知识(40%)	创建块和插入块的方法			8		
	编辑组成块的对象的方法			6		
	块打散操作和块消隐操作			6		
	插入图符和定义图符的方法			8		
	图符编辑、数据编辑、属性编辑、导出图符、并入图符等图库管理方法			6		
	构件库的使用方法			6		
技能(40%)	能够根据需要将常用图形创建成块,并将其插入所需位置			10		
	能够根据需要对创建的块中的图形元素进行编辑			10		
	能够根据需要灵活使用系统自带的图符			10		
	能够根据需要自定义图符并灵活使用该图符			10		
素养(20%)	积极参加课堂活动			5		
	保持良好的学习态度,认真完成实践任务			5		
	强化时间观念和效率意识			5		
	培养科学思维能力和主动探索精神			5		
合 计				100		
总分(自我评分×40%+老师评分×60%)						
自我评价						
老师评价						

项目六

图幅设置和序号标注

项目导读

绘制好装配图的各个视图后，还需要设置图幅、图框、标题栏，标注零部件序号和完善明细表。本项目将主要介绍 CAXA CAD 电子图板图幅、图框、标题栏、序号、明细表的相关操作。

知识目标

（1）掌握设置图幅、图框和标题栏的方法。
（2）掌握标注序号的方法。
（3）熟悉设置明细表风格和编辑明细表的方法。

素质目标

（1）通过学习图幅、图框和标题栏的相关规定，严格执行国家标准的有关规定，养成认真、严谨、细致的绘图习惯。
（2）通过为装配图标注零部件序号，知道每一个零部件都有其存在的价值，明白每个人在社会中扮演的角色都是独特且不可替代的，从而增强社会责任感和使命感。

任务一　设置图幅、图框和标题栏

> **任务导入**
>
> 　　小王想为自己绘制的装配图添加与 A3 图幅相对应的图框，但是当他使用"调入图框"命令添加图框时，发现在弹出的对话框中只能选择与 A4 图幅相对应的图框。小王心想：CAXA CAD 电子图板既然为用户提供了多种与 A4 图幅相对应的图框，应该也会提供与 A3 图幅相对应的图框，是自己的操作方法不当导致无法显示与 A3 图幅相对应的图框吗？
> 　　学习本任务的相关知识后，请你帮助小王解开疑惑。

一、设置图幅

　　在"图幅"选项卡"图幅"面板中单击"图幅设置"按钮，系统会弹出"图幅设置-主图幅"对话框，如图 6-1 所示。在该对话框中既可以设置图纸尺寸、绘图比例和图纸方向，也可以设置图框，选择标题栏、顶框栏、边框栏的风格和当前图幅中明细表与序号的风格。此处仅介绍与图幅相关的内容，其他内容稍后介绍。

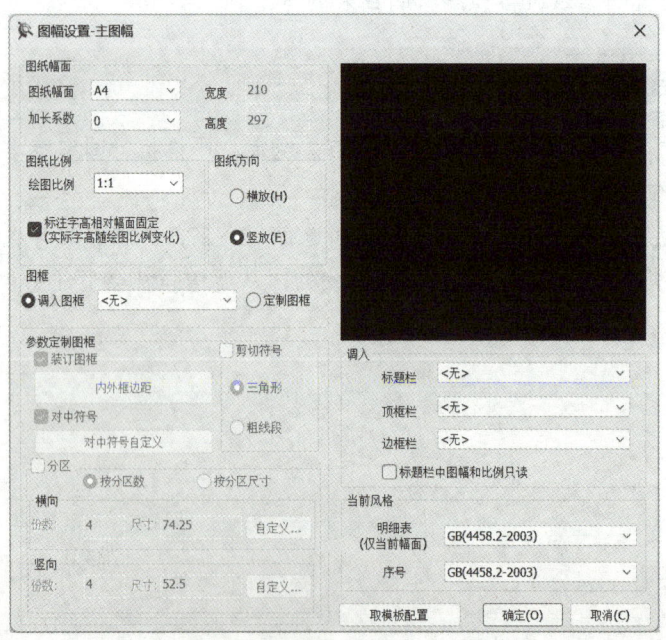

图 6-1　"图幅设置-主图幅"对话框

项目六 图幅设置和序号标注

（一）"图纸幅面"设置区

"图纸幅面"设置区用于设置图纸尺寸。

（1）"图纸幅面"列表框：在该列表框中可以选择幅面代号，也可以选择"用户自定义"选项，然后在"宽度"和"高度"编辑框中输入所需图纸的宽度值和高度值。

（2）"加长系数"列表框：在该列表框中可以选择国家标准规定的加长系数。加长系数是指图纸基本幅面短边的倍数。

（二）"图纸比例"设置区

"图纸比例"设置区用于设置绘图比例和字高与绘图比例的关系。

（1）"绘图比例"编辑框：用户可以在该编辑框中输入比例，也可以单击该编辑框右侧的按钮 ，在弹出的下拉列表中选择国家标准规定的比例。

（2）"标注字高相对幅面固定"复选框：若勾选该复选框，则绘图区中标注的文字的字高、符号的大小和构成尺寸的各部分的大小均会随"绘图比例"编辑框中比例的变化而变化。例如，当"绘图比例"编辑框中的比例为1∶2时，勾选该复选框并单击"确定"按钮，则绘图区中标注的文字、符号等将放大2倍。若不勾选该复选框，则绘图区中的内容不发生任何变化。

（三）"图纸方向"设置区

"图纸方向"设置区用于设置图纸的方向。

（1）"横放"单选钮：单击该单选钮，图纸的长边横向放置。

（2）"竖放"单选钮：单击该单选钮，图纸的长边竖向放置。

图幅通常与图框一起使用。在图6-1中设置好图纸尺寸、绘图比例和图纸方向后，在"调入图框"列表框中选择任意一个图框并单击"确定"按钮，则所设置的图幅和图框将自动显示在绘图区，且图幅和图框的中心与坐标系原点重合。

如果想在绘图区中创建多个图幅，可在"图幅"选项卡"图幅"面板中单击"新建图幅"按钮 。

二、设置图框

设置图框包括调入图框、定义图框、编辑图框、填写图框和存储图框。

（一）调入图框

调入图框的方法主要有以下两种：

（1）在"图幅"选项卡"图幅"面板中单击"图幅设置"按钮 ，然后在弹出的"图幅设置-主图幅"对话框"调入图框"列表框中选择需要的图框，最后单击"确定"按钮。

（2）在"图幅"选项卡"图框"面板中单击"调入图框"按钮 ，然后在弹出的"读入图框文件"对话框（见图6-2）中选择需要的图框，最后单击"导入"按钮。

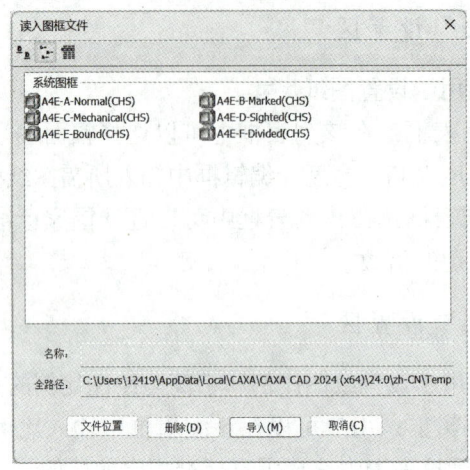

图 6-2 "读入图框文件"对话框

(二)定义图框

若系统提供的图框不能满足绘图需要,用户可以自定义图框。在"图幅"选项卡"图框"面板中单击"定义图框"按钮,选择要定义为图框的图形和文字并右击,然后指定基准点(一般选择图形的右下角点),在弹出的"另存为"对话框中输入文件名,采用系统默认的保存路径,然后单击"保存"按钮,即可将所选图形和文字定义为图框并保存。为方便填写图框,应使用"属性定义"命令注写需要填写的单元格中的文字,如图纸编号、底图总号、签字日期等。

📢 提 示

在定义图框时,如果所选图形的尺寸与当前幅面不匹配,则在指定基准点后,系统会弹出如图 6-3 所示的"选择图框文件的幅面"对话框。在该对话框中,用户可以选择单击"取系统值"按钮,采用当前幅面;或单击"取定义值"按钮,按所选的最外层图框的大小设置幅面。

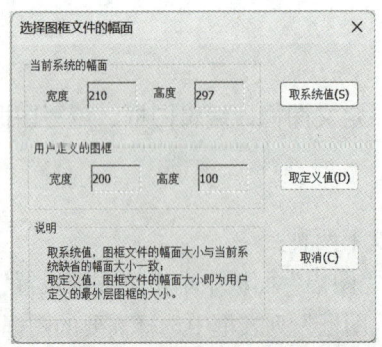

图 6-3 "选择图框文件的幅面"对话框

（三）编辑图框

在"图幅"选项卡"图框"面板中单击"编辑"按钮，功能区会出现"块编辑器"选项卡。此时，用户既可以编辑图框中的图线，也可以双击文字，在弹出的"属性定义"对话框或"文本编辑器-多行文字"对话框和文本输入框中修改文字的内容、文本风格、字高等。编辑结束后，单击"退出块编辑"按钮即可。

（四）填写图框

使用"填写图框"命令可以填写当前图框中属性文字的属性值。在"图幅"选项卡"图框"面板中单击"填写"按钮，系统会弹出"填写图框"对话框（见图6-4），用户可在"属性编辑"选项卡"属性值"所在列的单元格中填写所需信息。"填写图框"对话框中的内容取决于图框中的属性文字。

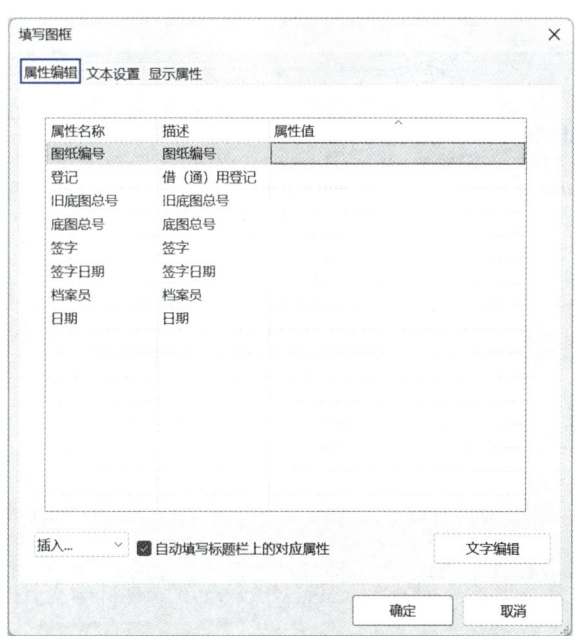

图 6-4 "填写图框"对话框

在"填写图框"对话框中除了可以填写所需信息外，还可以在"文本设置"选项卡中设置文本的对齐方式、风格、旋转角和字高，在"显示属性"选项卡中为文本指定图层及颜色。

（五）存储图框

若想将绘图区中的某个图框存储，以便需要使用时直接调用，则可在"图幅"选项卡"图框"面板中单击"存储"按钮，然后在弹出的"另存为"对话框中输入文件名，采用系统默认的保存路径，最后单击"保存"按钮即可。

三、设置标题栏

设置标题栏包括调入标题栏、定义标题栏、编辑标题栏、填写标题栏、存储标题栏。在"图幅"选项卡"标题栏"面板中单击"定义标题栏"按钮、"编辑"按钮、"填写"按钮、"存储"按钮，可以对标题栏进行相应设置，其操作方法与设置图框的操作方法类似，此处不再赘述。下面主要介绍调入标题栏的两种方法：

（1）在"图幅"选项卡"图幅"面板中单击"图幅设置"按钮，然后在弹出的"图幅设置-主图幅"对话框"标题栏"列表框中选择需要的标题栏，最后单击"确定"按钮。

（2）在"图幅"选项卡"标题栏"面板中单击"调入标题栏"按钮，然后在弹出的"读入标题栏文件"对话框（见图6-5）中选择需要的标题栏，最后单击"导入"按钮。

图6-5 "读入标题栏文件"对话框

任务实施——为浮动支承装配图添加图框和标题栏

下面将通过为浮动支承装配图添加如图6-6所示的图框和标题栏，来继续学习设置图框和标题栏的方法。

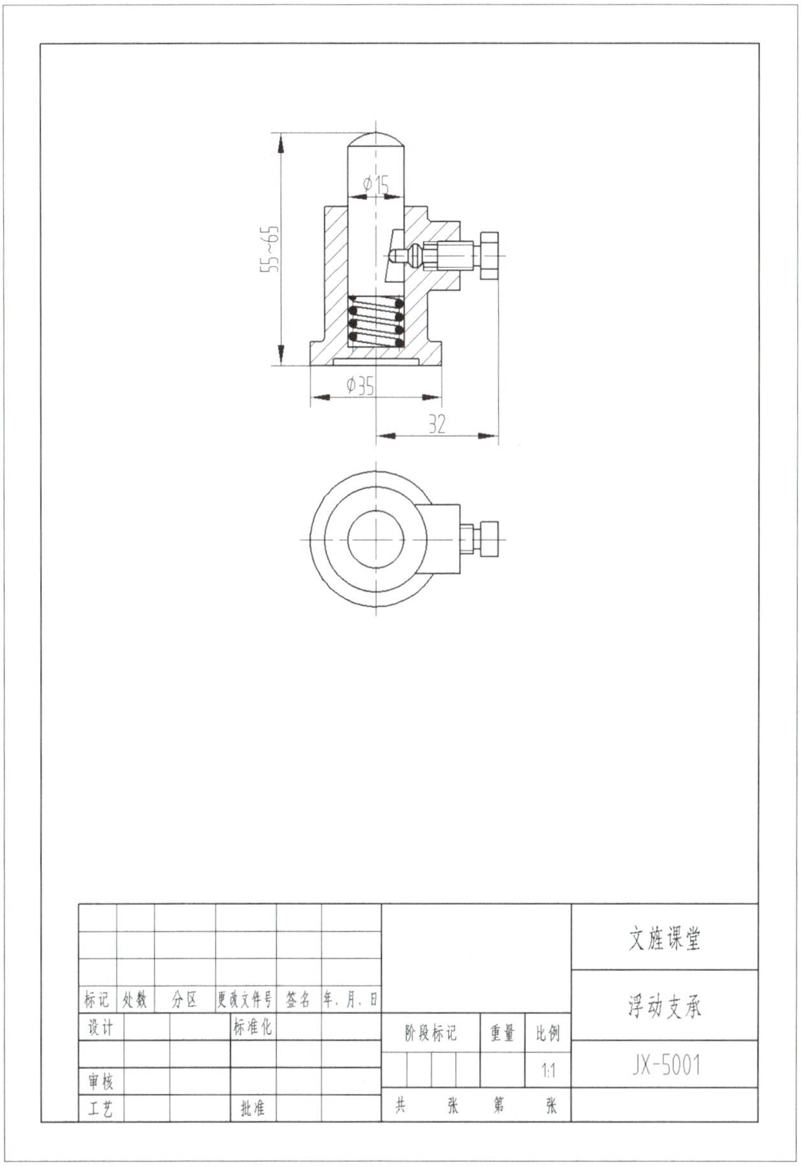

项目六 图幅设置和序号标注

图 6-6 浮动支承装配图

绘图思路

先使用"图幅设置"命令设置图幅、选择图框和标题栏,然后调整图框和标题栏的位置,最后使用"填写标题栏"命令填写标题栏。

绘图步骤

步骤 1 打开文件。打开本书配套素材"素材与实例"→"ch06"→"为浮动支承装配图添加图框和标题栏.exb"文件。

步骤 2 设置图幅。在"图幅"选项卡"图幅"面板中单击"图幅设置"按钮,然后在弹出的"图幅设置-主图幅"对话框

为浮动支承装配图添加图框和标题栏

中单击"图纸幅面"列表框,在弹出的下拉列表中选择"A4"选项,设置绘图比例为1∶1并勾选"竖放"单选钮。

步骤3 选择图框。在"图幅设置-主图幅"对话框中单击"调入图框"列表框,然后在弹出的下拉列表中选择"A4E-A-Normal(CHS)"选项。

步骤4 选择标题栏。在"图幅设置-主图幅"对话框中单击"标题栏"列表框,然后在弹出的下拉列表中选择"GB-A(CHS)"选项,最后单击"确定"按钮,系统会自动将所选图幅、图框和标题栏插入绘图区,且图幅和图框的中心与坐标系的原点重合。

步骤5 调整图框和标题栏的位置。在"常用"选项卡"修改"面板中单击"平移"按钮 ,按图6-7设置"平移"立即菜单。然后按照操作信息提示区中的提示进行操作:

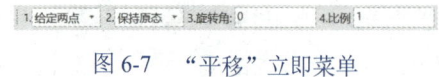

图6-7 "平移"立即菜单

① 提示"拾取添加",选择要平移的图框和标题栏,然后右击。
② 提示"第一点:",在绘图区中的任意位置单击。
③ 提示"第二点:",移动光标,待浮动支承图形位于图框中的合适位置(注意预留明细表的位置)时单击。

步骤6 填写标题栏。双击标题栏,或者在"图幅"选项卡"标题栏"面板中单击"填写"按钮 ,在弹出的"填写标题栏"对话框中填写单位名称、图纸名称、图纸编号等信息,如图6-8所示。

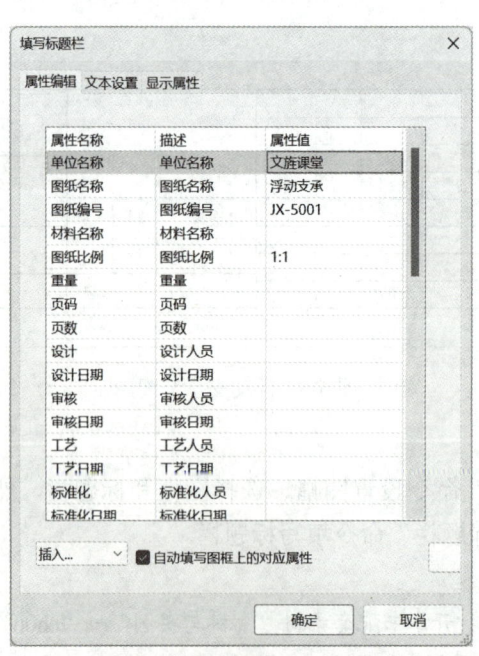

图6-8 "填写标题栏"对话框

步骤7 保存文件。按快捷键"Ctrl+S"保存该文件。

项目六 图幅设置和序号标注

> **课堂互动**
>
> 本任务实施是使用"图幅设置"命令为浮动支承装配图添加图框和标题栏的,请学生使用"调入图框"命令和"调入标题栏"命令为浮动支承装配图添加图框和标题栏。

任务二 标注零部件序号和完善明细表

▶ 任务导入

装配图中的所有零部件均应有序号。装配图中一个部件可以只标注一个序号;同一装配图中相同的零部件用一个序号,一般只标注一次,必要时也可重复标注。小王根据上述要求,开始为调节阀装配图(见图6-9)标注零件序号并添加明细表。小王想为调节阀装配图中的螺钉和垫片标注如图6-10所示的序号,但是他不知道该怎样标注这种具有公共指引线的序号。

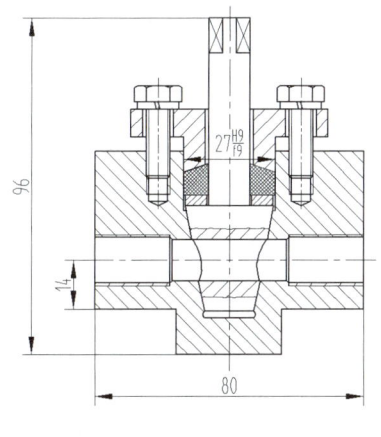

图6-9 调节阀装配图

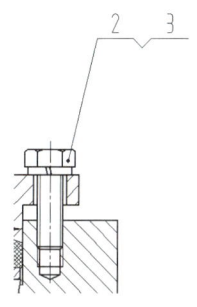

图6-10 螺钉和垫片的序号

学习本任务的相关知识后,请你帮助小王解开疑惑。

一、标注零部件序号

(一)设置序号风格

在"图幅"选项卡"序号"面板中单击"样式"按钮,系统会弹出"序号风格设置"对话框,如图 6-11 所示。在该对话框"序号基本形式"选项卡中可以设置箭头的样式和大小、序号的形状、文本样式、字高等,在"符号尺寸控制"选项卡中可以设置序号中的横线长度、圆圈半径、垂线间距、六角形内切圆半径等。

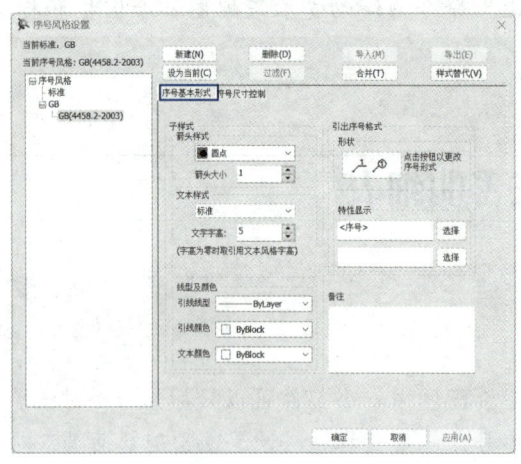
"序号基本形式"选项卡

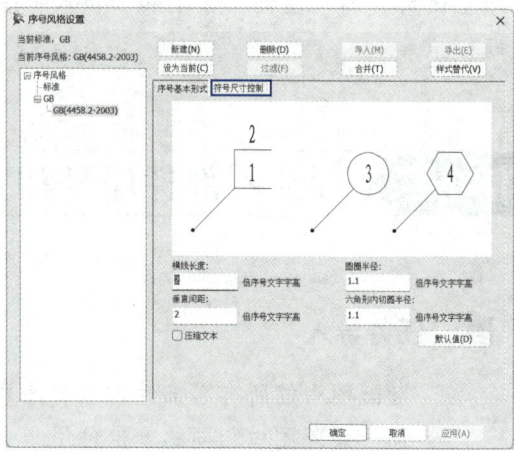
"符号尺寸控制"选项卡

图 6-11　"序号风格设置"对话框

(二) 生成序号

在"图幅"选项卡"序号"面板中单击"生成序号"按钮,系统会弹出"生成序号"立即菜单(见图 6-12)。保持该立即菜单中的设置不变,在要标注序号的零部件上单击,以指定引出点,然后在合适位置单击,以指定转折点,此时系统会自动生成序号和明细表。

图 6-12　"生成序号"立即菜单

"生成序号"立即菜单中的第 1 项"序号"编辑框用于设置序号及其标注样式。例如,在"序号"编辑框中输入"1",则生成的序号为"1";输入"@1",则生成的序号为①。表 6-1 中列出了前缀不同时序号(以"1"为例)的样式。

表 6-1　序号的样式

前缀	~	!	@	#	$
图上序号的显示示例	①	1	①	①	①
明细表中序号的显示示例	①	1	①	①	1

 提　示

在输入前缀"!""$"时,应将文字的输入模式切换至英文输入模式。

在第 1 项"序号"编辑框中输入序号时，如果输入的序号与已有的序号相同，系统会弹出"注意"对话框，如图 6-13 所示。

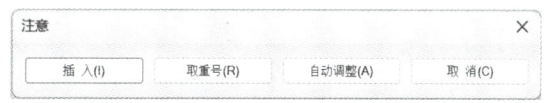

图 6-13 "注意"对话框

（1）单击"插入"按钮，则生成输入的序号，且与此序号相同的序号及其后的其他样式相同的序号依次递加。

（2）单击"取重号"按钮，则生成输入的序号，其他序号均不受该序号的影响。

（3）单击"自动调整"按钮，则生成的序号在与其样式相同的已生成的序号中的数值最大。

（4）单击"取消"按钮，则输入的序号无效。

"生成序号"立即菜单中的第 2 项"数量"编辑框用于设置采用公共指引线的序号的数量；单击第 3 项，可以选择采用公共指引线的序号是水平排列还是垂直排列；单击第 4 项，可以选择采用公共指引线的序号是按照由内向外还是由外向内的顺序排列；单击第 5 项，可以选择是否隐藏当前序号的明细表；单击第 6 项，可以选择在标注完当前序号后是否立即填写明细表；单击第 7 项，可以选择是否将指引线画成多折线。

（三）编辑序号

在"图幅"选项卡"序号"面板中单击"编辑"按钮，然后拾取序号并在目标位置单击，可改变序号或引出点的位置。如果拾取的位置靠近引出点，则改变的是引出点的位置；如果拾取的位置靠近序号，则改变的是序号的位置。如果拾取的位置靠近采用公共指引线的序号，则系统会弹出"编辑序号"立即菜单，在该立即菜单中可以设置序号的排列方向（水平或垂直）和排列顺序（由内向外或由外向内）。

（四）交换序号

在"图幅"选项卡"序号"面板中单击"交换"按钮，系统会弹出"交换序号"立即菜单（见图 6-14）。在该立即菜单的第 1 项中若选择"仅交换选中序号"选项，则只交换选中的序号［见图 6-15（a）］的名称，如图 6-15（b）所示；若选择"交换所有同号序号"，则不仅会交换选中的序号，还会交换与选中的序号同名的序号，如图 6-15（c）所示。单击该立即菜单中的第 2 项，可以选择在交换序号时，是否交换明细表中的内容。设置好立即菜单后，依次单击两个要交换的序号并右击，可使这两个序号的名称发生交换；依次单击多个序号并右击，可使这些序号的名称按照单击顺序由小到大排列。

图 6-14 "交换序号"立即菜单

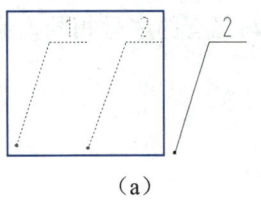 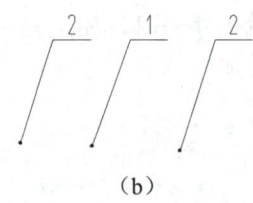 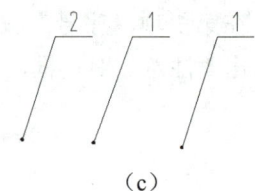

（a）　　　　　　　　　　（b）　　　　　　　　　　（c）

图 6-15　交换序号

（五）对齐序号

在"图幅"选项卡"序号"面板中单击"对齐"按钮，选择要对齐的所有序号并右击，然后指定定位点，系统弹出"对齐序号"立即菜单（见图 6-16）。设置好立即菜单后指定转折点，即可将所选序号对齐。

图 6-16　"对齐序号"立即菜单

在此立即菜单中，单击第 1 项，可以选择序号是水平排列、垂直排列还是周边排列；单击第 2 项，可以选择自动设置间距值还是手动设置间距值。若在第 2 项中选择"手动"选项，则可在第 3 项"间距值"编辑框中输入相应的数值。

（六）合并、拆分序号

在"图幅"选项卡"序号"面板中单击"合并"按钮，选择要合并的序号并右击，然后单击，以指定引出点，此时系统会弹出"合并序号"立即菜单。在该立即菜单中设置合并后的序号的排列方向（水平或垂直）、排列顺序（由内向外或由外向内）和指引线的折弯情况，然后指定转折点，即可完成序号的合并。

在"图幅"选项卡"序号"面板中单击"拆分"按钮，选择要拆分的序号，系统会弹出"拆分序号"立即菜单（见图 6-17）。在该立即菜单中设置拆分出来的具有公共指引线的序号的排列方向、排列顺序，所有拆分出来的序号中指引线的折弯情况，序号的拆分方式，然后指定引出点和转折点，即可完成序号的拆分。

图 6-17　"拆分序号"立即菜单

在"拆分序号"立即菜单第 4 项中若选择"单独拆分"选项，则会拆分出选中的序号［见图 6-18（a）］，结果如图 6-18（b）所示；若选择"不单独拆分"选项，则会拆分出选中的序号及后续序号，结果如图 6-18（c）所示。

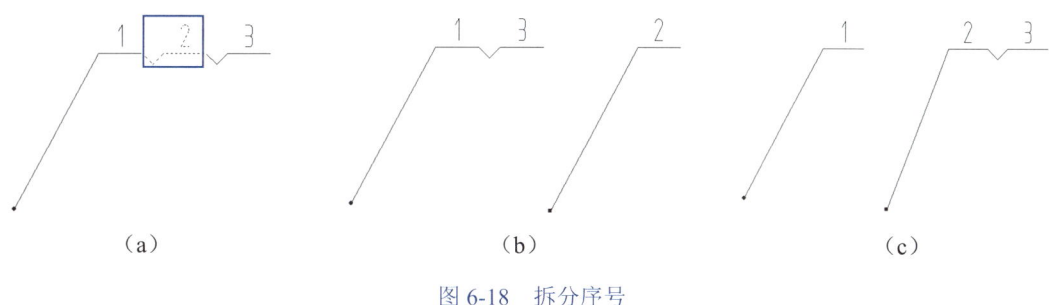

图 6-18 拆分序号

（七）删除、隐藏、显示序号

在"图幅"选项卡"序号"面板中单击"删除"按钮，然后选择要删除的序号，便可将该序号及对应的明细表中的信息删除。若该序号在绘图区中只标注了一处，在将其删除后，系统会对其他序号重新排序。

> **提 示**
>
> 按"Delete"键也可以删除序号，但是不能同时删除明细表中的信息，且删除序号后，系统不会对其他序号重新排序。

在"图幅"选项卡"序号"面板中单击"隐藏"按钮，然后选择要隐藏的序号，便可将该序号隐藏，对应的明细表中的信息不受影响。在"图幅"选项卡"序号"面板中单击"显示"按钮，便可显示隐藏的所有序号。

> **素养提升**
>
> 机械设备由多个零部件组成，每个零部件都不可或缺。为了能够清楚地表达每个零部件的相对位置，应对装配图中所有的零部件标注相应的序号。该序号与企业中员工的工号类似，均具有唯一性。在企业乃至社会中，每个人就像机器中的一个零件，扮演的角色都是独特且不可替代的，只有明确自己的社会责任和价值，才能为推动社会发展贡献自己的力量。

二、完善明细表

（一）设置明细表风格

明细表是装配图中全部零件的详细目录，位于标题栏的上方。在 CAXA CAD 电子图板中标注序号时，若在立即菜单中选择"显示明细表"选项，则系统会自动生成明细表。在"图幅"选项卡"明细表"面板中单击"样式"按钮，系统会弹出"明细表风格设置"对话框（见图 6-19），在该对话框中可以定制表头，设置线条颜色、线宽、文本风格、字高、文本对齐方式、文本颜色等。

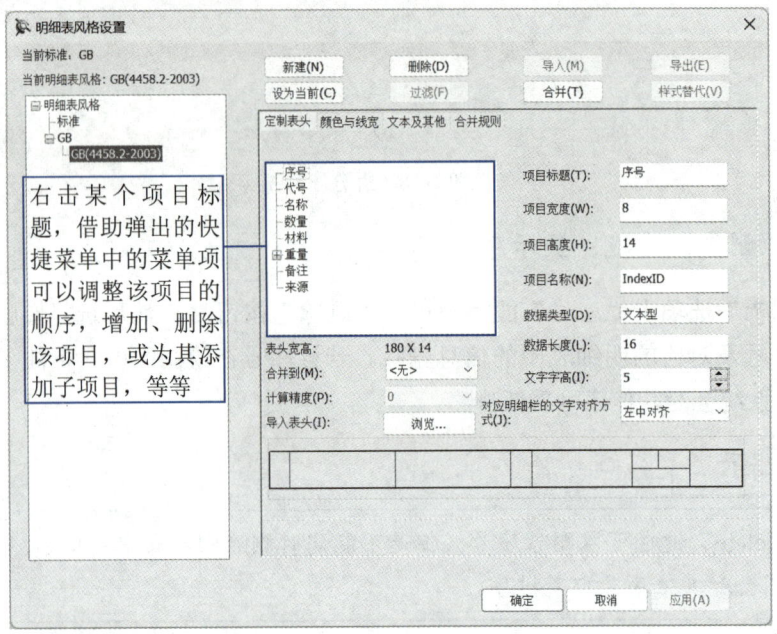

图 6-19 "明细表风格设置"对话框

（二）填写明细表

在"图幅"选项卡"明细表"面板中单击"填写明细表"按钮，或者双击明细表，系统均会弹出"填写明细表"对话框，如图 6-20 所示。该对话框中常用按钮、列表框和复选框的功能如下：

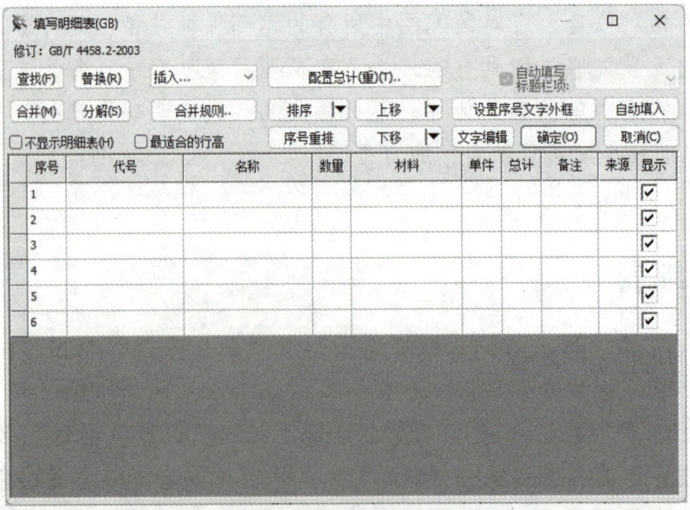

图 6-20 "填写明细表"对话框

（1）"查找"和"替换"按钮：用于查找、替换当前明细表中的内容。

（2）"插入"列表框：用于插入各种符号及常用文字。

（3）"配置总计（重）"按钮：单击该按钮，弹出"配置总计（重）"对话框（见图 6-21），在该对话框中可以选择参与计算的项目、设置计算精度和计算结果的显示形式。用户可借助该按钮计算设备的总重量。

（4）"自动填写标题栏项"复选框：勾选该复选框，然后在其右侧的列表框中选择填写项，系统会将图 6-21 中的计算结果填写到标题栏中对应的位置。

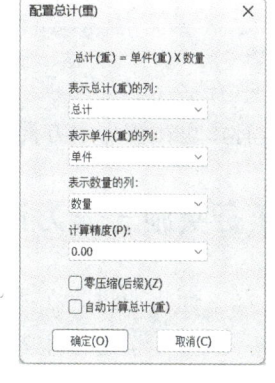

图 6-21 "配置总计（重）"对话框

（5）"排序"按钮：单击该按钮右侧的按钮▼，在弹出的下拉列表中选择"反向排序"或"正向排序"选项，系统会对所有表项按降序或升序自动排序。

（6）"序号重排"按钮：单击该按钮后，位于"填写明细表"对话框最上方的明细表序号将变为"1"，其余各表项的序号将依序排列。

（7）"上移"和"下移"按钮：用于调整所选表项的顺序。

（8）"显示"复选框：取消勾选该复选框后，与该复选框对应的表项将不显示在明细表中。

（三）删除表项

在"图幅"选项卡"明细表"面板中单击"删除"按钮，然后单击明细表中的某一行，即可将其删除；如果单击明细表表头，则可删除整个明细表。删除明细表表项时，相应的序号也会被删除，并且系统会对其他序号重新排序。

（四）表格折行

在"图幅"选项卡"明细表"面板中单击"折行"按钮，在弹出的"表格折行"立即菜单中单击第 1 项，将折行方式设为"左折"或"右折"，然后单击明细表中的某一行，即可将该行及其上方其他行移至明细表左侧（见图 6-22）或右侧。

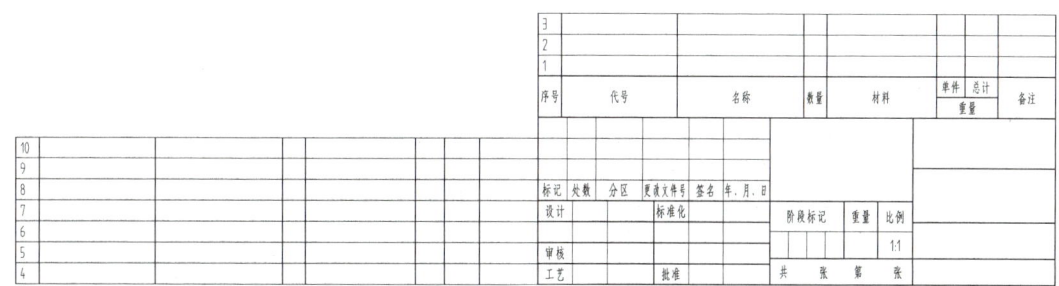

图 6-22 明细表折行效果

（五）插入空行

在"图幅"选项卡"明细表"面板中单击"插入"按钮，然后单击明细表中的某一行，可在该行上方插入一空行。

任务实施——为浮动支承装配图标注零部件序号和添加明细表

下面将通过为在本项目任务一中绘制的浮动支承装配图标注零部件序号和添加明细表，来继续学习标注零部件序号和完善明细表的方法。图 6-23 为标注零部件序号和添加明细表后的浮动支承装配图。

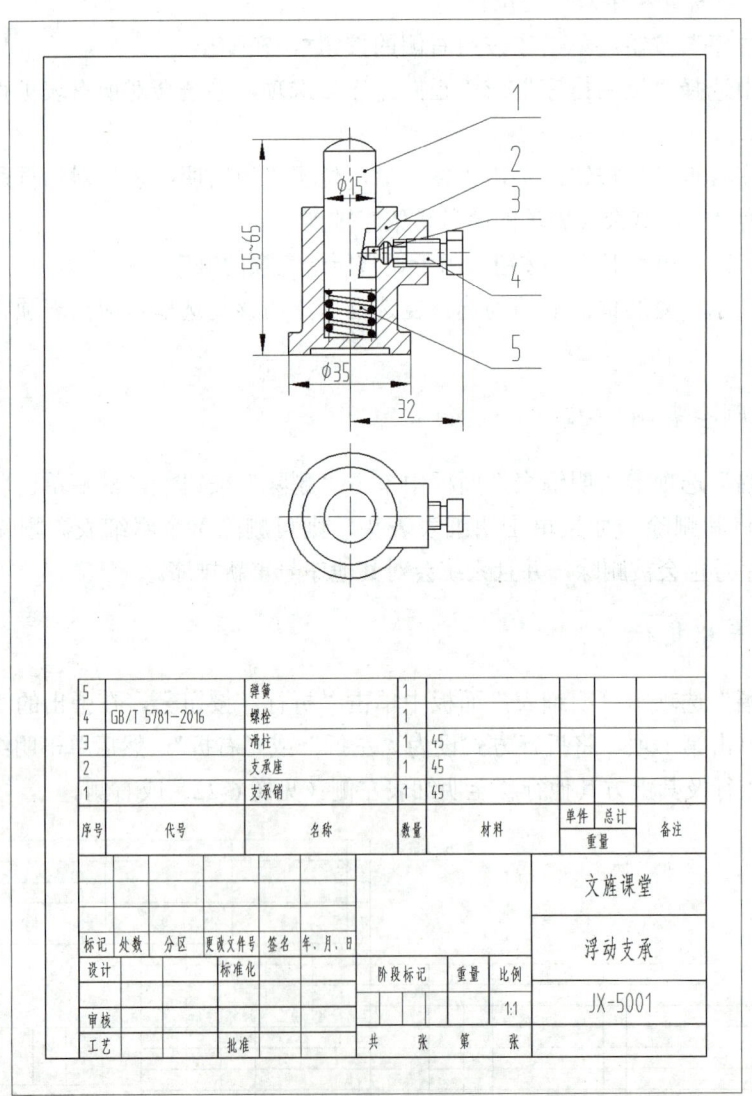

图 6-23　浮动支承装配图

项目六 图幅设置和序号标注

绘图思路

在标注序号前，应先设置序号风格，使零部件序号的字号比装配图中所注尺寸数字的字号大一号。此外，为了使明细表中的文字与标题栏中的文字的字高相同，还应设置明细表风格。在完成上述设置后，使用"生成序号"命令标注序号，并且通过在立即菜单中进行设置，让系统自动生成明细表，最后再填写明细表。

为浮动支承装配图标注零部件序号和添加明细表

绘图步骤

步骤 1 打开文件。打开本项目任务一中绘制的浮动支承装配图或本书配套素材"素材与实例"→"ch06"→"为浮动支承装配图添加图框和标题栏-ok.exb"文件。

步骤 2 设置序号风格。在"图幅"选项卡"序号"面板中单击"样式"按钮，在弹出的"序号风格设置"对话框左侧选择"GB（4458.2-2003）"选项，然后在"文本样式"设置区"文字字高"编辑框中输入"7"，最后单击"确定"按钮。

步骤 3 设置明细表风格。在"图幅"选项卡"明细表"面板中单击"样式"按钮，在弹出的"明细表风格设置"对话框左侧选择"GB（4458.2-2003）"选项，然后在"定制表头"选项卡中选择"序号"选项，接着在"文字字高"编辑框中输入"3.5"。使用同样的方法将明细表表头中的字高均设为3.5。设置完成后单击"确定"按钮。

步骤 4 标注支承销的序号。在"图幅"选项卡"序号"面板中单击"生成序号"按钮，在弹出的立即菜单中按图6-24设置相关参数。然后按照操作信息提示区中的提示进行操作：

① 提示"拾取引出点或选择明细表行："，在支承销上单击。

② 提示"转折点："，移动光标到合适位置后单击，可标注图6-23中的序号"1"，并且标题栏的上方会显示相应的明细表。

图6-24 "生成序号"立即菜单

步骤 5 标注其他零件序号。按照操作信息提示区中的提示标注其他零件序号。在标注序号时，应使序号垂直对齐。

步骤 6 填写明细表。双击明细表，或者在"图幅"选项卡"明细表"面板中单击"填写明细表"按钮，系统弹出"填写明细表（GB）"对话框，然后按照图6-25填写明细表。

步骤 7 保存文件。按快捷键"Ctrl+S"保存该文件。

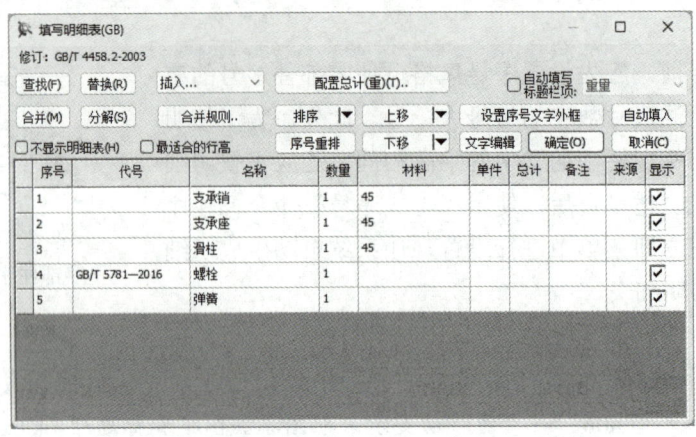

图 6-25　填写明细表

学习成果检验

1. 填空题

（1）执行"图幅设置"命令，在弹出的对话框中可以设置_____、绘图比例和图纸方向。

（2）在绘图区中添加标题栏，可执行"_____"命令和"_____"命令。

（3）在"生成序号"立即菜单中的第1项"序号"编辑框中输入"@1"，则生成的序号为_____。

（4）使用"编辑序号"命令编辑采用公共指引线的序号时，不仅可以改变序号的位置，还可以改变序号的_____和_____。

2. 单选题

（1）若将当前图幅设置为A3，则在执行"调入图框"命令后，可以插入与（　　）图幅对应的图框。

　　A．A0　　　　　B．A3　　　　　C．A4　　　　　D．A0～A4

（2）（　　）可以删除在绘图区中标注的序号，但不能同时删除明细表中的信息。

　　A．使用"删除序号"命令　　　　　B．使用"隐藏序号"命令

　　C．使用"编辑序号"命令　　　　　D．按"Delete"键

（3）使用"删除表项"命令删除某个明细表表项后，下列说法正确的是（　　）。

　　A．相应的零部件序号会被删除，其他零部件序号会重新排序

　　B．相应的零部件序号会被删除，其他零部件序号不会重新排序

　　C．相应的零部件序号不会被删除，其他零部件序号会重新排序

　　D．相应的零部件序号不会被删除，其他零部件序号不会重新排序

3．判断题

（1）在设置图幅时，既可以选用基本幅面，也可以选用加长幅面。　　　（　）
（2）使用"编辑图框"命令只能编辑图框中的图线。　　　（　）
（3）用户不能更改明细表和标题栏中文字的字体和字高。　　　（　）
（4）使用"交换序号"命令只能对两个序号进行交换。　　　（　）

4．操作题

（1）打开本书配套素材中的"素材与实例"→"ch06"→"螺栓连接装配图.exb"文件，参照图 6-26 添加图框和标题栏，标注零部件序号，添加明细表。

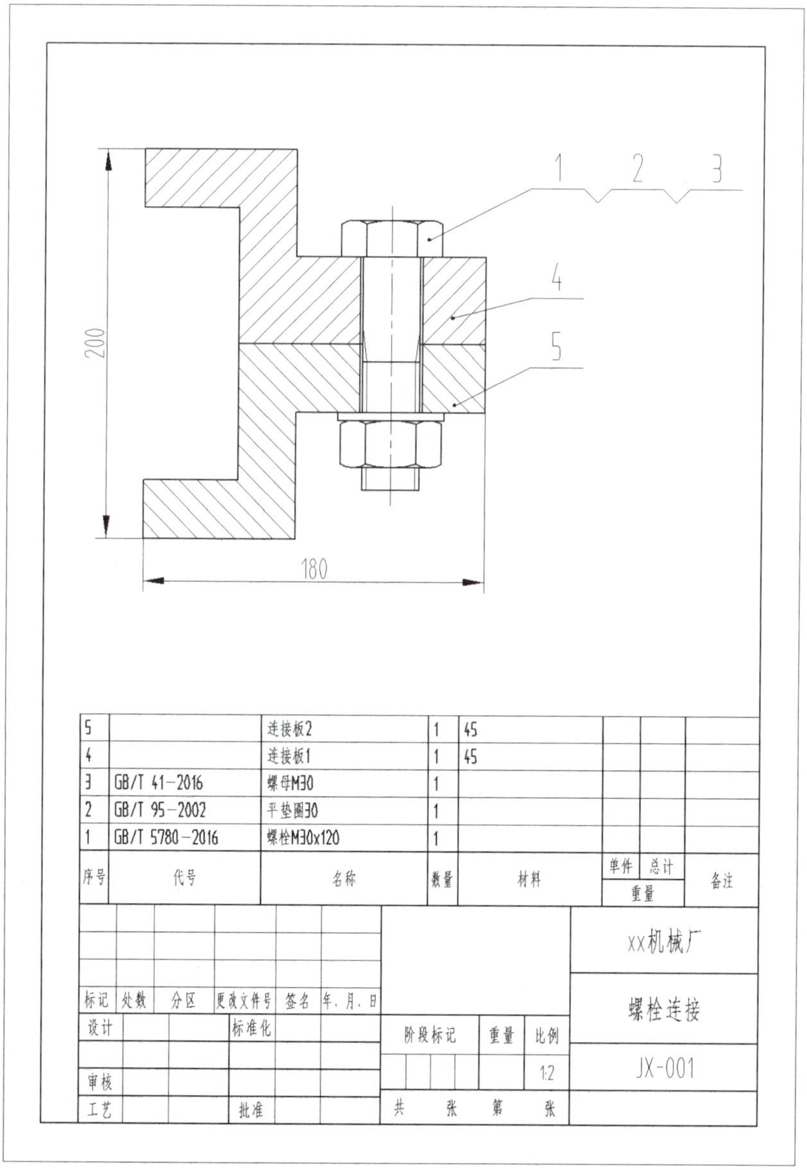

图 6-26　螺栓连接装配图

（2）打开本书配套素材中的“素材与实例”→“ch06”→“千斤顶装配示意图.exb”文件，参照图 6-27 修改该装配示意图。

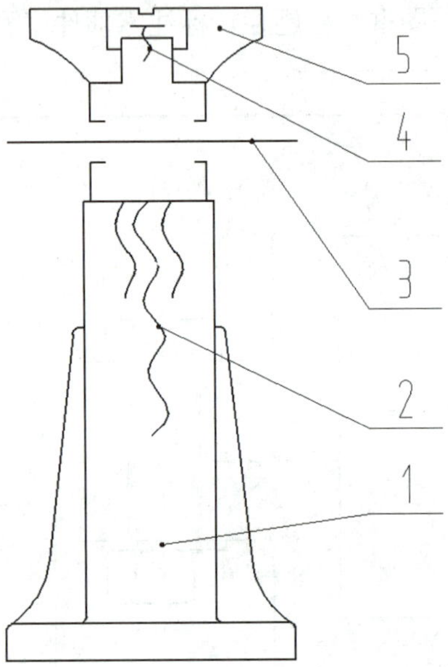

序号	代号	名称	数量	材料	单件重量	总计重量	备注
5		顶盖	1	45			
4		螺钉	1	30			
3		旋转杆	1	45			
2		起重螺杆	1	45			
1		底座	1	HT300			

标记	处数	分区	更改文件号	签名	年、月、日		
设计			标准化			阶段标记	重量	比例
								1:1
审核								
工艺			批准			共 张 第 张		

千斤顶

图 6-27　千斤顶装配示意图

学习成果评价

请进行学习成果评价,并将评价结果填入表 6-2 中。

表 6-2 学习成果评价表

班级		姓名		学号	
评价项目	评价内容		分值	自我评分	老师评分
知识（40%）	设置图幅的方法		6		
	设置图框的方法		6		
	设置标题栏的方法		6		
	标注序号的方法		6		
	设置明细表风格的方法		8		
	编辑明细表的方法		8		
技能（40%）	能够根据需要设置图幅		5		
	能够在绘图区中添加图框和标题栏		10		
	能够为装配图标注零部件序号		15		
	能够为装配图完善明细表		10		
素养（20%）	积极参加课堂活动		5		
	保持良好的学习态度，认真完成实践任务		5		
	养成认真、严谨、细致的绘图习惯		5		
	增强社会责任感和使命感		5		
合　计			100		
总分（自我评分×40%+老师评分×60%）					
自我评价					
老师评价					

项目七

零件图和装配图的绘制

项目导读

零件图是表示单个零件形状、大小和特征的图样,也是在制造和检验机器或部件时所用的图样。装配图是表示机器及其组成部分的连接、装配关系的图样,是机械设计和生产中的重要技术文件之一。本项目主要介绍在 CAXA CAD 电子图板中绘制零件图和装配图的思路与操作步骤。

知识目标

(1) 掌握绘制零件图的方法。
(2) 掌握绘制装配图的方法。

素质目标

(1) 明白"实践出真知"的道理,强化动手能力,在实践中掌握扎实的专业技能。
(2) 将所学的知识内化为能力,并且能够运用这些能力解决工作、生活中遇到的问题。

项目七　零件图和装配图的绘制

任务一　绘制齿轮轴零件图

任务导入

在机械设备中，轴类零件一般起支承传动件和传递动力的作用，其主体大多由位于同一轴线上的数段直径不同的回转体组成。轴类零件上常有倒角、砂轮越程槽、键槽等结构。下面通过绘制如图7-1所示的齿轮轴零件图，介绍使用CAXA CAD 电子图板绘制轴类零件图的一般方法。

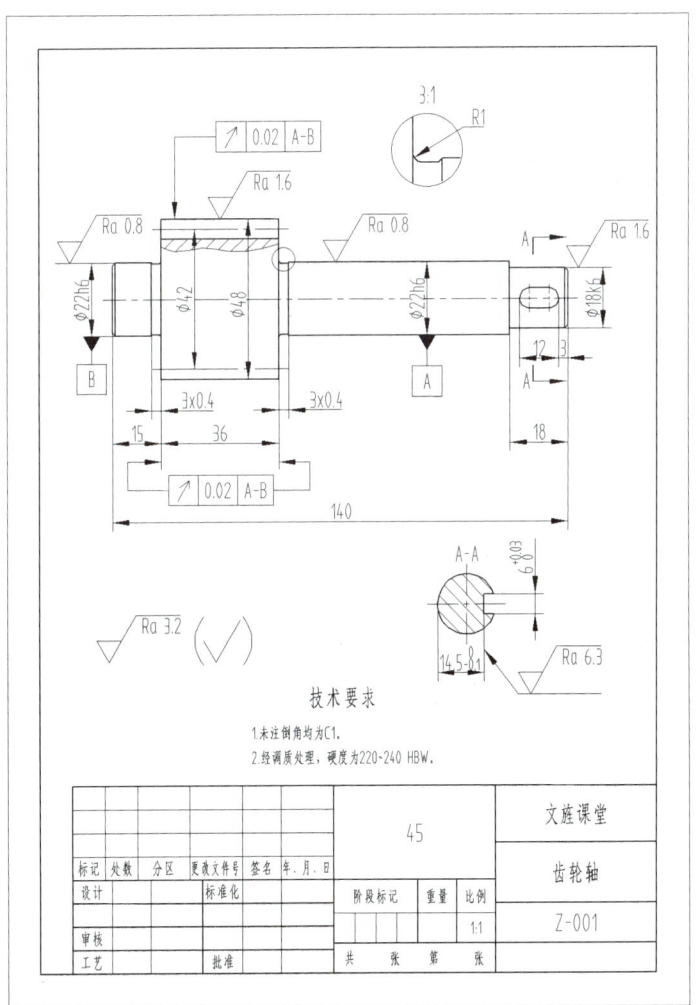

图7-1　齿轮轴零件图

任务分析

由图 7-1 可知，该齿轮轴零件图中包含基本视图（主视图）、断面图、局部放大图和局部剖视图。可先绘制视图，再标注尺寸、符号和技术要求，最后设置图幅、图框和标题栏。

绘制齿轮轴零件图

各视图的绘制思路为：首先使用"孔/轴"命令绘制齿轮轴的主体，使用"过渡"命令绘制倒角线，使用"插入图符"命令插入键槽，使用"构件库"命令绘制砂轮越程槽，然后使用"剖切符号""插入图符"命令绘制断面图，接着使用"局部放大"命令绘制局部放大图，最后使用"等距线""样条""剖面线"等命令绘制局部剖视图。

任务实施

一、绘制齿轮轴

（一）绘制基本视图

步骤1 绘制齿轮轴的主体。打开 CAXA CAD 电子图板，新建文件。在"常用"选项卡"绘图"面板中单击"孔/轴"按钮，在弹出的立即菜单中单击第 1 项，选择"轴"选项；单击第 2 项，选择"直接给出角度"选项；在"中心线角度"编辑框中输入"0"。然后按照操作信息提示区中的提示进行操作：

① 提示"插入点:"，在绘图区任意位置单击。

② 提示"轴上一点或轴的长度:"，在立即菜单"起始直径"和"终止直径"编辑框中均输入"22"，其他设置如图 7-2 所示；向右移动光标，输入轴段的长度值"15"并按"Enter"键，完成最左侧轴段的绘制。参考图 7-3 中的尺寸，在"孔/轴"立即菜单中输入各轴段的直径尺寸，在状态栏中输入各轴段的长度值，从而完成齿轮轴主体的绘制。

图 7-2 "孔/轴"立即菜单

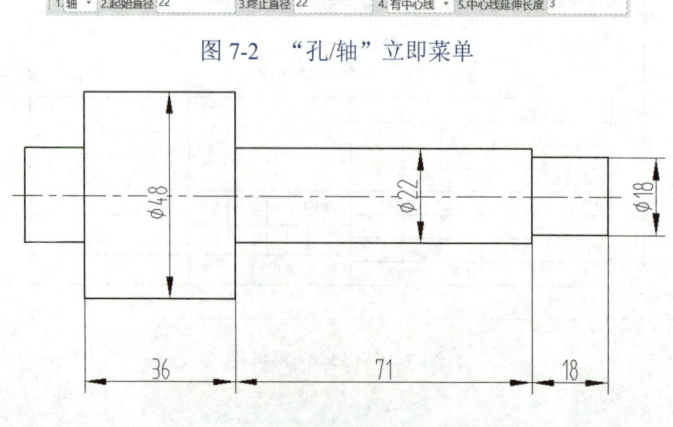

图 7-3 各轴段的直径和长度尺寸

项目七 零件图和装配图的绘制

步骤 2 绘制倒角线。在"常用"选项卡"修改"面板中单击"过渡"按钮 □，在弹出的立即菜单中单击第 1 项，选择"外倒角"选项；单击第 2 项，选择"长度和角度方式"选项；在第 3 项"长度"编辑框中输入"1"；在第 4 项"角度"编辑框中输入"45"。依次单击齿轮

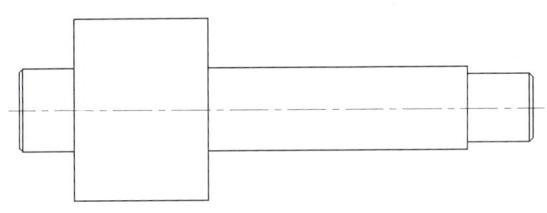

图 7-4 绘制倒角线

轴最左端 3 条相邻的线段和最右端 3 条相邻的线段，即可绘制出如图 7-4 所示的倒角线。

步骤 3 插入键槽。按照下列步骤进行操作：

① 在"插入"选项卡"图库"面板中单击"常用图形"按钮，在弹出的"插入图符"对话框左侧选择"常用剖面图"→"A 型轴平键"选项。

② 单击"下一页"按钮，在弹出的"图符预处理"对话框中选择宽度（b）为 6 mm 的键槽，然后将键槽长度（l）设为 12 mm，其他设置如图 7-5 所示。

③ 单击"完成"按钮，在弹出的立即菜单中单击第 1 项，选择"打散"选项；按"F6"键，将捕捉方式设为"导航"，然后按"F4"键，捕捉齿轮轴的右端面与中心线的交点并单击，以指定参考点，接着输入图符的定位点"@-15,0"并按"Enter"键，最后输入图符的旋转角度"0"并按"Enter"键；右击，结果如图 7-6 所示。调整键槽最右侧竖直中心线的长度。

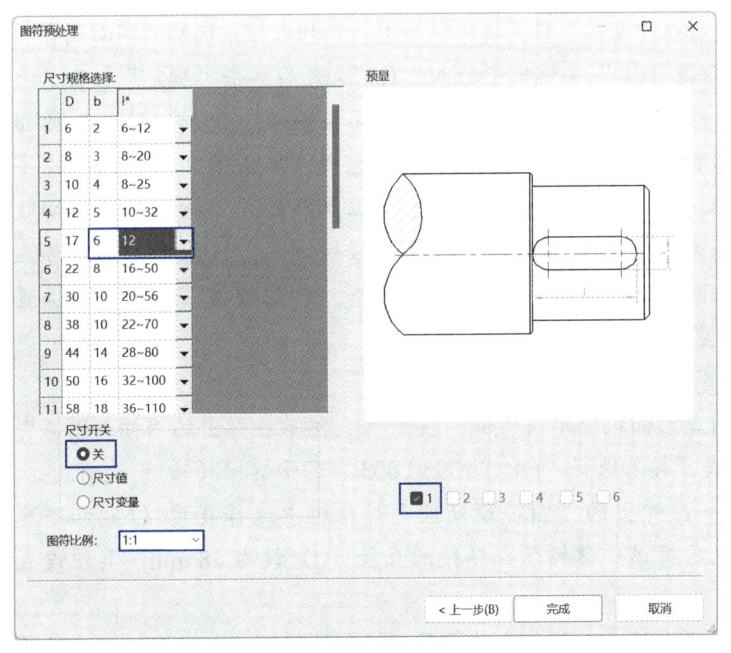

图 7-5 "图符预处理"对话框

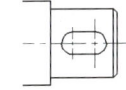

图 7-6 插入键槽

步骤 4 绘制砂轮越程槽。在"插入"选项卡"图库"面板中单击"构件库"按钮，在弹出的"构件库"对话框"选择构件库"设置区"构件库"列表框中选择"砂轮

越程槽"选项,然后在"选择构件"设置区中选择"磨外圆"选项并单击"确定"按钮。依次单击最左侧轴段的上、下两条边线,然后在弹出的立即菜单中单击第1项,选择"b1=3.0 h=0.4 r=1.0"选项,最后单击齿轮左端面,结果如图7-7所示。使用同样的方法绘制齿轮右侧的砂轮越程槽。

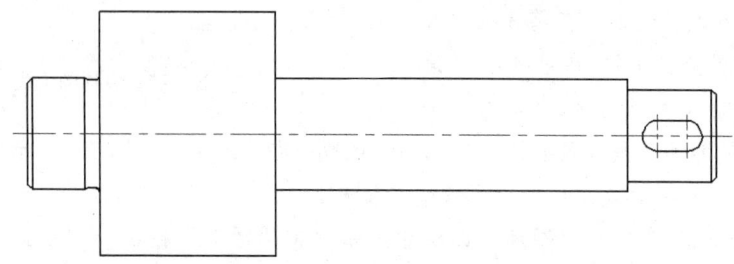

图 7-7　绘制砂轮越程槽

（二）绘制断面图

步骤 1　设置文本风格。在"标注"选项卡"标注样式"面板中单击"文本样式"按钮 A，在弹出的"文本风格设置"对话框左侧选择"标准"选项,然后在"西文字体"列表框中选择"国标.shx"选项,最后单击"确定"按钮。

步骤 2　设置剖切符号风格。在"标注"选项卡"标注样式"面板中单击"样式管理"按钮，在弹出的"样式管理"对话框左侧选择"剖切符号风格"选项组中的"GB（17452-1998）"选项,然后在"箭头"设置区"箭头形式"列表框中选择"实心闭合"选项,在"比例"设置区"标注总比例"编辑框中输入"1.3",最后单击"确定"按钮。

步骤 3　绘制剖切符号。在"标注"选项卡"符号"面板中单击"剖切符号"按钮，在弹出的立即菜单中单击第1项,选择"垂直导航"选项；单击第2项,选择"手动放置剖切符号名"选项。依次在键槽上方和下方的合适位置单击,以指定竖直剖切轨迹线的位置,然后右击,并在剖切符号右侧单击,以指定投射方向,接着在剖切符号左侧合适位置单击,以标注剖切符号名（见图7-8）,最后右击,并在绘图区中的合适位置单击,以指定断面图名称的位置。

步骤 4　绘制齿轮轴断面图。按照下列步骤进行操作：

① 在"插入"选项卡"图库"面板中单击"键"按钮，然后在弹出的"插入图符"对话框左侧双击"键槽"文件夹,接着选择"GB/T 1095-2003 普通平键槽（轴）"选项。

② 单击"下一页"按钮,在弹出的"图符预处理"对话框中选择宽度（b）和高度（h）均为6 mm的平键槽,然后将该平键槽所在轴段的直径（d）设为18 mm,其他设置保持不变。

③ 单击"完成"按钮,在弹出的立即菜单中单击第1项,选择"不打散"选项,然后在断面图名称"A—A"下方合适位置单击,输入图符的旋转角度"-90"并按"Enter"键,最后右击,结果如图7-9所示。

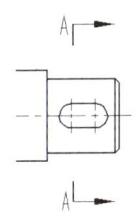
图 7-8 绘制剖切符号

图 7-9 绘制断面图

(三) 绘制局部放大图

步骤 1 执行"局部放大"命令。在"常用"选项卡"绘图"面板中单击"局部放大"按钮,在弹出的立即菜单中单击第 1 项,选择"圆形边界"选项;单击第 2 项,选择"不加引线"选项;在第 3 项"放大倍数"编辑框中输入"3";删除第 4 项"符号"编辑框中的字母;单击第 5 项,选择"保持剖面线图样比例"选项。

步骤 2 按照操作信息提示区中的提示进行如下操作:

① 提示"中心点:",在要放大部位的合适位置单击。

② 提示"输入半径或圆上一点:",移动光标并在合适位置单击,以指定要放大的范围。

③ 提示"符号插入点:",移动光标并在合适位置单击。

④ 提示"实体插入点:",在合适位置单击,以指定局部放大图的位置。

⑤ 提示"输入角度或由屏幕上确定:<-360,360>",输入"0"并按"Enter"键。

⑥ 提示"符号插入点:",移动光标,在局部放大图上方合适位置单击,以标注局部放大图所采用的比例。双击该比例,在打开的界面中选择比例上方的横线,按"Delete"键将其删除;双击比例,然后选中文本输入框中的"3∶1",在"文本编辑器-单行文字"对话框"文字高度"列表框中选择"5"选项,单击"确定"按钮;单击"块编辑器"选项卡中的"退出块编辑"按钮,根据系统提示保存编辑后的块,结果如图 7-10 所示。

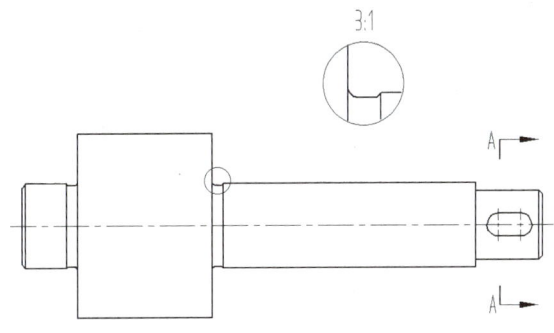
图 7-10 绘制局部放大图

(四) 绘制局部剖视图

步骤 1 绘制齿根线和分度线。在"常用"选项卡"修改"面板中单击"等距线"按钮,按图 7-11 设置立即菜单,单击上方的齿顶线,然后将光标下移并单击,以绘制一条等距线。在立即菜单中单击第3项，选择"双向"选项，然后在第5项"距离"编辑框中输入"21"，接着单击齿轮轴的中心线，最后调整新生成的两条中心线的长度，结果如图7-12所示。

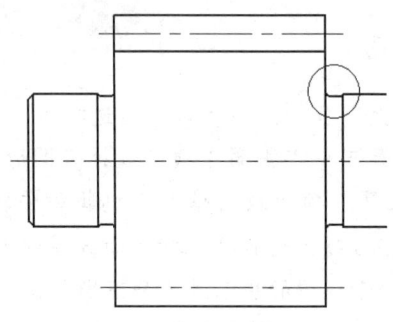

图7-11 "等距线"立即菜单

图7-12 绘制齿根线和分度线

步骤2 绘制分界线。在"常用"选项卡"特性"面板"图层"列表框中选择"细实线层"选项。在"常用"选项卡"绘图"面板中单击"曲线"按钮，在弹出的立即菜单中单击第2项，选择"缺省切矢"选项；单击第3项，选择"开曲线"选项；在第4项"拟合公差"编辑框中输入"0"。然后依次在合适位置单击，绘制一条分界线，结果如图7-13所示。

步骤3 裁剪分界线。在"常用"选项卡"修改"面板中单击"裁剪"按钮，然后在弹出的立即菜单中单击第1项，选择"快速裁剪"选项，依次单击多余的分界线，最后右击。

步骤4 绘制剖面线。在"常用"选项卡"绘图"面板中单击"剖面线"按钮，在弹出的立即菜单中单击第1项，选择"拾取点"选项；单击第2项，选择"不选择剖面图案"选项；在第4项"比例"编辑框中输入"3"；在第5项"角度"编辑框中输入"45"。在要绘制剖面线的封闭环内的任意位置单击，然后右击，结果如图7-14所示。

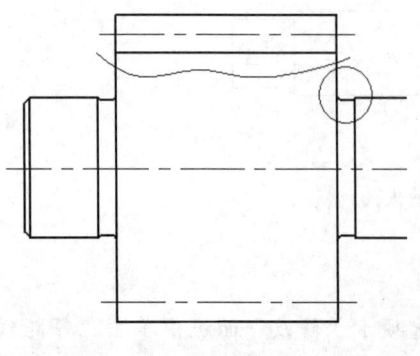

图7-13 绘制分界线

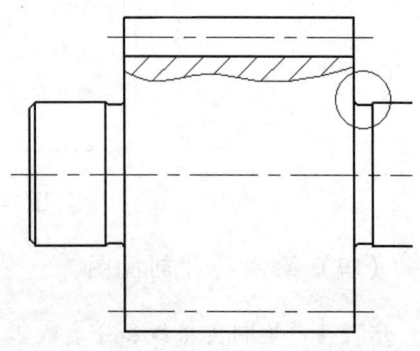

图7-14 绘制剖面线

二、标注尺寸与符号

(一)标注尺寸

步骤 1 设置尺寸风格。在"标注"选项卡"标注样式"面板中单击"尺寸样式"按钮，在弹出的"标注风格设置"对话框左侧选择"GB_尺寸"选项，然后选择"直线和箭头"选项卡，在"箭头1""箭头2""引线箭头"列表框中均选择"实心闭合"选项；选择"调整"选项卡，在"标注总比例"编辑框中输入"1.3"。最后单击"确定"按钮。

步骤 2 标注直径尺寸。在"标注"选项卡"尺寸"面板中单击"智能标注"按钮，在弹出的立即菜单中单击第1项，选择"基本标注"选项，然后单击最左侧轴段上、下两条直线，在立即菜单中单击第3项，选择"直径"选项，接着移动光标并在合适位置单击，以标注尺寸"φ22"。使用同样的方法标注其他轴段的直径尺寸，结果如图7-15所示。标注完成后右击，结束"智能标注"命令。

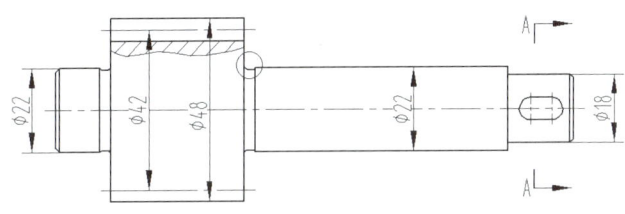

图 7-15　标注直径尺寸

步骤 3 编辑直径尺寸。双击左侧尺寸"φ22"，然后在弹出的"尺寸标注属性设置（请注意各项内容是否正确）"对话框"公差与配合"设置区"输入形式"列表框中选择"代号"选项，在"公差代号"编辑框中输入"h6"，最后单击"确定"按钮。使用同样的方法将右侧尺寸"φ22"改为"φ22h6"，将尺寸"φ18"改为"φ18k6"。

步骤 4 标注长度尺寸。在"标注"选项卡"尺寸"面板中单击"智能标注"按钮，然后单击齿轮轴最左侧的直线和齿轮左端面的直线，在立即菜单第3项中单击，选择"长度"选项，接着移动光标并在合适位置单击，以标注尺寸"15"。使用同样的方法标注其他轴段的长度尺寸，结果如图7-16所示。

步骤 5 编辑砂轮越程槽的尺寸。双击其中一个砂轮越程槽的尺寸"3"，在弹出的"尺寸标注属性设置（请注意各项内容是否正确）"对话框"后缀"编辑框中单击，然后单击"常用符号"设置区中的按钮×，接着输入"0.4"，最后单击"确定"按钮。使用同样的方法修改另一个砂轮越程槽的尺寸。

步骤 6 标注断面图的尺寸。在"标注"选项卡"尺寸"面板中单击"智能标注"按钮，然后标注断面尺寸。双击断面图中的尺寸"6"，然后在弹出的"尺寸标注属性设置（请注意各项内容是否正确）"对话框"公差与配合"设置区"输入形式"列表框中选择"偏差"选项，在"上偏差"编辑框中输入"0.03"，在"下偏差"编辑框中输入

"0",最后单击"确定"按钮。使用同样的方法将尺寸"14.5"改为"$14.5_{-0.1}^{0}$",结果如图 7-17 所示。

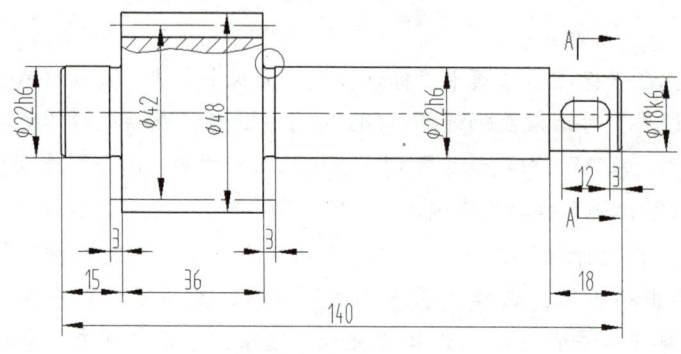

图 7-16 标注长度尺寸

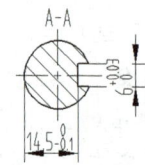

图 7-17 标注断面图的尺寸

步骤 7 标注局部放大图的尺寸。在"标注"选项卡"尺寸"面板中单击"智能标注"按钮，然后单击局部放大图中的圆弧，在立即菜单中单击第 3 项，选择"文字水平"选项，接着移动光标并在合适位置单击，以标注尺寸"R1"，最后右击，结果如图 7-18 所示。

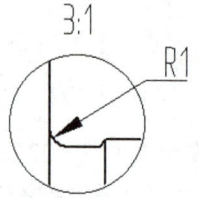

图 7-18 标注局部放大图的尺寸

（二）标注基准代号

步骤 1 设置基准代号风格。在"标注"选项卡"标注样式"面板中单击"样式管理"按钮，在弹出的"样式管理"对话框左侧选择"基准代号风格"选项组中的"GB（1182-2008）"选项，然后在"符号"设置区"箭头"列表框中选择"实心闭合"选项，在"比例"设置区"标注总比例"编辑框中输入"1.3"，最后单击"确定"按钮。

步骤 2 执行"基准代号"命令并标注基准代号。在"标注"选项卡"符号"面板中单击"基准代号"按钮，在弹出的立即菜单中单击第 1 项，选择"基准标注"选项；单击第 2 项，选择"给定基准"选项；单击第 3 项，选择"默认方式"选项；在第 4 项"基准名称"编辑框中输入"A"。单击最长轴段的下轮廓线，移动光标使其与尺寸线对齐后单击，以指定带三角形的引线的位置，接着向下移动光标并在合适位置单击，以指定引线的长度并标注基准代号 A。继续移动光标并在合适位置依次单击，以标注基准代号 B，最后右击，结果如图 7-19 所示。

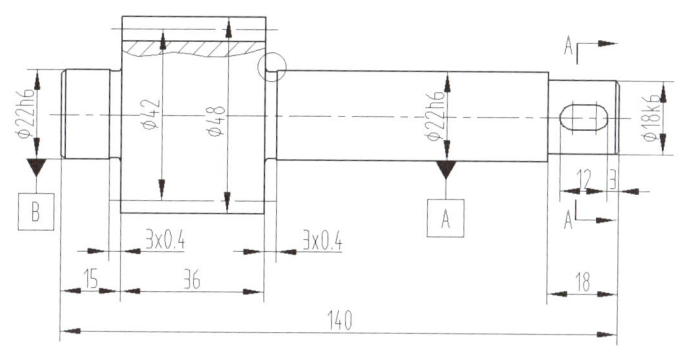

图 7-19　标注基准代号

（三）标注几何公差

步骤 1　设置引线风格和几何公差风格。在"标注"选项卡"标注样式"面板中单击"样式管理"按钮，在弹出的"样式管理"对话框左侧选择"引线风格"选项组中的"标准"选项，在"引出端点"设置区"箭头形式"列表框中选择"实心闭合"选项；选择"形位公差风格"选项组中的"GB（1182-2008）"选项，在"比例"设置区"标注总比例"编辑框中输入"1.3"。最后单击"确定"按钮。

步骤 2　标注齿顶的几何公差。在"标注"选项卡"符号"面板中单击"形位公差"按钮，在弹出的"形位公差（GB）"对话框"公差代号"设置区中选择圆跳动符号，在"公差 1"设置区中的编辑框中输入"0.02"，在"基准一"设置区左侧的两个编辑框中分别输入"A""B"，然后单击"确定"按钮。在弹出的立即菜单中单击第 1 项，选择"水平标注"选项；单击第 2 项，选择"取消智能结束"选项。单击上方的齿顶线，然后向上移动光标并在合适位置单击，以指定引线的转折点；向右移动光标并在合适位置单击，以指定标注位置；右击，结束"形位公差"命令。

步骤 3　标注齿轮端面的几何公差。按下列步骤进行操作：

① 选择齿轮所在轴段的长度尺寸"36"并右击，在弹出的快捷菜单中选择"特性"菜单项，然后在"特性"工具选项板"直线和箭头"设置区中的"超出尺寸线"编辑框中输入"6"并按"Enter"键。

② 在"标注"选项卡"符号"面板中单击"形位公差"按钮，采用"形位公差（GB）"对话框中的默认设置，单击"确定"按钮。单击齿轮右端面的尺寸界线，然后分别向右和向下移动光标并在合适位置单击，以指定引线的转折点；向左移动光标并在合适位置单击，以指定标注位置；右击，结束"形位公差"命令。

③ 在"标注"选项卡"符号"面板中单击"引出说明"按钮，在弹出的"引出说明"对话框中单击"确定"按钮。单击长度尺寸为"36"的尺寸左边的尺寸界线，然后分别向左和向下移动光标并在合适位置单击，以指定引线的转折点，接着向右移动光标并在公差框格上单击，以指定引线的终点，结果如图 7-20 所示。

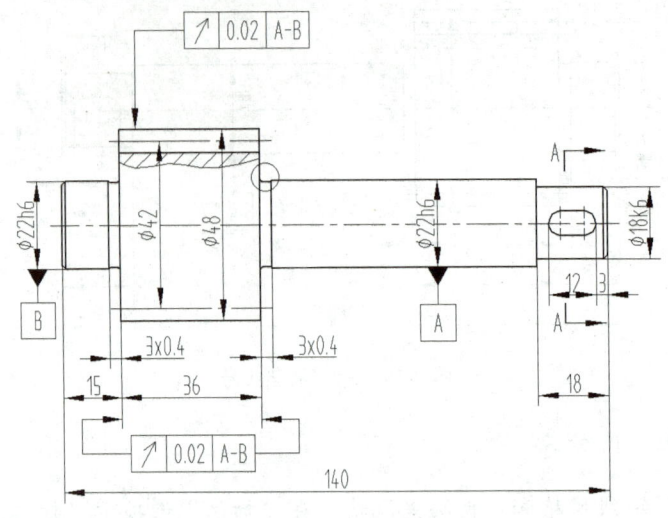

图 7-20 标注几何公差

> **提示**
>
> 为避免尺寸和符号相交,在标注符号的过程中,应根据需要调整尺寸或符号的位置。

(四)标注表面粗糙度

步骤 1 设置表面粗糙度风格。在"标注"选项卡"标注样式"面板中单击"样式管理"按钮,在弹出的"样式管理"对话框左侧选择"粗糙度风格"选项组中的"GB(131-2006)"选项,然后在"比例"设置区"标注总比例"编辑框中输入"1.3",最后单击"确定"按钮。

步骤 2 标注主视图中的表面粗糙度。在"标注"选项卡"符号"面板中单击"粗糙度"按钮,在弹出的立即菜单中单击第 1 项,选择"简单标注"选项;单击第 2 项,选择"默认方式"选项;单击第 3 项,选择"去除材料"选项;在第 4 项"数值"编辑框中输入"Ra 1.6"。单击齿顶线,然后移动光标并在合适位置单击,以指定标注位置,结果如图 7-21 所示。使用同样的方法标注主视图中的其他表面粗糙度。

步骤 3 标注断面图中的表面粗糙度。在立即菜单中单击第 2 项,选择"引出方式"选项;在第 4 项"数值"编辑框中输入"Ra 6.3"。单击键槽底部的尺寸界线,然后移动光标并在合适位置单击,以指定标注位置。

步骤 4 标注其他表面粗糙度。在立即菜单中单击第 1 项,选择"标准标注"选项,然后在弹出的"表面粗糙度(GB)"对话框中按图 7-22 进行设置,接着单击"确定"按钮并在合适位置单击,最后输入"0"并按两次"Enter"键。

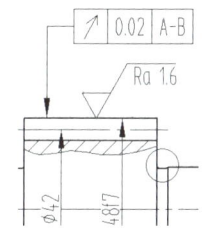

图 7-21 标注表面粗糙度

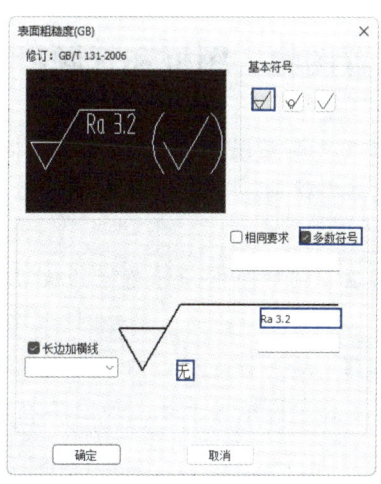

图 7-22 "表面粗糙度（GB）"对话框

三、标注技术要求

在"标注"选项卡"文字"面板中单击"技术要求"按钮，然后在弹出的"技术要求库"对话框中选择序号类型，接着在右上方文本输入框中输入所需文字（见图 7-23），最后单击"生成"按钮。在绘图区中的合适位置单击，以指定文本的放置位置，然后移动光标并在合适位置单击，以指定文本的尺寸。

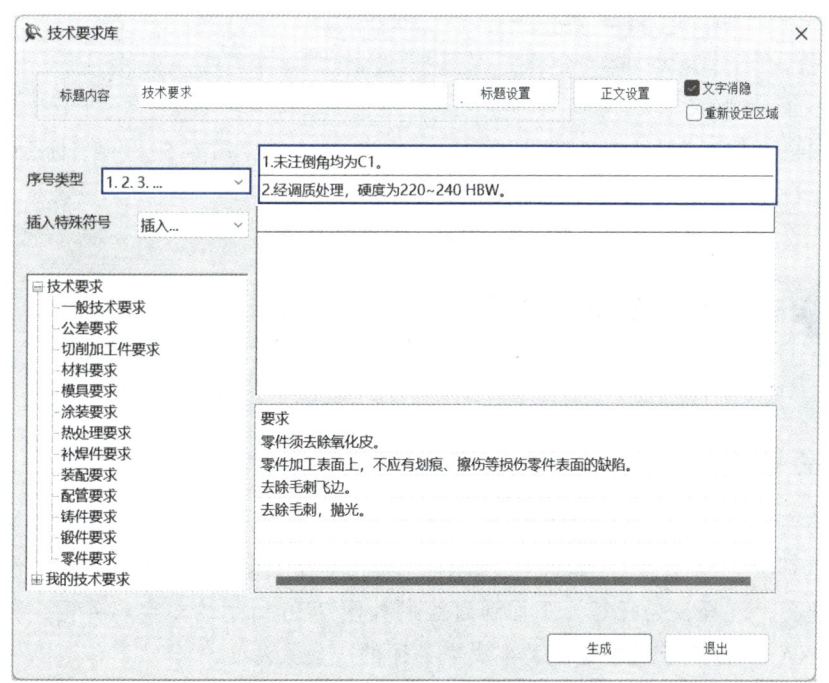

图 7-23 "技术要求库"对话框

四、设置图幅、图框和标题栏

步骤1 设置图幅，添加图框和标题栏。在"图幅"选项卡"图幅"面板中单击"图幅设置"按钮，在弹出的"图幅设置-主图幅"对话框中按图7-24进行设置，最后单击"确定"按钮。

步骤2 调整图框和标题栏的位置。选中绘图区中的图框和标题栏，将其移动到合适位置。

步骤3 填写标题栏。双击标题栏，在弹出的"填写标题栏"对话框中填写单位名称、图纸名称、图纸编号等，如图7-25所示。

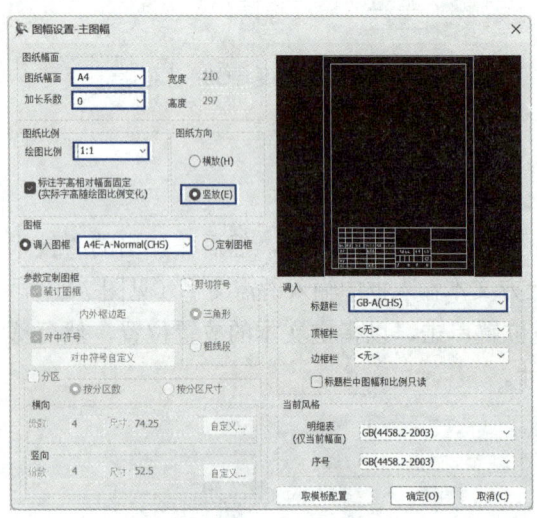

图7-24 "图幅设置-主图幅"对话框

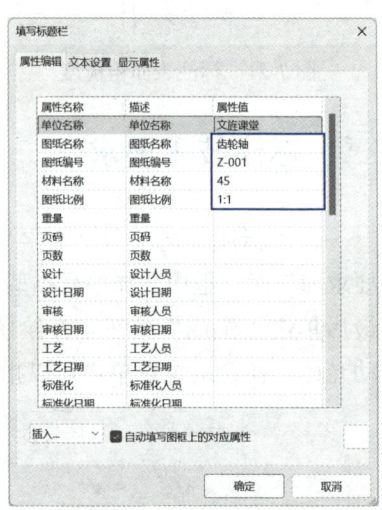

图7-25 "填写标题栏"对话框

步骤4 保存文件。按快捷键"Ctrl+S"保存该文件。

任务二 绘制支架零件图

任务导入

叉架类零件是一种典型的局部支承零件，一般可分为工作部分、连接部分和支承部分，其上通常有圆孔、凸台、沉孔等结构。常见的叉架类零件有支架、拨叉、连杆、摇杆等。下面通过绘制如图7-26所示的支架零件图，介绍使用CAXA CAD 电子图板绘制叉架类零件图的一般方法。

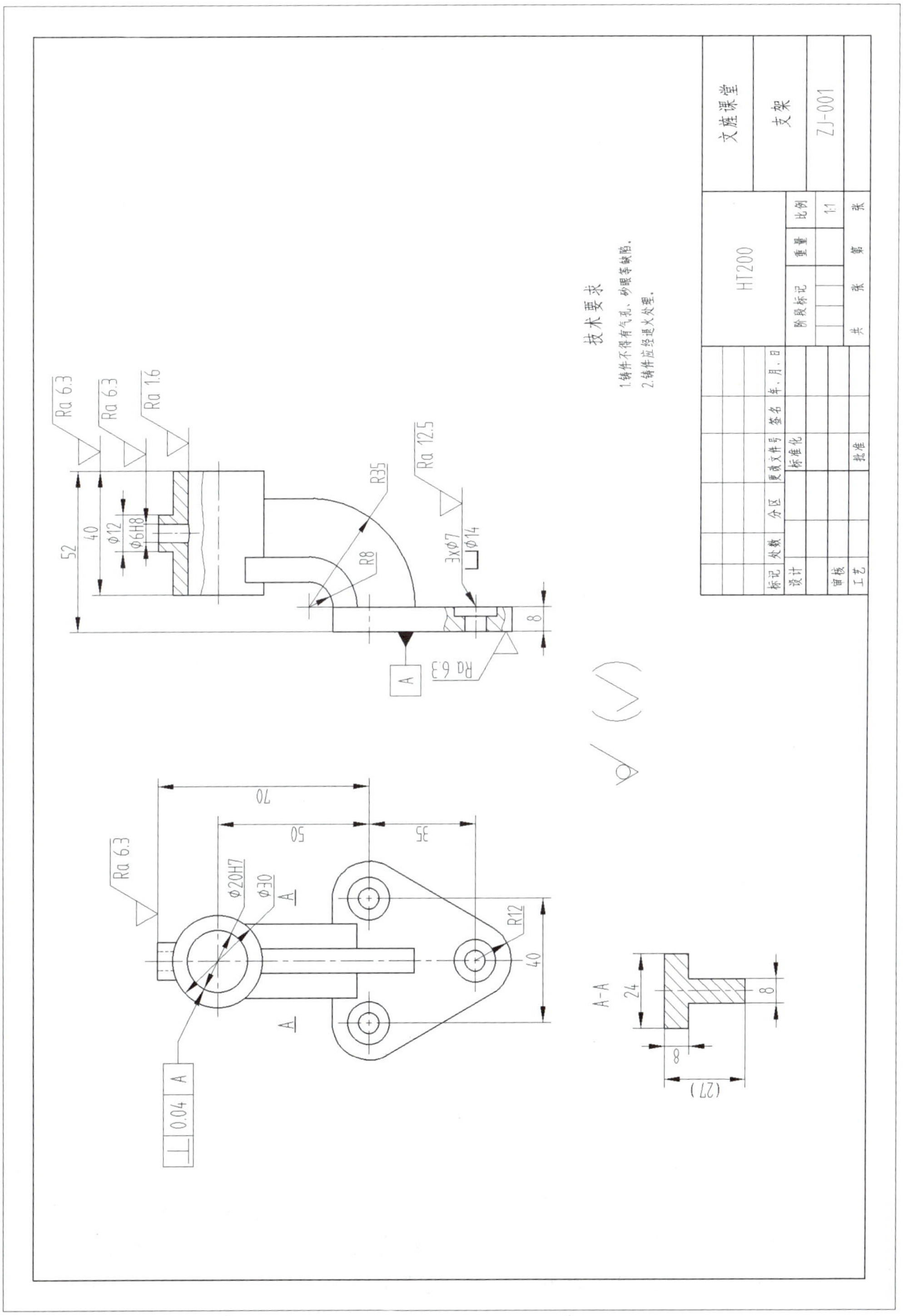

项目七 零件图和装配图的绘制

图 7-26 支架零件图

任务分析

由图 7-26 可知，该支架零件图中包含基本视图（主视图和左视图）、局部剖视图和断面图。首先依次绘制套筒、底板、连接板、凸台及其上通孔的主视图和左视图，然后在左视图上绘制局部剖视图，再绘制断面图，接着标注尺寸、符号和技术要求，最后设置图幅、图框和标题栏。

绘制支架零件图

任务实施

一、绘制支架

（一）绘制基本视图

步骤 1 绘制套筒的主视图。打开 CAXA CAD 电子图板，新建文件。在"常用"选项卡"绘图"面板中单击"圆"按钮⊙，在弹出的立即菜单中单击第 1 项，选择"圆心_半径"选项；单击第 2 项，选择"直径"选项；单击第 3 项，选择"无中心线"选项。在绘图区任意位置单击，以指定圆心；输入"20"并按"Enter"键，以绘制直径为 20 mm 的圆；输入"30"并按"Enter"键，以绘制直径为 30 mm 的圆。最后按"Enter"键，结束"圆"命令。

步骤 2 绘制套筒的左视图。按"F6"键，将捕捉方式设为"导航"。在"常用"选项卡"绘图"面板中单击"矩形"按钮▫，按图 7-27 设置立即菜单。捕捉主视图中套筒的圆心并水平向右移动光标，然后在合适位置单击，结果如图 7-28 所示。

图 7-27 "矩形"立即菜单

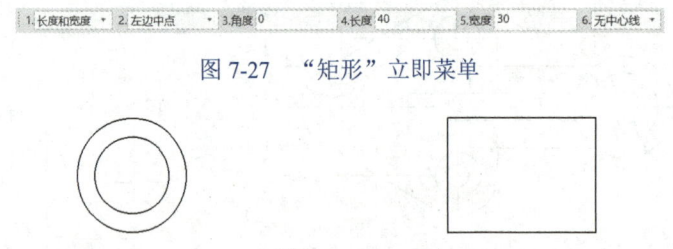

图 7-28 绘制套筒

步骤 3 绘制底板上的一组安装孔及圆角的主视图。在"常用"选项卡"绘图"面板中单击"圆"按钮⊙，然后按"F4"键，单击套筒的圆心，以指定参考点，接着输入"@-20,-50"并按"Enter"键，以确定底板安装孔的圆心位置，最后分别绘制直径为 7 mm、14 mm 和 24 mm 的圆。右击，结束"圆"命令。

步骤 4 绘制底板上的其他安装孔及圆角的主视图。在"常用"选项卡"修改"面板中单击"平移复制"按钮，在立即菜单中单击第 1 项，选择"给定偏移"选项，其他几项均采用默认设置。选中在步骤3中绘制的3个同心圆并右击，然后输入"@40,0"并按"Enter"键，接着输入"@20,-35"并按两次"Enter"键，结果如图7-29所示。

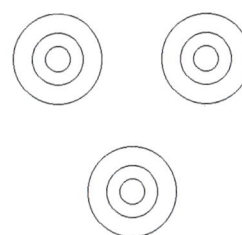

图7-29 绘制底板上的安装孔及圆角的主视图

步骤 5 绘制切线。在"常用"选项卡"绘图"面板中单击"直线"按钮 ∕，在弹出的立即菜单中单击第1项，选择"两点线"选项；单击第2项，选择"单根"选项。按空格键，借助弹出的快捷键菜单中的"切点"菜单项绘制3条切线，最后使用"裁剪"命令剪掉多余的圆弧，结果如图7-30所示。

步骤 6 绘制底板的左视图。在"常用"选项卡"绘图"面板中单击"矩形"按钮 □，在立即菜单中单击第2项，选择"左上角点定位"选项，然后在"长度"和"宽度"编辑框中分别输入"8"和"59"。按"F4"键，然后单击左视图中套筒右边线的中点，以指定参考点，接着输入"@-52,-38"并按"Enter"键。

步骤 7 绘制连接板的主视图。在"常用"选项卡"绘图"面板中单击"矩形"按钮 □，在立即菜单中单击第2项，选择"顶边中点"选项，然后在"长度"和"宽度"编辑框中分别输入"24"和"46"，接着捕捉套筒的圆心并单击。右击，在立即菜单"长度"和"宽度"编辑框中分别输入"8"和"65"，然后捕捉套筒的圆心并单击。使用"裁剪"命令剪掉多余的曲线，结果如图7-31所示。

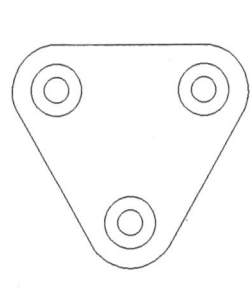

图7-30 绘制切线

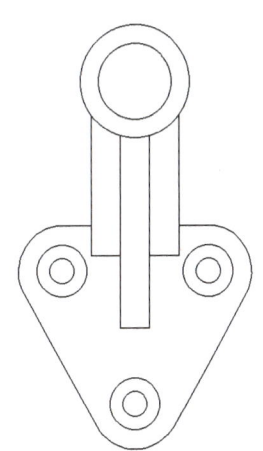

图7-31 绘制连接板的主视图

步骤 8 绘制连接板上的圆角。在"常用"选项卡"绘图"面板中单击"圆"按钮 ⊙，在弹出的立即菜单中单击第2项，选择"半径"选项。按"F4"键，单击左视图中底板的右上角点，然后输入"@0,8"并按"Enter"键，以确定圆心的位置，接着绘制半径为 8 mm、16 mm 和 35 mm 的圆，最后右击，结束"圆"命令。

步骤 9　绘制连接板的左视图。在"常用"选项卡"绘图"面板中单击"直线"按钮 ⁄，在弹出的立即菜单中单击第 2 项，选择"连续"选项，捕捉半径为 8 mm 的圆右侧的象限点并单击，然后参照图 7-32 捕捉主视图中连接板与套筒的交点（显示的是端点）并水平向右移动光标，在水平导航线和竖直导航线的交点处单击，接着捕捉半径为 16 mm 的圆右侧的象限点并竖直向上移动光标，在竖直导航线和水平导航线的交点处单击，绘制水平直线，最后捕捉半径为 16 mm 的圆右侧的象限点并单击。右击，结束"直线"命令。使用同样的方法绘制图 7-33 中的另外两条直线。使用"裁剪"命令和"Delete"键剪掉和删除左视图中多余的曲线，结果如图 7-34 所示。

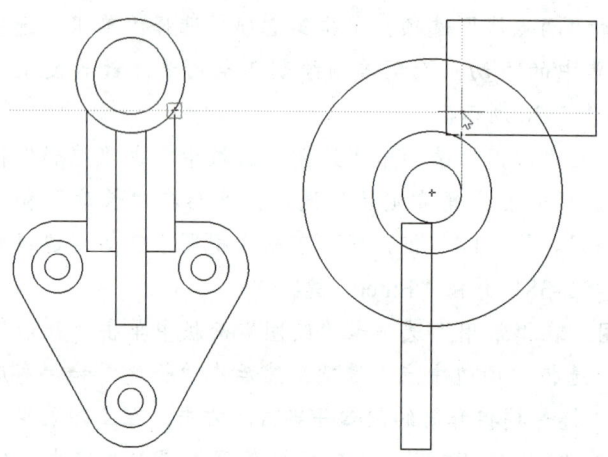
图 7-32　水平导航线和竖直导航线的交点

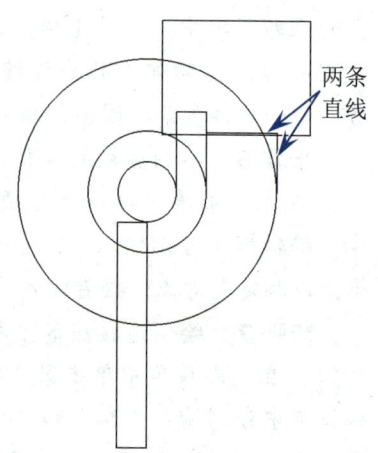
图 7-33　绘制连接板的左视图

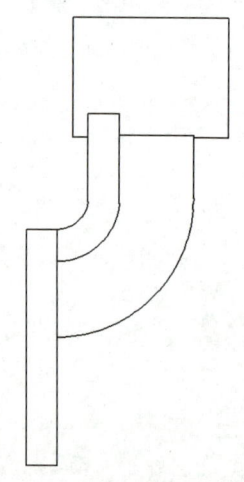
图 7-34　剪掉和删除多余的曲线

步骤 10　绘制凸台的主视图。在"常用"选项卡"绘图"面板中单击"矩形"按钮 ▭，在弹出的立即菜单中单击第 2 项，选择"底边中点"选项，然后在"长度"和"宽度"编辑框中分别输入"12"和"20",最后捕捉套筒的圆心并单击。

步骤 11 绘制凸台上通孔的主视图。在"常用"选项卡"特性"面板"图层"列表框中选择"虚线层"选项。在"常用"选项卡"绘图"面板中单击"平行线"按钮,在弹出的立即菜单中单击第 1 项,选择"偏移方式"选项;单击第 2 项,选择"单向"选项。单击在步骤 10 中绘制的矩形的左边线,向右移动光标,然后输入"3"并按"Enter"键,输入"9"并按两次"Enter"键。使用"裁剪"命令剪掉多余的曲线,结果如图 7-35 所示。

步骤 12 绘制凸台的左视图。在"常用"选项卡"特性"面板"图层"列表框中选择"粗实线层"选项。在"常用"选项卡"修改"面板中单击"平移复制"按钮,在弹出的立即菜单中单击第 1 项,选择"给定两点"选项,然后单击主视图中的凸台并右击,接着捕捉主视图中套筒的上方象限点并单击,最后捕捉左视图中套筒上边线的中点并单击。右击,结束"平移复制"命令。使用"裁剪"命令剪掉多余的曲线,结果如图 7-36 所示。

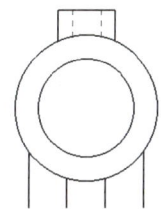

图 7-35 绘制凸台及其上通孔的主视图

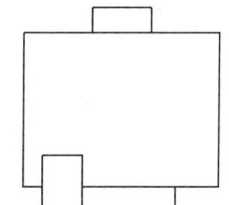

图 7-36 绘制凸台的左视图

(二)绘制局部剖视图

步骤 1 绘制套筒内壁。在"常用"选项卡"绘图"面板中单击"直线"按钮,在弹出的立即菜单中单击第 2 项,选择"单根"选项,捕捉主视图中套筒内壁的上方象限点并水平向右移动光标,依次单击水平导航线与左视图中套筒左、右边线的交点,最后右击。

步骤 2 绘制凸台上的通孔。在"常用"选项卡"修改"面板中单击"平移复制"按钮,然后选择主视图中凸台上的通孔并右击,接着捕捉主视图中套筒的上方象限点并单击,最后捕捉左视图中套筒上边线的中点并单击。右击,结束"平移复制"命令。在"常用"选项卡"修改"面板中单击"延伸"按钮,在弹出的立即菜单中单击第 1 项,选择"齐边"选项,然后依次单击左视图中套筒的内壁线和通孔的两条线,最后右击。选中通孔的两条线,在"常用"选项卡"特性"面板"图层"列表框中选择"粗实线层"选项,然后按"Esc"键结束对象的选择状态。使用"裁剪"命令剪掉多余的曲线,结果如图 7-37 所示。

步骤 3 绘制相贯线。在"常用"选项卡"绘图"面板中单击"圆"按钮,以左视图中凸台上的通孔与套筒内壁的交点为圆心,分别绘制两个半径均为 10 mm 的圆,结果如图 7-38 所示。以这两个圆最上方的交点为圆心,绘制半径为 10 mm 的圆,然后使用"裁剪"命令和"Delete"键剪掉和删除多余的曲线,结果如图 7-39 所示。

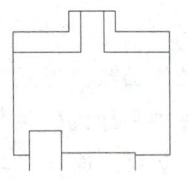 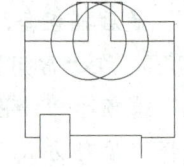 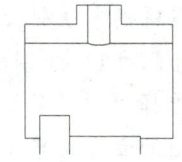

图 7-37　绘制小孔内壁　　图 7-38　绘制两个半径为 10 mm 的圆　　图 7-39　绘制相贯线

> **课堂互动**
>
> 　　这里的相贯线是按照简化画法绘制的。请同学们按照投影关系，使用"直线""圆弧"等命令绘制图 7-39 中的相贯线。老师随机选择几名学生，请他们分享自己所使用的绘制方法。

　　步骤 4　绘制分界线。在"常用"选项卡"特性"面板"图层"列表框中选择"细实线层"选项。在"常用"选项卡"绘图"面板中单击"曲线"按钮，在弹出的立即菜单中单击第 2 项，选择"缺省切矢"选项；单击第 3 项，选择"开曲线"选项；在第 4 项"拟合公差"编辑框中输入"0"。然后依次在合适位置单击，绘制一条分界线。使用"裁剪"命令剪掉多余的曲线，结果如图 7-40 所示。

　　步骤 5　绘制剖面线。在"常用"选项卡"绘图"面板中单击"剖面线"按钮，在弹出的立即菜单中单击第 1 项，选择"拾取点"选项；单击第 2 项，选择"不选择剖面图案"选项；在第 4 项"比例"编辑框中输入"3"；在第 5 项"角度"编辑框中输入"45"。在要绘制剖面线的封闭环内的任意位置单击，然后右击，结果如图 7-41 所示。

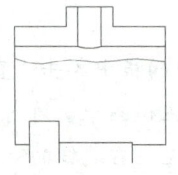 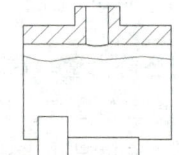

图 7-40　绘制分界线　　　　　　图 7-41　绘制剖面线（1）

　　步骤 6　绘制中心线。在"常用"选项卡"特性"面板"图层"列表框中选择"中心线层"选项。在"常用"选项卡"绘图"面板中单击"直线"按钮，然后绘制视图中的中心线。在绘制左视图中安装孔的中心线时，先捕捉主视图中安装孔的圆心并水平向右移动光标，然后在左视图中适当位置处单击，以确定中心线的起点，最后绘制长度适合的中心线。

　　步骤 7　绘制底板上的安装孔。在"常用"选项卡"特性"面板"图层"列表框中选择"粗实线层"选项。在"常用"选项卡"绘图"面板中单击"孔/轴"按钮，在弹出的立即菜单中单击第 1 项，选择"轴"选项；单击第 2 项，选择"直接给出角度"选项；在"中心线角度"编辑框中输入"0"。然后按照操作信息提示区中的提示进行操作：

　　① 提示"插入点："，单击左视图中底板下方水平中心线与底板右边线的交点。

② 提示"轴上一点或轴的长度:",按照图 7-42 设置立即菜单,然后向左移动光标,输入轴段的长度值"3"并按"Enter"键。

③ 提示"轴上一点或轴的长度:",在立即菜单"起始直径"和"终止直径"编辑框中均输入"7",其他设置不变,向左移动光标,捕捉底板左边线与水平中心线的交点并单击,右击,结果如图 7-43 所示。

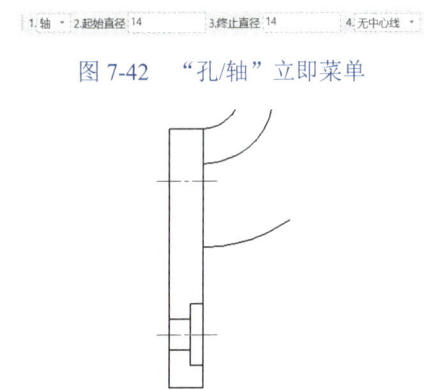

图 7-42 "孔/轴"立即菜单

图 7-43 绘制底板下方的安装孔

步骤 8 绘制分界线。在"常用"选项卡"特性"面板"图层"列表框中选择"细实线层"选项。在"常用"选项卡"绘图"面板中单击"曲线"按钮，依次在安装孔上、下两侧合适位置单击，绘制两条分界线。使用"裁剪"命令剪掉多余的曲线，结果如图 7-44 所示。

步骤 9 绘制剖面线。在"常用"选项卡"绘图"面板中单击"剖面线"按钮，然后在要绘制剖面线的封闭环内的任意位置单击，最后右击，结果如图 7-45 所示。

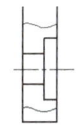   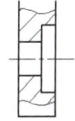

图 7-44 绘制分界线　　　　　　　图 7-45 绘制剖面线（2）

（三）绘制断面图

步骤 1 设置文本风格。在"标注"选项卡"标注样式"面板中单击"文本样式"按钮，在弹出的"文本风格设置"对话框左侧选择"标准"选项，然后在"西文字体"列表框中选择"国标.shx"选项，最后单击"确定"按钮。

步骤 2 设置剖切符号风格。在"标注"选项卡"标注样式"面板中单击"样式管理"按钮，在弹出的"样式管理"对话框左侧选择"剖切符号风格"选项组中的"GB（17452-1998）"选项，然后在"箭头"设置区"箭头形式"列表框中选择"实心闭合"选项，在"比例"设置区"标注总比例"编辑框中输入"1.3"，最后单击"确定"按钮。

步骤 3 绘制剖切符号。在"标注"选项卡"符号"面板中单击"剖切符号"按钮，在弹出的立即菜单中单击第 1 项，选择"垂直导航"选项；单击第 2 项，选择"手动放置剖切符号名"选项。依次在主视图中连接板左侧和右侧的合适位置单击，以指定水平剖切轨迹线的位置，然后右击，并在剖切符号下方单击，以指定投射方向，接着在剖切符号两侧的合适位置单击，以标注剖切符号名，最后右击，并在绘图区中的合适位置单击，以指定断面图名称的位置。

步骤 4 修改剖切符号。选中剖切符号并右击，然后在弹出的快捷菜单中选择"特性"菜单项，接着在"特性"工具选项板"箭头可见"列表框中选择"否"选项，最后按"Esc"键结束对象的选择状态，结果如图 7-46 所示。

步骤 5 绘制支架断面图。在"常用"选项卡"特性"面板"图层"列表框中选择"粗实线层"选项。在"常用"选项卡"绘图"面板中单击"矩形"按钮，在弹出的立即菜单中单击第 2 项，选择"顶边中点"选项，然后在"长度"和"宽度"编辑框中分别输入"8"和"27"，接着在断面图名称"A—A"下方合适位置单击。右击，再次执行"矩形"命令，在立即菜单"长度"和"宽度"编辑框中分别输入"24"和"8"，然后捕捉矩形的顶边中点并单击，最后使用"裁剪"命令剪掉多余的曲线，结果如图 7-47 所示。

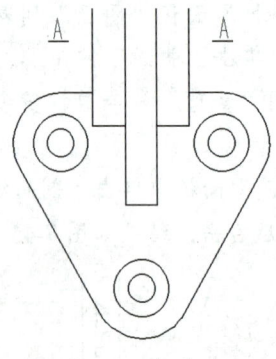

图 7-46 修改剖切符号

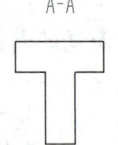

图 7-47 绘制断面图

步骤 6 绘制剖面线。在"常用"选项卡"绘图"面板中单击"剖面线"按钮，然后在断面图中要绘制剖面线的封闭环内的任意位置单击，最后右击。

步骤 7 绘制中心线。在"常用"选项卡"特性"面板"图层"列表框中选择"中心线层"选项。在"常用"选项卡"绘图"面板中单击"直线"按钮，绘制断面图中的中心线。

二、标注尺寸与符号

（一）标注尺寸

步骤 1 设置尺寸风格。在"标注"选项卡"标注样式"面板中单击"尺寸样式"

按钮 ，在弹出的"标注风格设置"对话框左侧选择"GB_尺寸"选项，然后选择"直线和箭头"选项卡，在"箭头1""箭头2""引线箭头"列表框中均选择"实心闭合"选项；选择"调整"选项卡，在"标注总比例"编辑框中输入"1.3"。最后单击"确定"按钮。

步骤 2 标注尺寸（除安装孔的尺寸）。在"标注"选项卡"尺寸"面板中单击"智能标注"按钮 ，在弹出的立即菜单中单击第 1 项，选择"基本标注"选项，然后按照一定顺序标注除安装孔尺寸外的其他尺寸。在标注尺寸"φ6H8"时，需要在"智能标注"立即菜单第 3 项中单击，选择"直径"选项；在"后缀"编辑框中输入"H8"。在标注尺寸"φ20H7"时，需要在立即菜单"后缀"编辑框中输入"H7"。标注完尺寸后右击，结束"智能标注"命令。

 提 示

在标注尺寸"φ6H8"和"φ20H7"时，也可以双击该尺寸，然后在弹出的"尺寸标注属性设置（请注意各项内容是否正确）"对话框中输入相应的公差带代号。

步骤 3 标注安装孔的尺寸。在"标注"选项卡"符号"面板中单击"引出说明"按钮 ，在弹出的"引出说明"对话框中第一行文本输入框内输入"3"，然后借助"插入特殊符号"列表框依次插入"×"和"φ"，接着输入"7"；将光标移至第二行文本输入框内，在"插入特殊符号"列表框中选择"尺寸特殊符号"选项，在弹出的"尺寸特殊符号"对话框中选择符号 并单击"确定"按钮，接着插入"φ"并输入"14"，结果如图 7-48 所示。在"引出说明"对话框中单击"确定"按钮，然后捕捉左视图下方水平中心线与底板右边线的交点并单击，接着依次指定引线转折点和文字定位点，结果如图 7-49 所示。

步骤 4 编辑参考尺寸。双击断面图中的尺寸"27"，然后在弹出的"尺寸标注属性设置（请注意各项内容是否正确）"对话框中的"文本代替"编辑框中输入"(27)"，结果如图 7-50 所示。

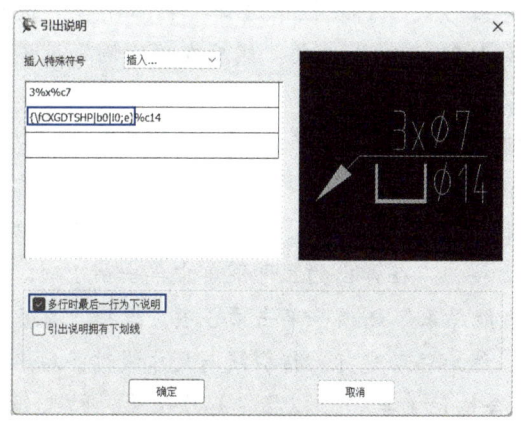
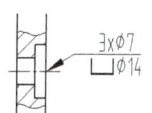
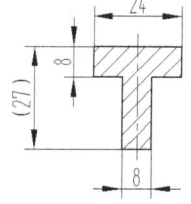

图 7-48 "引出说明"对话框　　图 7-49 标注安装孔的尺寸　　图 7-50 编辑参考尺寸

（二）标注基准代号

步骤 1 设置基准代号风格。在"标注"选项卡"标注样式"面板中单击"样式管理"按钮，在弹出的"样式管理"对话框左侧选择"基准代号风格"选项组中的"GB（1182-2008）"选项，然后在"比例"设置区"标注总比例"编辑框中输入"1.3"，其余采用默认设置，最后单击"确定"按钮。

步骤 2 执行"基准代号"命令并标注基准代号。在"标注"选项卡"符号"面板中单击"基准代号"按钮，在弹出的立即菜单中单击第 1 项，选择"基准标注"选项；单击第 2 项，选择"给定基准"选项；单击第 3 项，选择"默认方式"选项；在第 4 项"基准名称"编辑框中输入"A"。在左视图中单击底板左边线，移动光标到合适位置后单击，以指定带三角形的引线的位置，然后向左移动光标并在合适位置单击，以指定引线的长度并标注基准代号 A，结果如图 7-51 所示。右击，结束"基准代号"命令。

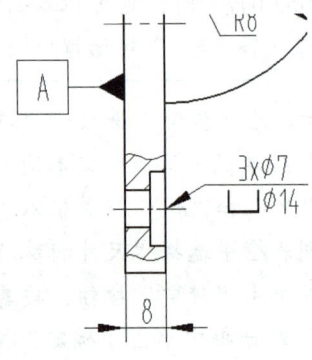

图 7-51 标注基准代号

（三）标注几何公差

步骤 1 设置引线风格和几何公差风格。在"标注"选项卡"标注样式"面板中单击"样式管理"按钮，在弹出的"样式管理"对话框左侧选择"引线风格"选项组中的"标准"选项，在"引出端点"设置区"箭头形式"列表框中选择"实心闭合"选项；选择"形位公差风格"选项组中的"GB（1182-2008）"选项，然后在"比例"设置区"标注总比例"编辑框中输入"1.3"，最后单击"确定"按钮。

步骤 2 执行"形位公差"命令并标注几何公差。在"标注"选项卡"符号"面板中单击"形位公差"按钮，在弹出的"形位公差（GB）"对话框"公差代号"设置区中选择垂直度符号⊥，在"公差 1"设置区中的编辑框中输入"0.04"，在"基准一"设置区中的左上方编辑框中输入"A"，然后单击"确定"按钮。在弹出的立即菜单中单击第 1 项，选择"水平标注"选项；单击第 2 项，选择"智能结束"选项；单击第 3 项，选择"有基线"选项。在主视图中单击直径为 20 mm 的圆，然后移动光标，待引线与尺寸线对齐后单击，以指定引线的转折点；向左移动光标并在合适位置单击，以指定标注位置，结果如图 7-52 所示。

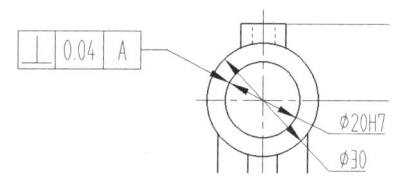

图 7-52 标注几何公差

(四) 标注表面粗糙度

步骤 1 设置表面粗糙度风格。在"标注"选项卡"标注样式"面板中单击"样式管理"按钮，在弹出的"样式管理"对话框左侧选择"粗糙度风格"选项组中的"GB（131-2006）"选项，在"比例"设置区"标注总比例"编辑框中输入"1.3"，然后单击"确定"按钮。

步骤 2 执行"粗糙度"命令并标注表面粗糙度。在"标注"选项卡"符号"面板中单击"粗糙度"按钮，在弹出的立即菜单中单击第 1 项，选择"简单标注"选项；单击第 2 项，选择"默认方式"选项；单击第 3 项，选择"去除材料"选项；在第 4 项"数值"编辑框中输入"Ra 6.3"。单击主视图中最上方的轮廓线或尺寸界线，然后移动光标并在合适位置单击，以指定标注位置，结果如图 7-53 所示。使用同样的方法标注左视图中的表面粗糙度。标注完成后，右击，结束"粗糙度"命令。

步骤 3 标注其他表面粗糙度。右击，重复执行"粗糙度"命令，在弹出的立即菜单中单击第 1 项，选择"标准标注"选项，然后在弹出的"表面粗糙度（GB）"对话框中按图 7-54 进行设置，接着单击"确定"按钮，在绘图区中的合适位置单击，最后输入"0"并按两次"Enter"键。

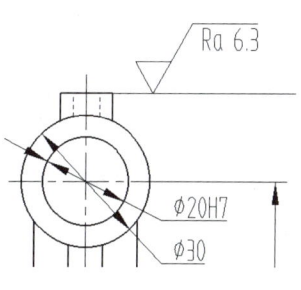

图 7-53 标注表面粗糙度

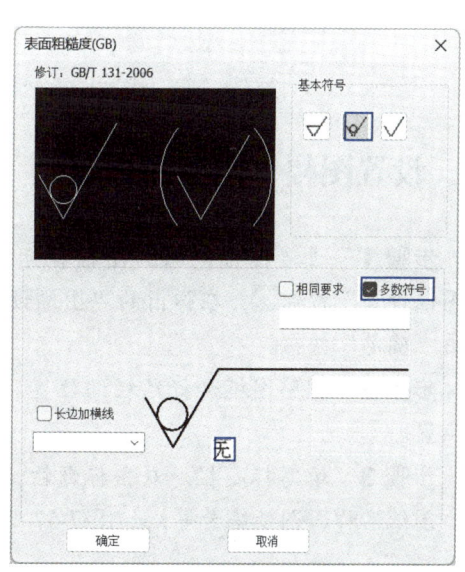

图 7-54 "表面粗糙度（GB）"对话框

三、标注技术要求

在"标注"选项卡"文字"面板中单击"技术要求"按钮，然后在弹出的"技术要求库"对话框中选择序号类型，接着在右上方文本输入框中输入所需文字（见图7-55），最后单击"生成"按钮。在绘图区中的合适位置单击，以指定文本的放置位置，然后移动光标并在合适位置单击，以指定文本的尺寸。

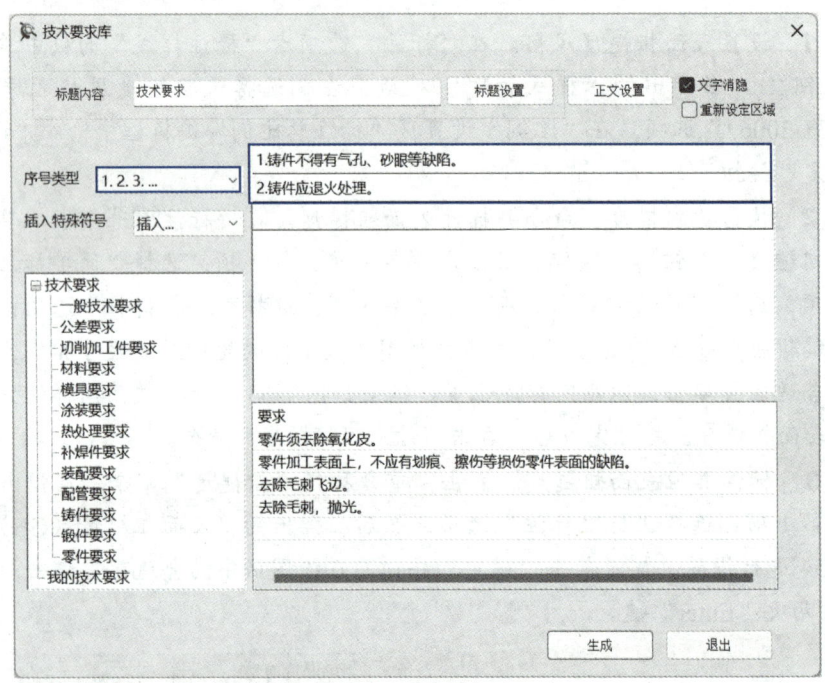

图 7-55 "技术要求库"对话框

四、设置图幅、图框和标题栏

步骤1 设置图幅，添加图框和标题栏。在"图幅"选项卡"图幅"面板中单击"图幅设置"按钮，在弹出的"图幅设置-主图幅"对话框中按图7-56进行设置，最后单击"确定"按钮。

步骤2 调整图框和标题栏的位置。选中绘图区中的图框和标题栏，将其移动到合适位置。

步骤3 填写标题栏。双击标题栏，在弹出的"填写标题栏"对话框中填写单位名称、图纸名称、图纸编号等，如图7-57所示。

项目七　零件图和装配图的绘制

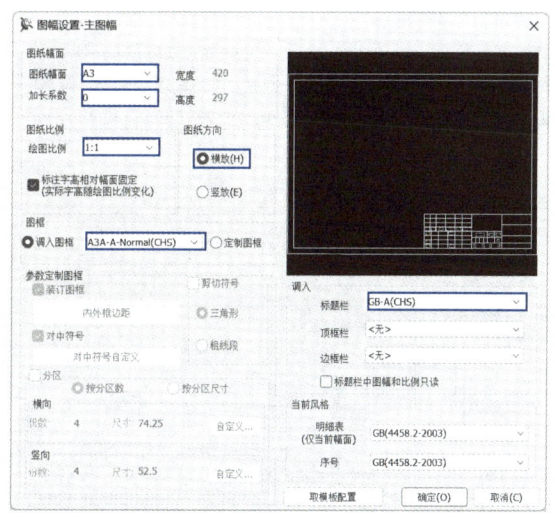

图7-56　"图幅设置-主图幅"对话框

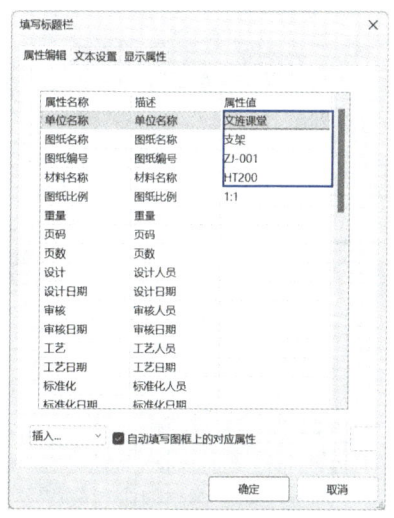

图7-57　"填写标题栏"对话框

步骤4　保存文件。按快捷键"Ctrl+S"保存该文件。

任务三　绘制滑轮支架装配图

▌任务导入

在实际生产中，人们通常是根据装配图来装配部件或机器的。一张完整的装配图应该包括一组图形、必要的尺寸、技术要求、零件序号、标题栏和明细表等内容。下面通过绘制如图 7-58 所示的滑轮支架装配图，介绍使用 CAXA CAD 电子图板绘制装配图的一般方法。

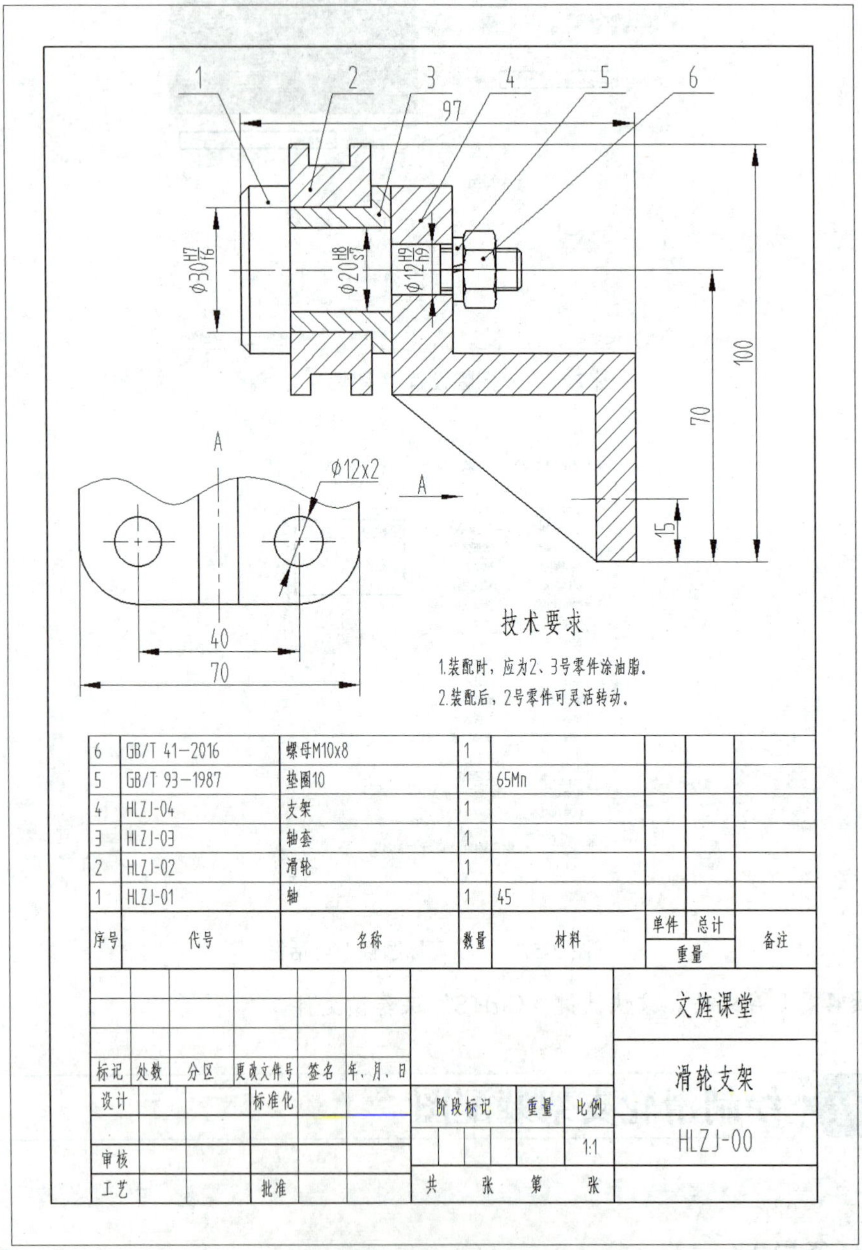

图 7-58 滑轮支架装配图

任务分析

由图 7-58 可知，该滑轮支架由轴、滑轮、轴套、支架、垫圈、螺母组成，该装配图中包含主视图、向视图。绘制滑轮支架装配图时，可先创建一个装配图文件，然后在各零件图中隐藏尺寸和各种符号，接着复制零件图并将其粘贴成块，以块的形式将各零件图组装成装配图，再标注装配图的尺寸、零件序号、技术要求，最后设置图幅、添加图框、填写标题栏和明细表。

绘制滑轮支架装配图

任务实施

一、绘制视图

步骤 1 新建文件。打开 CAXA CAD 电子图板，新建一个文件。按快捷键"Ctrl+S"，或者单击快速启动工具栏中的"保存文档"按钮，将该文件以"滑轮支架装配图"为名存储在合适位置。

步骤 2 组装轴、滑轮和轴套。按照下列步骤进行操作：

① 打开本书配套素材中的"素材与实例"→"ch07"→"滑轮支架"→"轴零件图.exb"文件。在"常用"选项卡"特性"面板"图层"列表框中单击"尺寸线层"前方的"打开"按钮，关闭尺寸线层。在"常用"选项卡"剪切板"面板中单击"复制"按钮右侧的按钮，在弹出的下拉列表中选择"带基点复制"选项，然后框选轴并右击，最后单击如图 7-59 所示的交点 A，以指定基点。

② 选择绘图区左上方的"滑轮支架装配图.exb"选项卡，然后按快捷键"Ctrl+V"，在弹出的立即菜单中单击第 2 项，选择"粘贴为块"选项；单击第 3 项，选择"消隐"选项。在绘图区中的合适位置单击，以指定定位点，最后输入"0"并按"Enter"键，插入轴。

③ 按"F6"键，将捕捉方式设为"导航"。使用同样的方法将滑轮、轴套粘贴为块，其基点分别如图 7-60 所示的交点 B 和交点 C。粘贴时，应在立即菜单的第 3 项中选择"消隐"选项，并使轴、滑轮、轴套的基点重合，结果如图 7-61 所示。

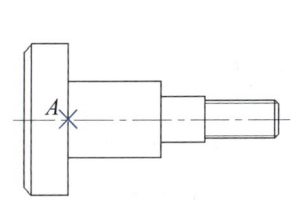

图 7-59 轴的基点

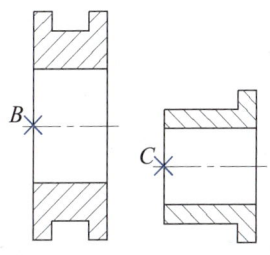

图 7-60 滑轮和轴套的基点

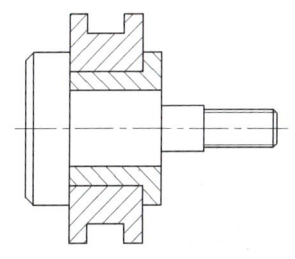

图 7-61 组装轴、滑轮和轴套

步骤 3 粘贴支架左视图。打开本书配套素材中的"素材与实例"→"ch07"→"滑轮支架"→"支架零件图.exb"文件。使用步骤 2 中的方法复制支架左视图，其基点如图 7-62 所示的交点 D。选择绘图区左上方的"滑轮支架装配图.exb*"选项卡，按快捷键"Ctrl+V"，在弹出的立即菜单中单击第 2 项，选择"粘贴为块"选项；单击第 3 项，选择"不消隐"选项。在绘图区中的合适位置单击，然后输入"0"并按"Enter"键，插入支架。

步骤 4 镜像支架左视图。在"常用"选项卡"修改"面板中单击"镜像"按钮，在弹出的立即菜单中单击第 1 项，选择"选择轴线"选项；单击第 2 项，选择"镜像"选项。选中支架左视图并右击，然后单击支架上的任意一条竖直线。

步骤 5 编辑支架左视图。在"插入"选项卡"块"面板中单击"块编辑"按钮右侧的按钮，在弹出的下拉列表中选择"块在位编辑"选项，然后单击支架，删除支架右下方的孔和剖面线，接着选中剖面线，单击如图 7-63 所示的夹点并竖直向下移动光标，捕捉最下方线段的中点并单击，在"块在位编辑"选项卡"编辑参照"面板中单击"保存退出"按钮。最后借助支架上的夹点按图 7-64 组装支架。在"插入"选项卡"块"面板中单击"消隐"按钮，在弹出的"块消隐"立即菜单中单击第 1 项，选择"消隐"选项，然后单击轴。

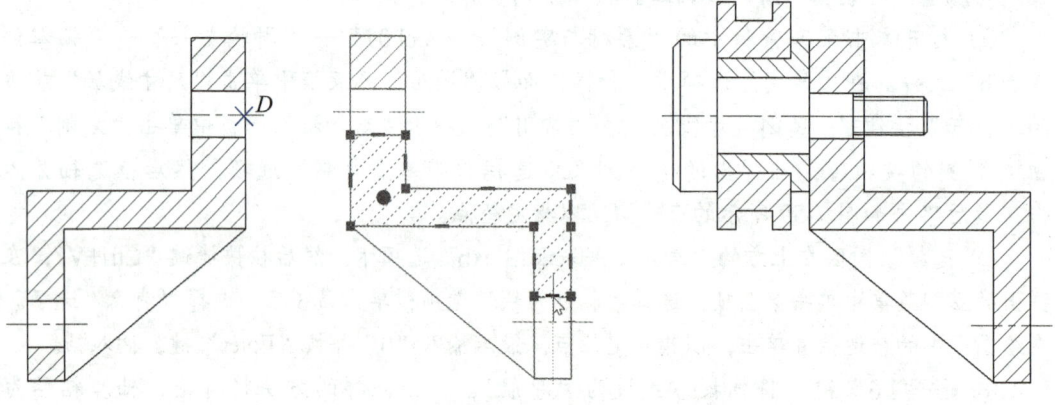

图 7-62 支架的基点　　图 7-63 编辑支架左视图　　图 7-64 组装支架

步骤 6 插入垫圈。按照下列步骤进行操作：

① 在"插入"选项卡"图库"面板中单击"垫圈和挡圈"按钮，在弹出的"插入图符"对话框左侧选择"弹簧垫圈"→"GB/T 93-1987 标准型弹簧垫圈"选项。

② 单击"下一页"按钮，在弹出的"图符预处理"对话框中选择规格为"10"的垫圈，然后将垫圈的内径（d）设为 10.5 mm，其他设置如图 7-65 所示。

③ 单击"完成"按钮，在弹出的立即菜单中单击第 1 项，选择"不打散"选项；单击第 2 项，选择"消隐"选项。捕捉轴的中心线与支架右侧的交点并单击，然后输入图符的旋转角度"-90"并按"Enter"键，最后右击。

项目七 零件图和装配图的绘制

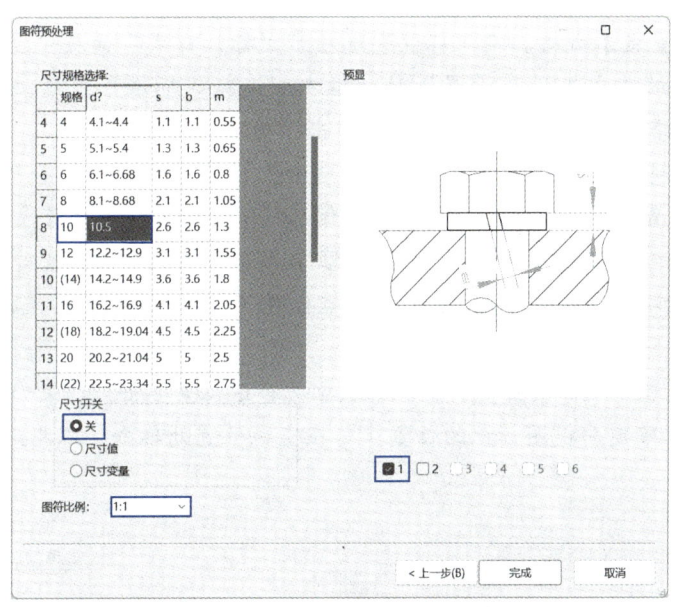

图 7-65 "图符预处理"对话框（1）

步骤 7 插入螺母。按照下列步骤进行操作：

① 在"插入"选项卡"图库"面板中单击"螺母"按钮，在弹出的"插入图符"对话框左侧选择"六角螺母"→"GB/T 41-2016-1 型六角螺母-C 级"选项。

② 单击"下一页"按钮，在弹出的"图符预处理"对话框中选择规格为"M10"的螺母，然后将螺母的厚度（m）设为 8 mm，其他设置如图 7-66 所示。

③ 单击"完成"按钮，在弹出的立即菜单中单击第 1 项，选择"不打散"选项；单击第 2 项，选择"消隐"选项。捕捉轴的中心线与垫圈右端面的交点并单击，然后输入图符的旋转角度"-90"并按"Enter"键，最后右击，结果如图 7-67 所示。

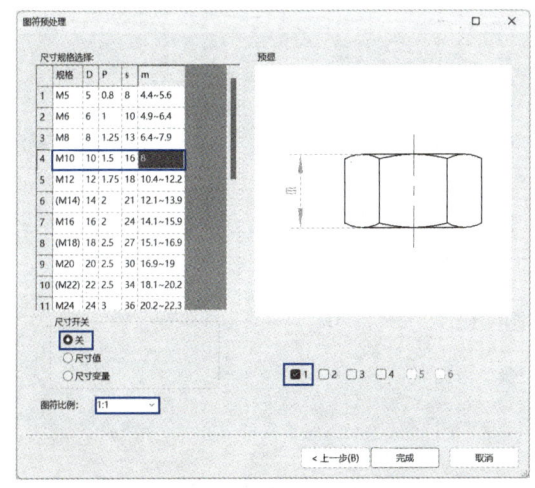

图 7-66 "图符预处理"对话框（2）

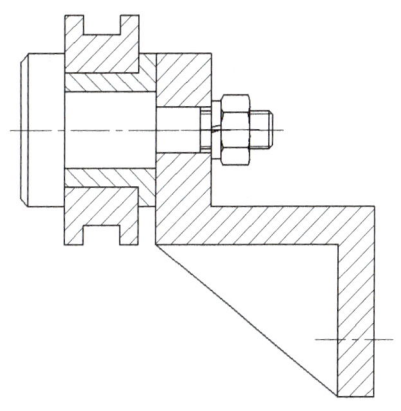

图 7-67 插入螺母

235

步骤 8 设置文本风格。在"标注"选项卡"标注样式"面板中单击"文本样式"按钮 ，在弹出的"文本风格设置"对话框左侧选择"标准"选项，然后在"西文字体"列表框中选择"国标.shx"选项，最后单击"确定"按钮。

步骤 9 绘制向视符号。在"标注"选项卡"符号"面板中单击"向视符号"按钮 ，按图 7-68 设置立即菜单。然后按照操作信息提示区中的提示进行操作：

① 提示"请确定向视符号的起点位置："，在肋板左侧的空白位置处单击。

② 提示"请确定向视符号固定长度的终点位置："，水平向左移动光标，至出现水平导航线时单击。

③ 提示"请确定文本的位置："，在箭头上方合适位置单击，结果如图 7-69 所示。

④ 提示"请确定向视图标识的位置："，在空白位置处单击，以指定向视图名称的放置位置。

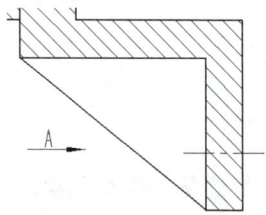

图 7-68　"向视符号"立即菜单　　　　图 7-69　绘制向视符号

步骤 10 绘制向视图。选择"支架零件图.exb*"选项卡，然后选中支架主视图并按快捷键"Ctrl+C"；选择"滑轮支架装配图.exb*"选项卡，按快捷键"Ctrl+V"，在绘图区中的合适位置单击，然后输入"0"并按"Enter"键，插入支架主视图。在"常用"选项卡"特性"面板"图层"列表框中选择"细实线层"选项。使用"样条"命令绘制边界线，然后使用"裁剪"命令和"Delete"键将边界线上方的曲线删除，最后将该图形移至向视图的名称"A"的下方，结果如图 7-70 所示。

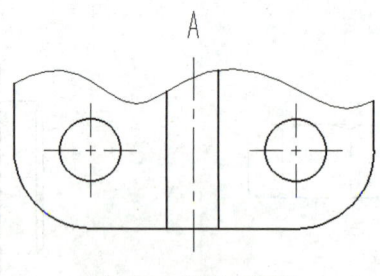

图 7-70　绘制向视图

二、标注尺寸

步骤 1 设置尺寸风格。在"标注"选项卡"标注样式"面板中单击"尺寸样式"按钮 ，在弹出的"标注风格设置"对话框左侧选择"GB_尺寸"选项，然后选择"直线和箭头"选项卡,在"箭头1""箭头2""引线箭头"列表框中均选择"实心闭合"选项;选择"调整"选项卡,在"标注总比例"编辑框中输入"1.3"。最后单击"确定"按钮。

步骤 2 标注零件尺寸。在"常用"选项卡"标注"面板中单击"尺寸"按钮,在弹出的立即菜单第1项中选择"基本标注"选项,然后按照图7-71标注尺寸。标注完尺寸后右击,结束"基本标注"命令。

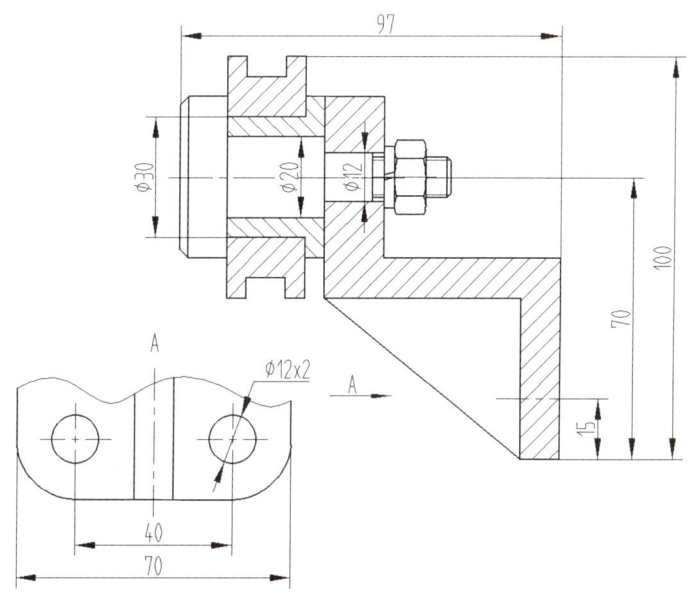

图 7-71 标注尺寸

步骤 3 编辑尺寸。双击尺寸"φ30",然后在弹出的"尺寸标注属性设置(请注意各项内容是否正确)"对话框"公差与配合"设置区"输入形式"列表框中选择"配合"选项,在"公差带"设置区"孔公差带"列表框中选择"H7",在"轴公差带"列表框中选择"f6",最后单击"确定"按钮。使用同样的方法将尺寸"φ20"改为"$\phi 20 \frac{H8}{s7}$",将尺寸"φ12"改为"$\phi 12 \frac{H9}{h9}$"。

三、标注零件序号

步骤 1 设置序号风格。在"图幅"选项卡"序号"面板中单击"样式"按钮,在弹出的"序号风格设置"对话框左侧选择"GB(4458.2-2003)"选项,然后在"子样式"设置区"文字字高"编辑框中输入"7",最后单击"确定"按钮。

步骤 2 标注装配图中的零件序号。在"图幅"选项卡"序号"面板中单击"生成序号"按钮,在弹出的立即菜单第1项"序号"编辑框中输入"1",在第2项"数量"编辑框中输入"1",其他几项的设置如图7-72所示。按照操作信息提示区中的提示标注轴的序号。使用同样的方法依次标注其他零件的序号,最后右击,结果如图7-73所示。

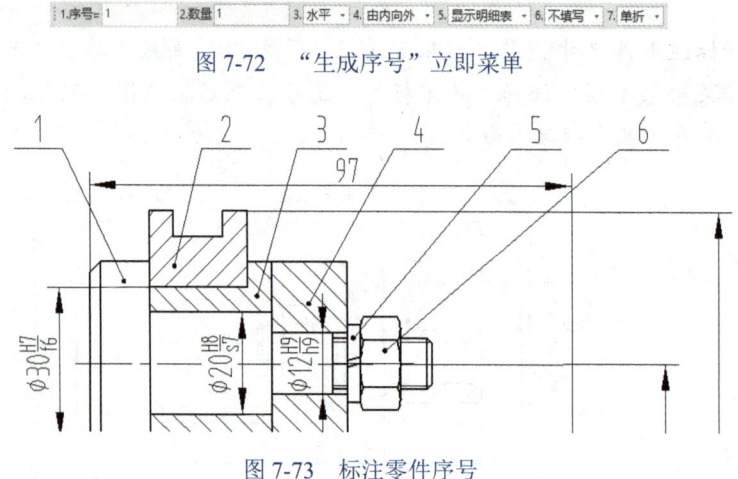

图7-72 "生成序号"立即菜单

图7-73 标注零件序号

四、标注技术要求

在"标注"选项卡"文字"面板中单击"技术要求"按钮，然后在弹出的"技术要求库"对话框中选择序号类型,接着在右上方文本输入框中输入所需文字(见图7-74),最后单击"生成"按钮。在绘图区中的合适位置单击,以指定文本的放置位置,然后移动光标并在合适位置单击,以指定文本的尺寸。

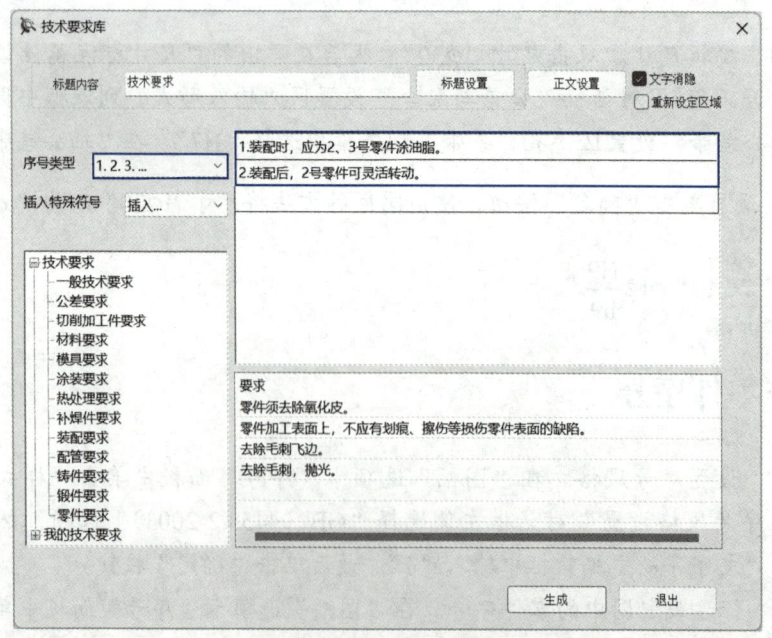

图7-74 "技术要求库"对话框

五、设置图幅、图框和标题栏

步骤 1 设置图幅，添加图框和标题栏。在"图幅"选项卡"图幅"面板中单击"图幅设置"按钮，在弹出的"图幅设置-主图幅"对话框中将图纸幅面设为A4，绘图比例设为1∶1，图纸方向设为"竖放"，选择"A4E-A-Normal（CHS）"图框和"GB-A（CHS）"标题栏，最后单击"确定"按钮。

步骤 2 调整图框、标题栏和明细表的位置。选中绘图区中的图框、标题栏和明细表，将其移动到合适位置。

步骤 3 填写标题栏。双击标题栏，参照图 7-58，在弹出的"填写标题栏"对话框中填写单位名称、图纸名称和图纸编号。

步骤 4 填写明细表。双击明细表，或者在"图幅"选项卡"明细表"面板中单击"填写明细表"按钮，然后在弹出的"填写明细表"对话框中填写明细表（见图 7-75），最后单击"确定"按钮。

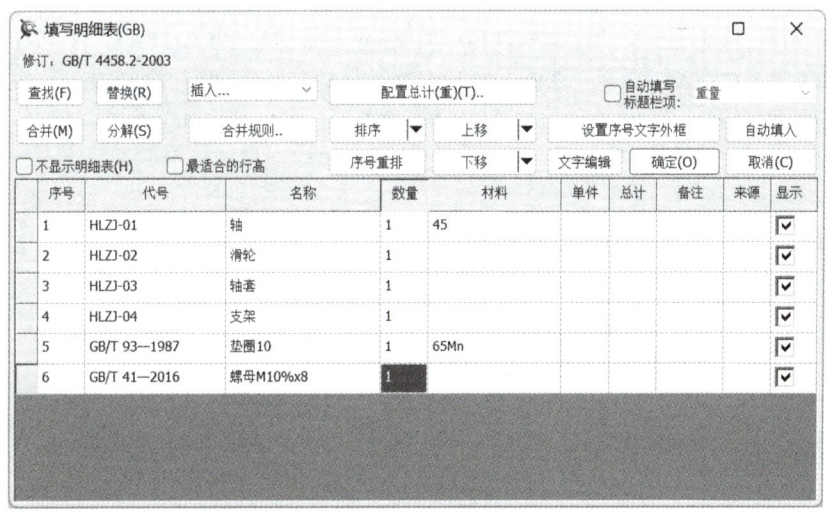

图 7-75 填写明细表

步骤 5 保存文件。按快捷键"Ctrl+S"保存该文件。

参考文献

[1] 马希青. CAXA 电子图板教程[M]. 2 版. 西安：西安电子科技大学出版社，2021.

[2] 张云杰，尚蕾. CAXA CAD 电子图板和 3D 实体设计 2021 基础入门一本通[M]. 北京：电子工业出版社，2022.

[3] CAD/CAM/CAE 技术联盟. CAXA CAD 电子图板从入门到精通[M]. 北京：清华大学出版社，2021.

[4] 胡仁喜，刘昌丽. CAXA CAD 电子图板 2023 标准实例教程[M]. 北京：机械工业出版社，2024.

[5] 钟日铭. CAXA CAD 电子图板 2020 工程制图[M]. 北京：机械工业出版社，2020.

[6] 布克科技，孙万龙，矫红英，乔艳辉，兰春萍. CAXA CAD 2023 实战从入门到精通[M]. 北京：人民邮电出版社，2024.

[7] 葛学滨，刘慧. CAXA 电子图板 2016 基础与实例教程[M]. 北京：机械工业出版社，2017.

[8] 郭朝勇. CAXA CAD 电子图板 2020 绘图教程[M]. 北京：电子工业出版社，2023.

[9] 吴勤保. CAXA 电子图板 2015 项目化教学教程[M]. 西安：西安电子科技大学出版社，2015.